无线通信前沿技术丛书/李少谦　周亮　主编

该书得到国家863计划(2009AA01Z234)、电子科技大学青年基金(JX0802)的资助

多元LDPC码及其在无线通信中的应用

Nonbinary Low-Density Parity-Check Codes and Their Applications in Wireless Communications

史治平　编著

国防工業出版社

·北京·

内容简介

本书主要介绍了多元低密度奇偶校验码(NBLDPC 码)的基本编译码原理及其在无线通信中的应用。二元 LDPC 码具有接近香农容量限的性能,是目前编码界与通信领域关注的重点码字之一。与二元 LDPC 码相比,多元 LDPC 码具有更强的纠错能力和抗突发错误能力,适合于高速传输系统,是未来宽带无线通信技术的重要候选码字之一。

本书共 9 章。第 1、2 章是基础知识部分;第 3 ~ 6 章是多元 LDPC 码的编译码原理及其优化设计,包括多元 LDPC 码的基本原理、多元 LDPC 码的构造、多元 LDPC 码的低复杂度译码方法以及基于密度进化、高斯逼近和 EXIT 图的分析优化方法;第 7 ~ 9 章是多元 LDPC 码在无线通信中的应用,包括多元 LDPC 码的速率兼容、多元 LDPC 码的 CPM 调制、多元 LDPC 码的高阶调制、多元 LDPC 码的信号空间分集 SSD 技术及多元 LDPC 码的 MIMO 系统。

本书既有基础知识的介绍,又有基本原理和具体实现方法的描述,特别是在最后给出了多元 LDPC 码在无线通信中的主要应用。因此,本书可以作为通信专业高年级本科生、研究生学习纠错编码技术的参考书,也可以供无线通信、移动通信与纠错编码领域的科技工作者参考。

图书在版编目(CIP)数据

多元 LDPC 码及其在无线通信中的应用/史治平编著.
—北京:国防工业出版社,2012.1
(无线通信前沿技术丛书/李少谦,周亮主编)
ISBN 978-7-118-07696-7

Ⅰ.①多… Ⅱ.①史… Ⅲ.①信道编码-应用-无线电通信-通信系统 Ⅳ.①TN92

中国版本图书馆 CIP 数据核字(2011)第 213024 号

※

国防工业出版社出版发行
(北京市海淀区紫竹院南路 23 号 邮政编码 100048)
北京奥鑫印刷厂印刷
新华书店经售
*
开本 787×1092 1/16 印张 10 字数 248 千字
2012 年 1 月第 1 版第 1 次印刷 印数 1—4000 册 定价 38.00 元

国防书店:(010)88540777 发行邮购:(010)88540776
发行传真:(010)88540755 发行业务:(010)88540717

序　　言

在无线通信的关键技术中，纠错编码技术作为提高信息传输可靠性的重要手段之一，经历了半个多世纪的发展，取得了令人瞩目的成果。

20 世纪 80 年代和 90 年代，随着相关理论的深入研究与发展，纠错编码技术在实际应用中取得了突破性的进展，革命性地改变了很多实际系统的编码方式，影响了高速数字调制解调器、数字移动蜂窝通信、卫星通信等系统的设计。使得信道编码技术不仅是专业研究编码理论的学者所需要掌握的技术，而且成为了通信、计算机、电子工程等相关领域的技术人员需要掌握的技术。

90 年代出现的 Turbo 码作为第三代移动通信的后选码被 3G 标准所采用，Turbo 码的出现不仅改变了人们对传统编码的看法，而且它的原理在无线通信系统中得到了广泛的应用，促进了无线通信系统的发展。特别是 1996 年，人们发现低密度奇偶校验码（LDPC 码）的性能非常适合宽带移动通信，LDPC 码是目前发现的最接近香农容量限的纠错编码方法之一。

无线移动通信系统为了提高频谱利用率，传输高速数据，常采用高阶调制技术，高阶有限域上的多元编码方法与高阶调制的联合应用具有明显的优势。多元 LDPC 码与二元 LDPC 码相比，抗突发错误的能力强，更适合于高速传输，多元 LDPC 码以及在未来无线通信系统中的应用成为了人们关注的热点技术之一。

本书是国内第一本专门介绍多元 LDPC 码的书籍，理论与实际应用相结合，力求包含该领域的最新研究成果。主要内容包括多元 LDPC 码的基础知识；多元 LDPC 码的基本原理和基本方法；多元 LDPC 码的最新进展及其在无线通信中的应用。

本书是无线通信与编码技术以及相关领域技术人员的重要参考资料，也可作为高等院校通信类、电子类、计算机类专业高年级本科生或研究生的参考教材。

李少谦

2011 年 12 月

前　言

近 20 年来，纠错编码技术取得了重大的突破。1993 年 Turbo 码的提出在纠错编码史上具有里程碑意义，1996 年 LDPC 码的再发现将纠错编码的研究推向了高潮。与香农限的距离成为衡量纠错编码性能的主要指标，概率译码成为重要的研究对象，纠错编码在各个领域的应用也纷纷涌现出来，纠错编码迎来了又一个辉煌的时代。

在 LDPC 码的早期文献中，Mackay 和 Davey 给出了多元 LDPC 码（Non binary LDPC code）的性能优势之后，人们普遍认为多元 LDPC 码是一类目前发现的性能最好的纠错编码技术之一。但是，为获得编码增益的提高，译码复杂度随着编码域 q 的增加迅速变大，甚至达到不可接受的程度。因此，多元 LDPC 码的研究并不像二元 LDPC 码那样广泛，发展速度也不如二元 LDPC 码快。人们甚至怀疑，为了得到一定编码增益而付出高昂的复杂度代价，这样有没有价值。

后来 Fossorier 的扩展最小和（EMS）译码算法和 Lin Shu 等学者的多元 QC－LDPC 码的提出，显著降低了多元 LDPC 码的实现复杂度，使人们又看到了希望。认为多元 LDPC 码具有多元码的优势，具有更大的设计自由度和灵活性，同时又具有二元 LDPC 码的结构特点，是一类值得探究的纠错编码。随着宽带移动通信的发展，特别是带宽有效的编码方式和高阶调制技术的发展，以及迭代接收机的应用，多元码的应用具有明显的优势。二元 LDPC 码虽然实现复杂度低，但是在中低码率且码长受限的情况下性能受限。而多元码在这种情况下显示出了明显的性能增益，因此，如何发挥多元 LDPC 码的优势是编码与通信界值得关注的研究课题。

目前，纠错编码的各种参考书都已经将 Turbo 码和二元 LDPC 码纳入其中，为这一领域的专家学者提供了重要的参考，但是对多元 LDPC 码的专门论述还很少。本书旨在对近年来多元 LDPC 码取得的成果进行系统地论述，跟踪其最新发展，为这一领域深入研究的工程技术人员和研究人员及高等院校的师生提供参考。

本书共 9 章，第 1 章论述了香农限和信道编码定理；第 2 章是有限域编码的基础知识，包括线性分组码的基本概念、有限域的基本知识和二元 LDPC 码的基本原理；第 3 章是多元 LDPC 码编码的基本原理；第 4 章是多元 LDPC 码的构造，包括随机编码、结构化的循环 LDPC 码、QC－LDPC 码和多元 RA 码；第 5 章是多元 LDPC 码的译码方法，包括标准的 BP 译码、对数域译码及扩展最小和 EMS 算法等；第 6 章是性能分析与优化设计，包括密度进化、高斯逼近和 EXIT 图分析；第 7 章是多元 LDPC 码速率兼容和高阶调制技术；第 8 章是多元 LDPC 码的信号空间分集技术；第 9 章是多元 LDPC 码的 MIMO 系统设计。

另外，抗干扰重点实验室的硕士生于清萍、燕兵、陈强、李超、杨阳、姜志、龚万春、谈天、陈磊磊等对本书的完成做了一定的仿真、编排、画图及整理校对工作。感谢周亮教授、张忠培教授、李胜强博士、魏宁博士对本书的体系结构的有益建议，本书在编写中得到他们的大力支持！

感谢支持本书出版的所有老师、同学和相关人员，同时也感谢所有参考文献的作者，是他们的工作为本书的出版奠定了基础。最后向长期支持我们研究工作的国内外同行和朋友表示衷心的感谢！

该书得到国家 863 计划（2009AA01Z234）、电子科技大学青年基金（JX0802）的资助。

鉴于作者水平有限，也鉴于目前技术发展过程中尚有许多问题有待研究和解决，因此书中难免有疏漏甚至不妥之处，恳请读者批评指正。

史治平

2011 年 7 月

目　录

第1章　信道编码与香农限

1948 年香农提出的信道编码定理是信道编码理论的基础，与香农限的距离是衡量现代信道编码技术性能的重要指标。低密度奇偶校验(Low Density Parity Check, LDPC)码是目前发现的与香农限最近的信道编码。多元 LDPC 码在突发错误和 ISI 等信道中具有更多的使用价值，高阶有限域 GF(q)上的多进制 LDPC 码可以在低的错误平层和快速的收敛性之间取得较好的折中。具有相同参数的多进制 LDPC 码比二进制 LDPC 码的 Tanner 图更加稀疏。本章主要介绍信道编码定理、信道容量和香农限等信道编码的基本理论，以及信道编码、LDPC 码的发展现状和多元 LDPC 码的发展前景。

1.1　信道编码定理

根据香农的信息论，一个典型的数字信息传输系统的基本模型如图 1-1 所示。由于干扰的存在和信息码元的随机性，使接收端无法预知也无法识别其中有无错误。为了解决这一问题，在信息码元序列中加入具有一定关系的监督元，使接收端可以利用这种关系由信道译码器来发现或纠正可能存在的错误，这种方法称为差错控制编码或纠错编码。不同的编码方法，纠错或检错能力有所不同。

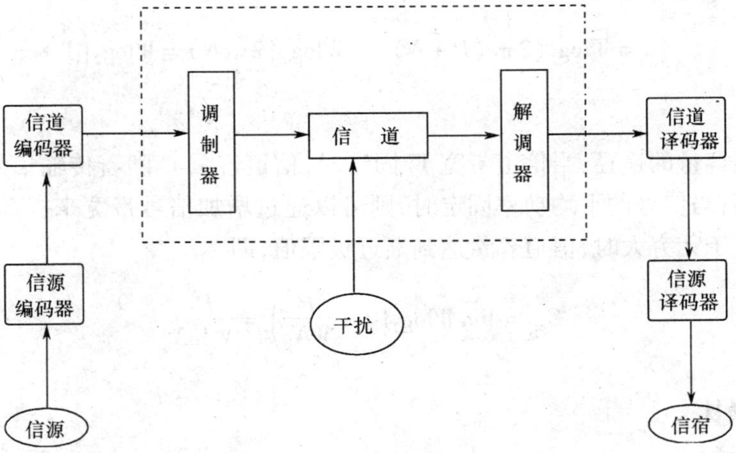

图 1-1　典型数字信息传输系统基本模型

1.1.1 信道容量

在数字通信系统中,主要的性能指标有两个,即传输速率和差错率。用信息传输速率表征的传输速率被定义为每秒钟传递的信息量,单位是 b/s。信道容量是信道可靠传输的最大信息传输率 R_b,是无差错信息传输基本原理的一个核心概念,香农信息论中的信道容量定义为

$$C = \max_{p(x)} I(x;y) = \max_{p(x)} [H(y) - H(y|x)] \tag{1-1}$$

式中:变量 x 和 y 分别为信道的输入和输出;$p(x)$ 为变量 x 的概率密度函数(Probability Density Function,PDF);$I(x;y)$ 为变量 x 和 y 的互信息;$H(y)$ 为接收信号的熵;$H(y/x)$ 为由于信道噪声而引起的损失熵。由于噪声形式不同以及信道带宽和信号的限制,因此对于不同的信道,对应的信道容量也不同。下面主要讨论加性高斯白噪声(AWGN)信道的信道容量。

高斯信道是输出信号 y 和输入信号 x 的条件转移概率分布等于 y 与 x 之差为零均值的正态分布的信道,并称差值 $n = y - x$ 为加性高斯白噪声,其功率谱为均匀谱。在发送信号和接收信号带宽都受限于 W 时,平均功率 P 受限的信号 x,经过平均功率为 N 的 AWGN 噪声信道,接收信号的平均功率是 $(P+N)$。当信源信号 x 的分布 $p(x)$ 是高斯分布时,接收信号 y 的分布 $p(y)$ 也服从高斯分布,这时接收信号的熵达到最大值,即

$$H(y) = W\log_2 2\pi e(P+N)$$

噪声的熵为

$$H(n) = W\log_2 2\pi eN$$

AWGN 信道下 $y = x + n$,x 与 n 相互独立,$H(y|x) = H(n)$,所以

$$\begin{aligned} C_{\text{AWGN}} &= \max_{p(x)} [H(y) - H(y|x)] = \max\{H(y) - H(n)\} \\ &= W\log_2(2\pi e(P+N)) - W\log_2(2\pi eN) = W\log_2\left(1 + \frac{P}{N}\right) \end{aligned} \tag{1-2}$$

备注:

提高信道容量的途径:当信道带宽 W 固定时,信道容量 C 随着传输信号的平均功率的增加而提高;当信号的平均功率固定时,则可以通过增加信号带宽来提高信道容量,当信号带宽趋近于无穷大时,信道容量达到渐近极限值,即

$$C_\infty = \lim_{W\to\infty} W\log_2\left(1 + \frac{P}{WN_0}\right) = \frac{P}{N_0 \ln 2} \tag{1-3}$$

1.1.2 信噪比

定义 1-1 符号信噪比 $(S/N)_s$ 是平均信号功率与平均噪声功率的比值,简记为 S/N。

$$S/N=\frac{\text{平均信号功率}}{\text{平均噪声功率}} \tag{1-4}$$

记信号持续时间为 T_s，信号能量为 E_s，信道带宽为 $W=1/T_s$，那么通信信号信噪比S/N是单位时间、单位带宽上或每秒每赫兹的能量 E_s 与噪声功率谱密度 N_0 的比值，即

$$S/N=\frac{P}{WN_0}=\frac{E_s/T_s}{WN_0}=\frac{E_s/T_s}{N_0/T_s}=\frac{E_s}{N_0} \tag{1-5}$$

带宽为 W，双边功率谱密度为 $N_0/2$ 的加性高斯白噪声 AWGN($W,N_0/2$) 的方差为 $\sigma^2=N_0/2$，所以，有

$$S/N=\frac{E_s}{N_0}=\frac{E_s}{2\sigma^2},\sigma^2=\frac{E_s}{2(E_s/N_0)} \tag{1-6}$$

等效地传输一个信息比特所需要的能量为 E_b，等效信息比特的持续时间为 $T_b=1/R_b$，信道带宽为 W，于是折算到一个信息比特的平均信噪比为

$$(S/N)_b=\frac{E_b/T_b}{WN_0}=\frac{E_bR_b}{WN_0}=\frac{E_b}{N_0}\cdot\frac{R_b}{W} \tag{1-7}$$

信道容量的表达式可以写为

$$C_{\text{AWGN}}=W\log_2\left(1+\frac{E_b}{N_0}\cdot\frac{R_b}{W}\right) \tag{1-8}$$

若 $W=R_b$，则 $(S/N)_b=E_b/N_0$。E_b/N_0 与 E_s/N_0 之间的表达式为

$$(E_s/N_0)=(E_b/N_0)\cdot R_c^* \tag{1-9}$$

式中：R_c^* 为传信率，是平均每个码元传送的信息比特数。

信噪比通常以分贝(dB)表示，计算公式为

$$(S/N)(\text{dB})=10\lg(S/N) \tag{1-10}$$

$$(E_s/N_0)(\text{dB})=(E_b/N_0)(\text{dB})+10\lg R_b \tag{1-11}$$

1.1.3 香农限

对通信资源的最小极限使用指标是香农限。实现无差错信息传输或通信需要付出代价或使用资源，基本的通信资源是时间 T、带宽 B 和能量 E。对纠错码而言，虽然编码导致传输符号能量降低和相应的符号差错概率增加，但是由于纠错的应用使得译码后的符号差错概率降低和折算到传输每比特信息的能量或者需要的 E_b/N_0 降低，在此意义上使能量或带宽的使用效率最大化。度量这一效率极限的参量即是香农限。香农限指单位时间单位带宽上传输 1b 信息所需要的最小信噪比 $(E_b/N_0)_{\min}$。香农限作为信息传输系统的一个基本极限指标，仍然是一个功率比指标，尽管在数值计算单位上是能量单位与频域上功率谱密度单位之比。

对编码情况下的香农限又分为广义香农限和狭义香农限两种。广义香农限指允许误码率存在时达到该误码率性能所需要的最小信噪比；狭义香农限指通过编码达到无误传输时所需要的最小信噪比。

令 $C=f(E_s/N_0)=f(R_bE_b/N_0)$，令出现的误比特率为 $P_b(e)$，当 $P_b(e)=0$ 即无误传输时，$R_b=f(R_bE_b/N_0)$ 时所得到的 $(E_b/N_0)_{min}$ 为香农限，可表示为

$$(E_b/N_0)_{min}=f^{-1}(R_b)/R_b \tag{1-12}$$

当 $P_b(e)\neq 0$ 时，实际传送的信息率 $R_b'\leqslant C=f(R_bE_b/N_0)$，其中

$$R_b'=R_b(1+P_b(e)\log_2(P_b(e))+(1-P_b(e))\log_2(1-P_b(e)))$$

于是

$$(E_b/N_0)_{min}=f^{-1}(R_b')/R_b \tag{1-13}$$

解式(1－12)和式(1－13)可以分别得到无误传输和有误传输的香农限。

对于无记忆连续信道，信道容量由下式给定，即

$$I(x;y)=H(y)-H(x\mid y)=H(y)+\int_{-\infty}^{+\infty}P(x)\int_{-\infty}^{+\infty}p(y\mid x)\log p(y\mid x)\,\mathrm{d}y\mathrm{d}x$$

$$C=\max I[x;y,P(x)]$$

式中：$p(x)$ 为输入 x 的概率密度函数；$p(y|x)$ 为输入 x 时输出 y 的条件概率密度函数。$H(y)$ 为 y 的符号熵，当输入分布是高斯分布时，香农得到了 AWGN 下的传输带宽为 W 的信道容量公式，即

$$C_{AWGN}=W\log_2\left(1+\frac{E_b}{N_0}\cdot\frac{R_b}{W}\right) \tag{1-14}$$

两边同时除以 W，得

$$\frac{R_b}{W}\leqslant\frac{C}{W}=\log_2\left(1+\frac{E_b}{N_0}\cdot\frac{R_b}{W}\right)$$

单位为 b/(s · Hz)，令 $\frac{R_b}{W}=\eta$，得 $\frac{E_b}{N_0}\geqslant\frac{2^{\eta}-1}{\eta}$。

当 η 趋于 0 时，$E_b/N_0=1.6$dB，由 Nyquist 第一定理，$W=1/2T_s$ 就可以保证无码间干扰，$R_b=R_c/T_s$，从而 $\eta=2R_c$，R_c 是每符号的信息比特数。于是一维信号的香农限可表示为

$$\frac{E_b}{N_0}\geqslant\frac{2^{2R_c}-1}{2R_c}$$

如果输入的是复信号，那么由于是高斯白噪声，所以实部和虚部都为高斯分布，且相互独立，从而可以把复信道看成是两个信道之和，但是此时每维信号能量应为复信号能量的一半，复信道容量可表示为

$$C=2W\log_2\left(1+\frac{E_b/2}{N_0}\cdot\frac{R_b}{W}\right) \tag{1-15}$$

$$\frac{R_b/2}{W} \leqslant \frac{C/2}{W} = \log_2\left(1 + \frac{E_b}{N_0} \cdot \frac{R_b/2}{W}\right)$$

令$\frac{R_b/2}{W} = \eta, \frac{E_b}{N_0} \geqslant \frac{2^{\eta} - 1}{\eta}$,得到二维信号的香农限,即

$$\frac{E_b}{N_0} \geqslant \frac{2^{R_c} - 1}{R_c}$$

以上是输入信号为高斯分布时得到的最大互信息,即信道容量。但是在实际的通信系统中,输入符号集是有限集,不可能是高斯分布的。图 1-2 所示是一维调制和二维调制的信道容量。

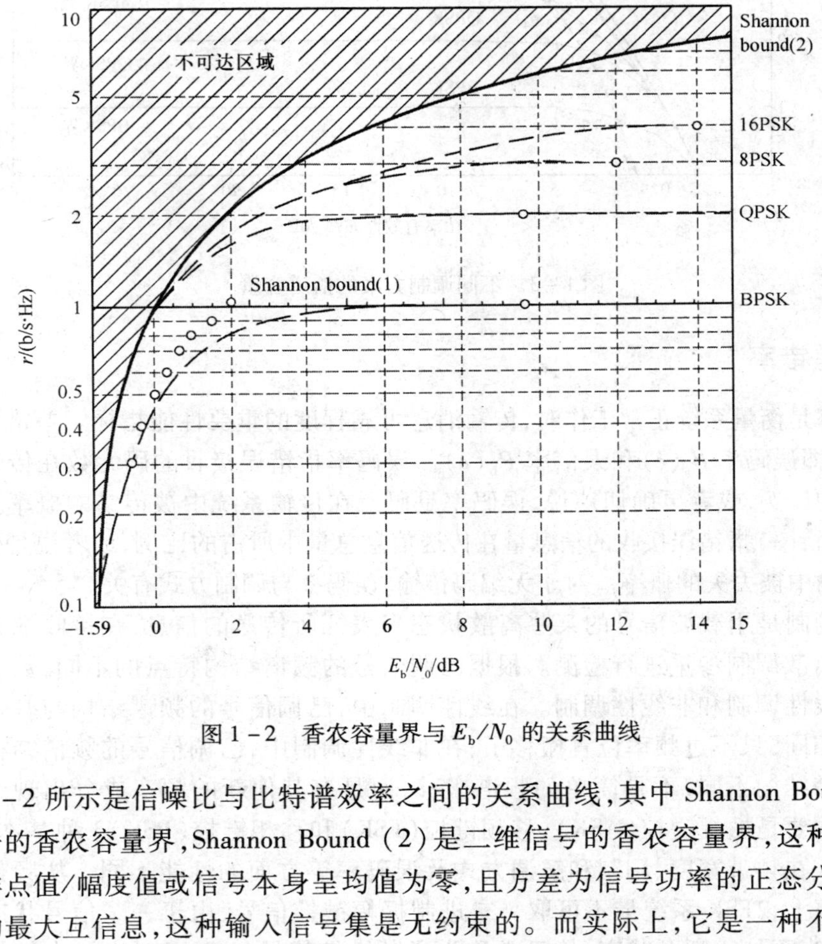

图 1-2 香农容量界与 E_b/N_0 的关系曲线

图 1-2 所示是信噪比与比特谱效率之间的关系曲线,其中 Shannon Bound (1)是一维信号的香农容量界,Shannon Bound (2)是二维信号的香农容量界,这种界是在假设信号样点值/幅度值或信号本身呈均值为零,且方差为信号功率的正态分布随机信号得到的最大互信息,这种输入信号集是无约束的。而实际上,它是一种不能物理实现的信号形式,在实际通信系统中,输入符号集是有限集。不同的调制方式下的香农容量界也不同。

另外,在无线通信系统中,经常用到的是广义香农限(误比特率是 10^{-5}),图 1-3 给出了误码率在 10^{-5}时的信道容量界。

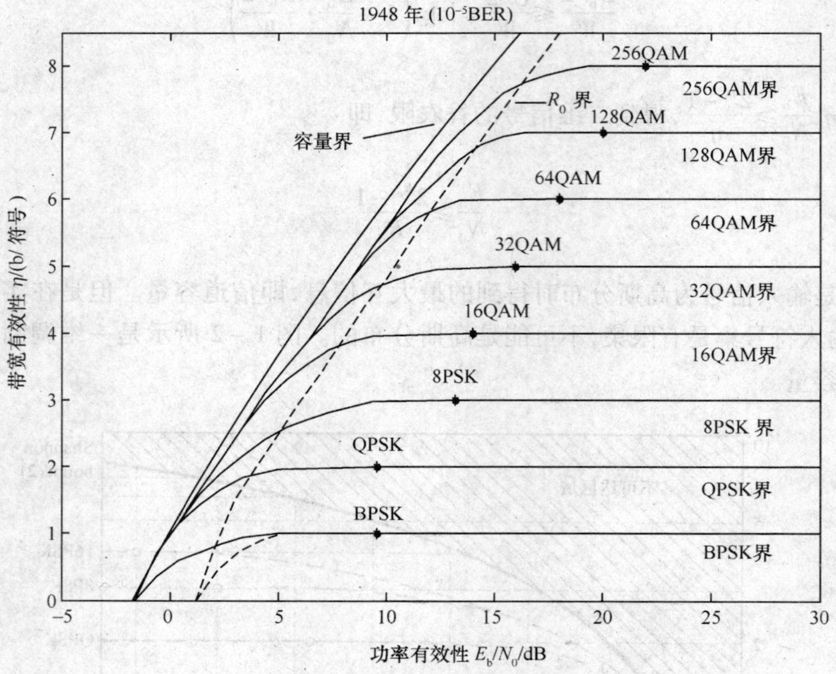

图 1－3　不同调制方案的信道容量

1.1.4　差错率

差错率是衡量系统正常工作时，传输消息可靠程度的重要性能指标。差错率有两种表述方式，即误码率 $P_s(e)$ 和误信率 $P_b(e)$。误码率指错误接收的码元数在传送总码元数中所占的比例，或者更确切地说，误码率是码元在传输系统中被传错的概率。误信率（又称误比特率）指错误接收的信息量在传送信息总量中所占的比例，或者说是码元的信息量在传输中被丢失的概率。对于无编码传输，误码率与调制方式有关。

数字调制是用载波信号的某些离散状态来表征所传送的信息，在接收端只要对载波信号的离散调制参量进行检测。根据已调信号的频谱结构特点的不同，数字调制也可以分为线性调制和非线性调制。在线性调制中，已调信号的频谱结构与基带信号的频谱结构相同，只不过频率位置搬移了；在非线性调制中，已调信号的频谱结构与基带信号的频谱结构不同，不是简单的频谱搬移，而是有其他新的频率成分出现。二进制数字调制主要是振幅键控（ASK）、移频键控（FSK）和移相键控（PSK）3 种基本形式。3 种调制方式在频带宽度、调制和解调方式及误码率等方面的性能不同。从频带宽度和频带利用率上，2FSK 系统最不可取。二进制振幅键控信号，由于一个信号状态始终为零，此时相当于处于断开状态，故又常称为通断键控信号（OOK 信号）。在抗加性高斯白噪声方面，相干 2PSK 性能最好，2FSK 次之，OOK 最差。对信道特性变化的敏感性来说，2ASK 的性能最差。多进制数字调制是利用多进制数字基带信号去调制载波的振幅、频率或相位。与二进制数字调制相比，多进制数字调制具有以下两个特点：①在相同的码元传输速率下，多进制系统的信息传输速率显然比二进制系统的高；②在相同的信息速率下，由于多进制码元传输速率比二进制的低，因而多进制信号码元的持续时间要比二进制的长。显然，增大码元宽度，就会增加码元的能量，并能减小由于信道特性引起的码间干扰等的影响。正是基于这些特点，使多进制调制方式获得广泛的应用。

根据数字通信原理，可以得到加性高斯白噪声信道中不同调制信号的最佳判决器的误码率。

（1）用于载波调制 PAM 信号的最佳判决器的误码率与基带 PAM 信号的相同，均为

$$p_s^M(e)=\frac{2(M-1)}{M}Q\left(\sqrt{\frac{6(\log_2 M)E_b}{(M^2-1)N_0}}\right) \tag{1-16}$$

式中：M 为调制的阶；E_b 为每比特的平均能量。

（2）二进制相位与二进制 PAM 相同，所以该误码率为

$$p_s^2(e)=Q\left(\sqrt{\frac{E_b}{N_0}}\right)$$

式中：E_b 为每比特的平均能量。因为四相调制可以看成正交载波上的两个二进制相位调制系统，所以四相调制误码率与二进制相位调制的误码率相同。对于 $M>4$ 的情况，找不到误符号率的简单封闭形式的表达式。一个较好的近似式为

$$p_s^M(e)=2Q\left(\sqrt{\frac{2E_s}{N_0}}\sin\frac{\pi}{M}\right)=2Q\left(\sqrt{\frac{2kE_b}{N_0}}\sin\frac{\pi}{M}\right) \tag{1-17}$$

式中：$K=\log_2 M$（b/符号）。

（3）矩形 QAM 信号系统最突出的优点就是容易产生 PAM 信号，可直接加到两个正交载波相位上，此外它们还便于解调。

当 k 为偶数时，$M=2^k$ 进制 QAM 系统正确判决的概率是

$$p_s^M(e)=1-(1-p_s^{\sqrt{M}})^2$$

式中：$p_s^{\sqrt{M}}$为$\sqrt{M}$进制 PAM 系统的误码率，该系统具有等价 QAM 系统的每一个正交信号中的一半平均功率。通过适当的调整 M 进制 PAM 系统的误码率，得

$$p_s^{\sqrt{M}}(e)=2\left(1-\frac{1}{\sqrt{M}}\right)Q\left(\sqrt{\frac{3}{M-1}\frac{E_{avb}}{N_0}}\right)$$

式中：E_{avb}为每个符号的平均信噪比。

当 k 为奇数时，就找不到等价的$\sqrt{M}$进制 PAM 系统，采用最佳距离判决器，可以求出任意 $k\geqslant 1$ 误码率严格的上限，即

$$p_s^M(e)\leqslant 1-\left[1-2Q\left(\sqrt{\frac{3E_{avb}}{(M-1)N_0}}\right)\right]^2\leqslant 4Q\left(\sqrt{\frac{3kE_{avb}}{(M-1)N_0}}\right) \tag{1-18}$$

式中：E_{avb}/N_0 为每比特的平均信噪比。

图 1-4 所示是不同调制方式下，相干接收时没有信道编码的误码率曲线。

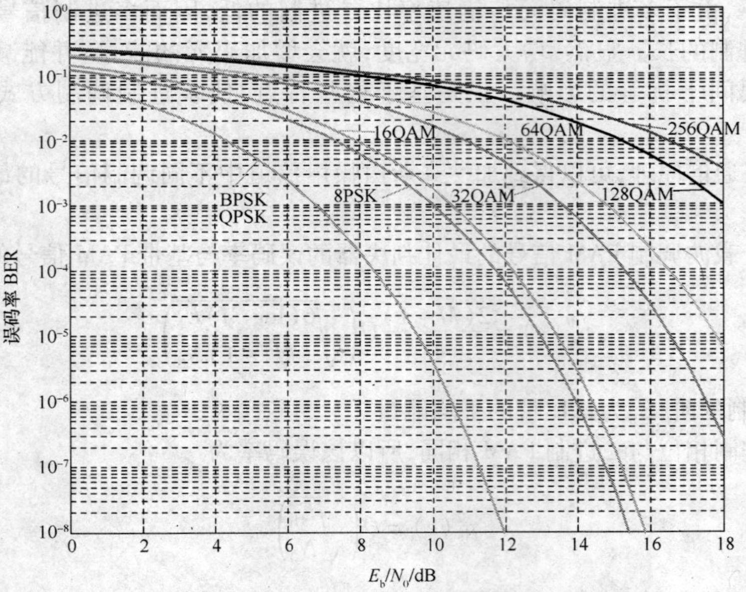

图 1 - 4　误码率在 10^{-5} 时不同调制方式下的误码率曲线

1.1.5　香农限、差错率与信道编码

有效的纠错编码是，虽然编码导致传输符号能量降低和相应的符号差错概率增加，但是由于纠错的应用使得译码后的符号差错概率降低和折算到传输每比特信息的能量或者需要的(E_b/N_0)降低，在此意义上使能量或带宽的使用效率最大化。度量这一效率极限的参量即是香农限。与香农限的距离是衡量一个码的重要标志，与香农限越近，码的性能越好。目前接近香农限的信道编码主要是 Turbo 码和 LDPC 码。

图 1 - 5 所示是不同的二元信道编码方法的频谱效率(码率)与信噪比的关系曲线。

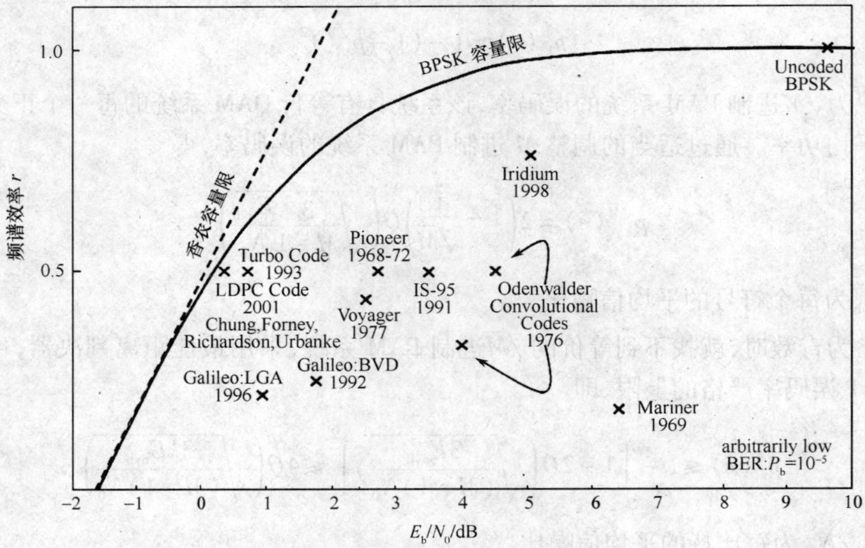

图 1 - 5　二元信道编码的频谱效率

信道容量用于判断信道的传输能力，通常用传输的比特差错率（误比特率 BER）与信噪比（E_b/N_0）的关系描述。图 1-6 给出了未编码的 BPSK 与应用各类纠错码后误比特率与信噪比的关系曲线。

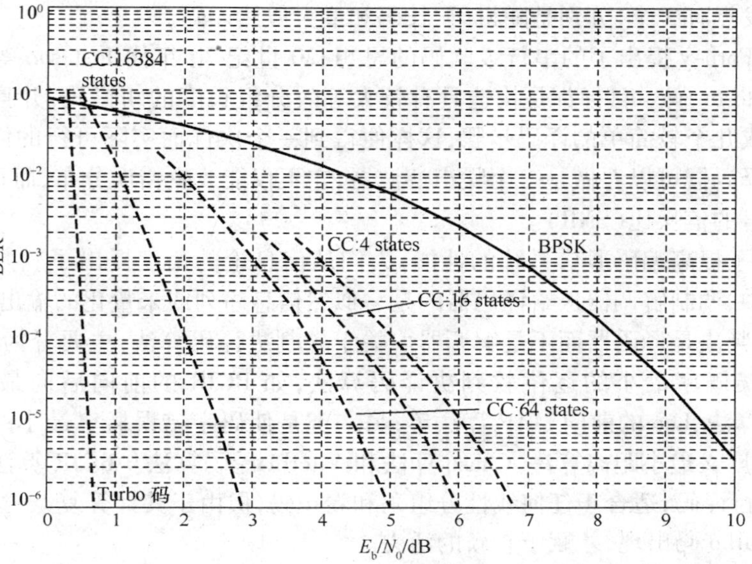

图 1-6　未编码的 BPSK 与应用各类纠错编码后误比特率与信噪比的关系曲线

1.1.6　信道编码定理

1948 年，现代信息理论的奠基人 Claude E. Shannon 在《贝尔技术》杂志上发表了题为"通信的数学理论"的论文。该论文指出，任何一个通信信道都有一个参数 C，称为信道容量，如果通信系统要求的传输速率 $R<C$，则存在一种编码方法，当 n 充分大并应用最大似然译码时，系统的错误概率 $P(E)$ 可以达到任意小。这就是著名的信道编码定理（Noisy Channel Coding Theory，又称为有噪信道编码定理）。它指出了信道编码的存在性，奠定了信道编码的理论基础。同时，该定理也给人们构造好码提供了两个途径：一是构造长码，随着分组码的码长或卷积码的约束长度 n 的增加，将提高通信系统的抗干扰能力；二是采用最大似然译码（MLDA）。但是对于物理实现，这两方面又是不可兼得的，随着 n 的增加，MLDA 的复杂性呈指数上升，当 n 较大时，MLDA 几乎物理不可实现。因此，设计低误码率编码系统时需要解决的两个主要问题是：①如何构造好的长码，在最大似然译码时满足误码率 $P(E)$ 的要求；②寻求易于实现的编、译码方法，使其实际性能接近最大似然所能达到的性能。这也是 70 年来从事信道编码等领域的学者们要致力于解决的两个问题。

备注：信道编码定理指出，对于任意 $R<C$，存在着分组长度 n 足够大的分组码，使得 $P(E)\leqslant 2^{-nE_b(R)}$，同时，存在存储级数 m 足够大的卷积码，使得 $P(E)\leqslant 2^{-(m+1)nE_c(R)}$，对 $R<C$，$E_b(R)$ 和 $E_c(R)$ 为 R 的正函数（即取值为非负），并且随着 R 的增加而减小，且完全由信道特性决定。对于任何固定的 $R<C$，分组编码可在保持比值 k/n 为常数的同时，通过增加分组长度 n 来获得任意低的误码率。对任何固定的 $R<C$，卷积编码可在保持 k 和 n 不变时通过增加存储级数 m 来获得任意低的误码率。另外，信道编码定理是建立在随

机编码（Random Coding）基础上的，所得到的性能界实际上是全体码集合上的平均误码率。由于某些码的性能一定优于这个平均值，因此信道编码定理保证了式（1-1）和式（1-2）的存在性，但并未指出如何去构造它们。因此，从这里可以看出构造好的编、译码系统的出发点有3个，分别是随机码、长码和最大似然译码。

1966年Forney提出了的串行级联码的思想；20世纪70年代Justeson等用级联的方法构造了Justeson码。目标都是构造具有较大等效分组长度的纠错码，并且允许将最大似然译码分成几个较简单的译码步骤，这样便得到一个次优而实际可行的译码策略。级联系统的内译码器可以看做是一个噪声滤波器，它不仅能改变错误分布，而且能够有效地增加接收信号的信噪比（SNR）。

另外，为了提高编码通信系统的性能，人们从信息论的角度提出了软判决译码的方法。该方法中，调制解调器送给译码器的是一似然信息序列或未量化的输出，而不是硬判决结果，实际判决是译码器而不是解调器。关于软判决译码算法，主要分为两大类：一类是使符号错误概率最小的逐位软判决译码算法，如BCJR的前向后向最大后验概率（MAP）译码算法、Lee的前向MAP算法等；另一类是使码字错误概率最小的逐组软判决译码方法，如广义最小距离算法、Chase算法和Viterbi译码算法。BCJR算法基于码的格图（Trelli）进行译码，适合于任何线性分组码和卷积码，但由于其计算复杂，当时并未引起注意，直到Turbo码出现，才赋予它新的活力。

这种仅仅是输入为软信息的译码方法，在只使用一个纠错码的情况下是最好的解决方案。但是，在像串行级联码这种组合多个码的情况下，由于内译码器的输出为硬判决结果，使得外译码器不能采用软判决译码技术，从而限制了系统性能的进一步提高。为此，人们又提出了软输出译码的概念和方法。软输出译码实现了解调器、内译码器和外译码器之间的软信息转移，通信系统的性能得到了很大改进。因为RS码还没有简单的软判决译码算法，所以人们发展了“卷积码+卷积码”的级联方式，并采用软输入软输出译码算法。软输入软输出译码算法主要有Symbol-by-Symbol MAP类算法和修正的VA类算法，如SOVA、List VA等。

以上这些译码方案的复杂性相对MLDA来说是减小了，但这是以系统性能的降低为代价的，没有充分发掘出信道编码理论的潜力。最近，随着Turbo码的问世和低密度奇偶校验（LDPC）码的再发现，迭代译码的概念引起了人们的高度重视。计算机仿真表明，通过级联码或乘积码的多个软输出译码器之间进行迭代，系统的渐进性能逼近于MLDA。迭代译码思想已广泛地应用于编码调制、信道均衡和多用户检测等领域。

与此同时，作为信道编码理论的另一研究方向的限带信道上的编码技术，从20世纪80年代开始也得到了飞速发展。1974年，J. Massey提出了将编码与调制作为一个整体看待可能会提高系统性能的设想。此后，许多学者研究了将此设想付诸于实践的途径。其中，最引人注目的是Ungerboeck于1982年提出的网格编码调制（TCM）技术，它奠定了限带信道上编码调制技术的研究基础，被认为是信道编码发展中的一个里程碑。另外，几乎在同一时期日本学者Imai提出了一种采用分组码的编码调制技术，称为BCM，它在衰落信道中的性能比较突出。TCM和BCM的主要优点是在提高系统功率效率的同时并不扩展系统所占带宽。TCM技术在AWGN信道中，系统传输速率已经接近于香农信道容量。对于衰落信道，TCM和BCM技术的研究进展不像AWGN信道那样乐观。已有的研究结果表明,TCM 和 BCM 在 AWGN 信道中的都是最佳方案,有着最佳的编译码方法、最佳的映射规则;但是在衰落信道中结果却不理想,因其丧失掉大量的编码增益。因此,衰落信道下的编码调制技术成为新的研究热点,主要有 Turbo - TCM、MLC 和 BICM。

总之,从编码定理的提出到软输入软输出译码算法,再到编码调制,以至于今天的 Turbo 码和 LDPC 码,信息编码理论与技术已经取得了辉煌的成就,成为一门标准技术而广泛应用于通信、计算机等各个领域。

1.2 信道编码的发展现状

信道编码技术起源于 1948 年信息论的开创者 Claude E. Shannon。在他的奠基性论文——通信的数学理论中首次提出的著名信道编码定理,虽然人们普遍地认为它是一个数学上的存在性定理,但是它却给以后信道编码的研究指出了明确的方向。在这一定理的指引下,信道编码大致经历了以下 5 个阶段。

第一阶段:20 世纪 50 年代提出和构造的汉明码、格雷码和里德—马勒码

汉明码(Hamming Code)是由 Richard W. Hamming 于 1950 年首次发现的一类纠正单个错误的代数分组码,在早期编码史上具有里程碑意义,如(7,4) 汉明码、(15,11) 汉明码、(31,26) 汉明码等。

格雷码(Golay Code)由 M. J. E. Golay 于 1949 年给出,格雷码作为代数与组合编码设计的典范是编码史上的一个重要里程碑。二元格雷码是唯一已知的二元域上的纠多个差错的完备码,并获得广泛的实际应用,格雷码只有两个码字,分别是二元(23,12,7) 格雷码和三元(11,6,5) 格雷码。

里德—马勒码(Reed - Muller Code)由 D. E. Muller 和 I. S. Reed 于 1954 年各自独立地分别从布尔函数和多元多项式角度发现的一类性能良好的二元线性分组码,如(32,6) RM 码。

这时的信道编码方案具有以下几个特点:

(1) 提出的信道编码方案仅适用于 AWGN 信道,而不是针对衰落信道,所以,所有的码都是针对随机错误的,而不是突发错误。

(2) 构造出的码的码长都很短,且是线性循环码类,因此,按照信道编码定理的条件(码长应为无限长)来看,此时构造出的码性能不可能太好。

(3) 由于需要增加冗余位来实现抗信道干扰,故使系统在性能提高的同时,降低了传输效率,即频带有效性下降。这说明早期的、传统的信道编码方案难以克服传输有效性同传输可靠性之间的矛盾。

(4) 所有码的译码都是采用硬判决译码,因此将损失掉一定的软判决增益。

第二阶段:20 世纪 60 年代的 BCH 码和 RS 码

60 年代信道编码进入了第一个大发展时期,各种好的分组码结构都在这个期间被提出来,其性能向香农限逼近的速度很快,如美国宇航局 NASA 在深空卫星信道中采用的 Pioneer 码。在这个时期作为一类循环码中的好码——BCH 得到了很快的发展,如 BCH (255,123) 码与性能最好的 Golay 码相比有约 2dB 的新的编码增益。作为纠突发错误的、非二元的 RS 码也是在此期间被提出来的,并开始在卫星信道中采用,在功率有效性和频带有效性上都有了显著的提高。这一时期的另外一个特点是软判决技术的出现,提高了译码性能。

特别值得注意的是，在这个时期，也就是1961年，MIT的Gallager博士在他的博士论文中首次提出了著名的LDPC码的思想。虽然在当时的条件下，人们还没有意识到它的重要性，但是今天的事实已经证明，它是接近香农限的好码之一。

第三阶段：20世纪70年代的三大进展

70年代是信道编码的第二个大发展时期。在这一时期有3大重要进展：一是不展宽频带的编码调制技术的提出；二是级联码概念的提出；三是卷积码的软判决算法。为了解决传输可靠性与频带有效性的矛盾，1978年欧洲的Ungerboeck和日本的Imai分别独立地提出了具有不展宽频带特性的编码调制结合的思想，分别是Ungerboeck提出的将卷积码与调制结合的TCM（Trellis Coded Modulation）和将分组码与调制结合的多级编码调制MLC（Multi - Level Coding）。级联码是用几个短码级联构成长码，使性能提高而复杂度仅为线性叠加关系。级联码利用了香农的长码理论，使得功率有效性又向香农限推进了一步，而且译码复杂度从指数降低到了线性。针对1967年Viterbi提出的卷积码的网格译码算法，在这一时期，Viterbi算法的软判决译码有了新的进展。如(2,1,6)和(3,1,6)卷积码采用Viterbi软判决译码后，功率有效性比BCH(255,123)好1dB以上，而且译码复杂度要低。

第四阶段：20世纪80年代多维TCM网格编码

80年代开始进入信道编码的第3个大发展时期，它的最大的特点就是：具有高的频带有效性的抗干扰方案的大量涌现，并且功率有效性还在不断地向香农限逼近。此期间最大的进展是由中国台湾的L. F. WEI教授发明的多维TCM网格编码。

第五阶段：20世纪90年代的Turbo码与LDPC码

90年代对于信道编码来说是一个具有里程碑意义的时代，其中最具代表性的是Turbo码的提出和LDPC码的再发现。

1993年，在ICC国际会议上，C. Berrou，A. Glavieux，P. Thitimajshima发表了一篇文章，提出了一种被称为Turbo码的编译码方案（Turbo是带有涡轮的意思）。在这篇文章中，将卷积编码和随机交织器巧妙的结合在一起，实现了随机编码的思想，随机交织器大小为65535，进行18次迭代，在$E_b/N_0<0.7$dB时，码率为1/2的Turbo码在AWGN信道上的误比特率小于10^{-5}，接近了香农限（1/2码率的香农限为0dB）。这个结果是通过数值模拟在实验中发现的，缺乏深入的理论依据，但是在其性能引起了人们无限的研究兴趣。为了解释Turbo码的作用机制，人们进行了不断的探索与研究，经过几年的研究，人们普遍认为Turbo码是因为使用了基于长码的随机编码思想和基于状态转移图的迭代译码才使得性能逼近香农限。所以迭代原理又称为Turbo原理，最新的研究主要集中在频带有效性的Turbo码的性能，以及Turbo码的译码思想在通信系统的其他方面广泛应用，如信道均衡、信道估计等领域。

在Turbo码引发的迭代译码算法的研究热潮中，1996年MacKay和Neal对1962年Gallager提出的低密度校验码（LDPC）重新研究发现，该码也是一种性能接近香农限，而且可以实现的编码方案，其性能甚至超过了Turbo码。二进制输入AWGN信道下，码率为1/2、码长为107的非规则LDPC码用置信传播迭代方法译码，当错误概率为10^{-6}时，离香农限仅差0.0045dB，这是目前距香农限最近的码。因此越来越多的研究者将注意力集中在LDPC码上，并将其作为未来高速宽带移动通信系统中信道编码的主要备选方案之一。信道编码的发展过程，可以通过图1-7直观地表示出来。

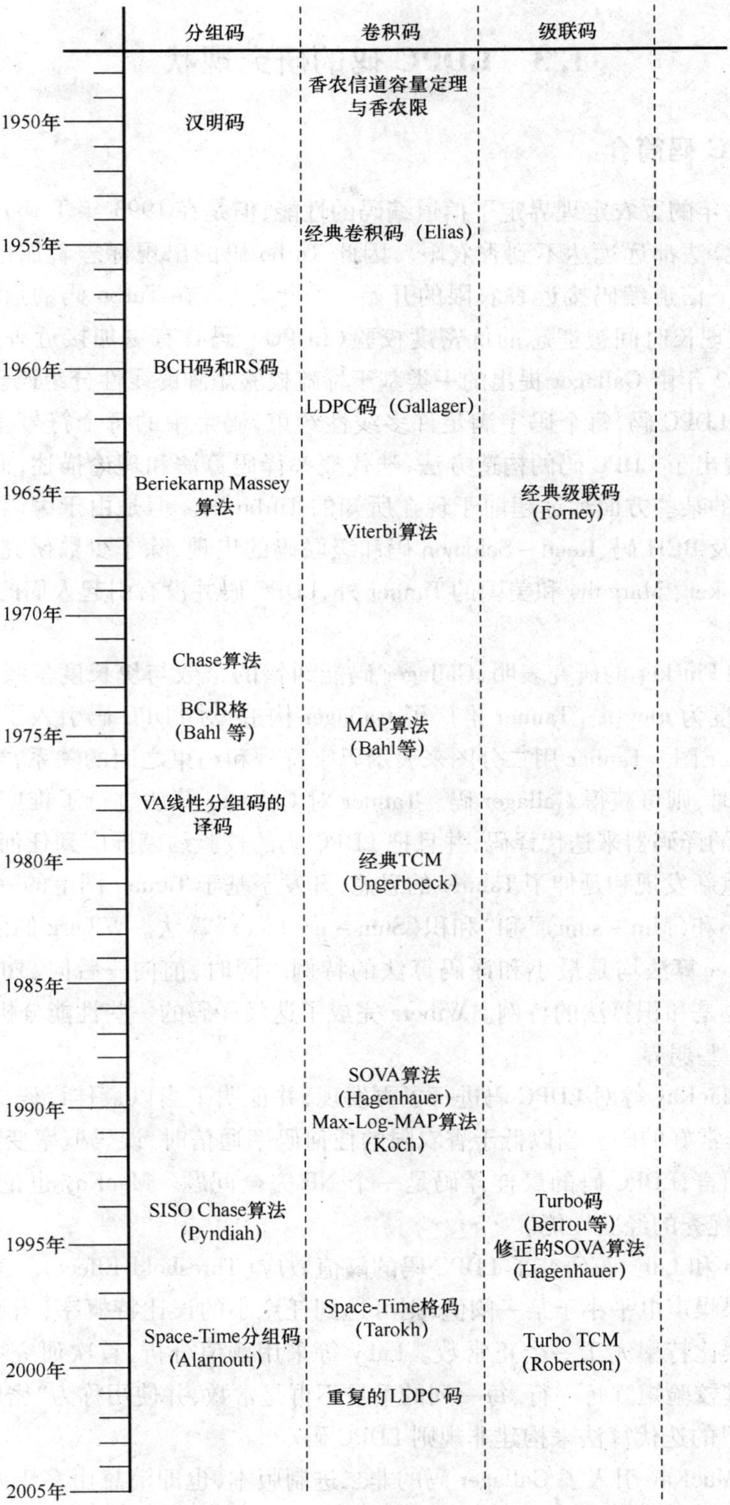

分组码
卷积码
级联码
香农信道容量定理
与香农限
1950年
汉明码
经典卷积码（Elias）
1955年
1960年
BCH码和RS码
LDPC码（Gallager）
1965年
Beriekarnp Massey
算法
经典级联码
(Forney)
Viterbi算法
1970年
Chase算法
BCJR格
(Bahl 等)
1975年
MAP算法
(Bahl等)
VA线性分组码的
译码
1980年
经典TCM
(Ungerboeck)
1985年
SOVA算法
(Hagenhauer)
1990年
Max-Log-MAP算法
(Koch)
Turbo码
(Berrou等)
SISO Chase算法
(Pyndiah)
1995年
修正的SOVA算法
(Hagenhauer)
Space-Time格码
(Tarokh)
Space-Time分组码
(Alarnouti)
Turbo TCM
(Robertson)
2000年
重复的LDPC码
2005年

图 1－7　信道编码的发展

1.3 LDPC 码的研究现状

1.3.1 LDPC 码简介

虽然 1948 年的香农定理界定了信道编码的性能，但是在 1993 年 Turbo 码出现之前，多数信道编码算法都远远达不到香农限。因此 Turbo 码的出现标志着加性高斯白噪声（AWGN）信道下信道编码接近香农限的开始。两年之后，在 Turbo 码的启发下，Mackay 和 Neal 重新发现长时间被遗忘的低密度校验（LDPC）码具有更加接近香农限的性能。LDPC 码是 1962 年由 Gallager 提出的一类基于稀疏校验矩阵的线性分组码。按照稀疏校验矩阵定义的 LDPC 码，每个码字满足许多线性约束，码字中的每个符号参与小数量约束。Gallager 提出了 LDPC 码的构造方法、迭代概率译码算法和理论描述，而且在迭代译码算法和理论的某些方面远远超前于现在所知的 Turbo 码。但是由于编码存储需求、译码的计算要求及 BCH 码、Reed - Solomon 码和级联码的出现，除了少数研究人员，如苏联的 Zyablov、Pinsker、Margulis 和美国的 Tanner 外，LDPC 码并没有引起人们的足够重视，甚至几乎被遗忘了。

Zyablov 和 Pinsker 的研究表明，Gallager 码能纠错的个数与块长度呈线性关系，且译码算法的复杂度为 $n\log_2 n$。Tanner 推广了 Gallager 构造，对 LDPC 码引入了二分图模型，现在称为 Tanner 图。Tanner 用二分图来表示码字符号和约束之间的关系，当所有的约束是二进制校验时，则可获得 Gallager 码。Tanner 对 Gallager 算法进行了推广，提出对每一个约束用独立的译码器来迭代译码，并且把 LDPC 码的校验约束推广到任何线性码约束。后来，Wiberg 重新发现和延伸了 Tanner 的思想，开发了基于 Tanner 图上的一般译码算法，他称之为“最小和（Min - sum）”和“和积（Sum - product）”算法。Wiberg 的研究表明，Viterbi 算法、Tanner 算法均是最小和译码算法的特例。同时，前向—后向、Turbo 码算法和 Gallager 算法也是和积算法的特例。Wiberg 完成了迭代译码的一些性能分析，计算了 LDPC 码性能的一些弱界。

1996 年，MacKay 等对 LDPC 码进行了再发现，并证明了当以最佳译码器译码时，LDPC 码是一种非常好的码。当以低于香农限的任何码率通信时，误码概率变为 0。不幸的是，对多数码而言，LDPC 码的最佳译码是一个 NP 完全问题。MacKay 也论证了 Gallager 译码算法具有优秀的经验性能。

Richardson 和 Luby 等研究了 LDPC 码的阈值效应（Threshold Effect）。当分组长度趋于无穷时，如果噪声电平小于某一阈值，则可达到任意小的误比特概率；当噪声电平大于此阈值时，则误比特率大于一个正常数。Luby 等采用阈值分析，首次研究了 LDPC 码的非规则构造，其校验矩阵每一行、每一列的重量不再是常数，并使用称为“密度演进（Density Evolution）”的迭代算法来构建非规则 LDPC 码。

Davey 和 MacKay 引入了 Gallager 码的非二进制版本，也即消息由多于两个元素的有限域上的符号组成。对消息进行编码时，虽然每个校验变得更加复杂了，但译码仍旧易于处理。虽然非二进制码可用二进制码来表达，但非二进制码的译码算法不等价于二进制码译码算法。非二进制 LDPC 码性能有显著的提高。

Luby 等在删除信道(Erasure Channel)上研究发现,LDPC 码能以较低复杂度的译码达到信道容量,并介绍了一种在删除信道上简单的线性时间译码算法,表明影响算法性能的唯一参数是各种度数节点(Node)的分布。此外,使用此分析,文中展示了确切度数分布(Explicitdegree Distributions),使得在极限上相应的码能达到删除信道的容量。进一步简化此分析,并应用到二进制对称信道(BSC)简化 Gallager 译码算法中,Richardson 和 Urbanke 吸收此分析并推广到一大类信道。在文献[13]中找到有效译码算法且与香农容量非常接近的码字,此码比其他任何已知的码字更接近香农容量(相差 0.045dB)。

目前对 LDPC 码的研究主要集中于以下 4 个方面:校验矩阵的构造、译码算法的优化、性能的分析及 LDPC 码在实际系统中的应用。

1.3.2 LDPC 码的构造

码的结构决定了 LDPC 码的性能,目前有关 LDPC 码的构造方法有很多,针对长码、中长码、短码的各种构造方法各不相同,其中主要可以分为两大类——随机构造法和结构化构造法。随机 LDPC 码的构造是基于某种设计规则或需要通过计算机搜索而成,如环的分布和节点度分布利用计算机搜索而成。长的随机 LDPC 码具有逼近香农限的能力,但是,随机码通常编码复杂。而结构化构造方法又可以分为代数构造方法和组合方法,代数方法中包括基于有限几何的构造方法和基于循环置换矩阵的方法。结构化构造的 LDPC 码可以保证中长码和短码具有好的距离特性,而且可以使以图表示的 LDPC 码中的环尽可能大。

1.3.3 LDPC 码的译码

码的结构确定之后,译码算法的好坏便决定了能否最大程度地发挥码本身具备的纠错潜力。译码算法的复杂度决定了工程实现的可行性,目前 LDPC 码的译码方法主要有两大类:一类是基于概率的置信传播(Belief Propagation)迭代译码算法,简称 BP 算法。这类算法属于软判决译码,在码长较大时性能可逼近香农限,但实现复杂度较高,因此产生出许多简化的 BP 算法,如 BP - Based、Normalized BP - Based、Offset BP - Based 算法等;另一类是基于校验和统计迭代的比特翻转(Bit Flipping)译码算法,简称 BF 算法。该算法属于硬判决译码,实现复杂度低,但是性能较差,目前提出了多种有效的改进方案,如加权的 BF 算法(WBF)及其改进形式(LP - WBF、MWBF 等),通过结合接收符号可靠性、引入“环检测”和比特翻转约束机制等措施,使其译码性能逐步接近 BP 算法,但同时也使算法的复杂度增加不少。

1.3.4 LDPC 码的性能分析

LDPC 码的译码性能分析方法主要可以归纳为 3 类,即密度进化(Density Evolution)理论、高斯近似(Gaussian Approximation)和 EXIT(Extrinsic Information Transform Chart)图。

1. 密度进化

Gallager 在研究规则码硬判决译码算法的性能时发现，在 LDPC 码的迭代译码中存在一种阈值现象，或者称为译码门限，即在信道噪声水平低于某个阈值（门限）时，随着码长趋于无穷大时，码的错误概率可以任意逼近零，否则错误概率将大于一个常数。Gallager 提出跟踪 LDPC 码迭代传递的外信息的概率分布来分析译码器的这种收敛行为，Richardson 等基于 Gallager 的思想提出密度进化理论，通过分析传递信息的概率密度的进化情况，发现在和积译码算法的每次迭代信息传递中出现错误信息的部分可以递归地表示成 LDPC 码的度数分布序列和信道参数的函数。迭代计算节点间传递信息的概率密度函数的方法就称为密度进化。他们通过研究递归函数证明了阈值现象的存在性并给出了一种搜索好的节点度分布对的数值优化技术。密度进化不仅可以应用于 BEC 信道及 AWGN 信道，还可以扩展到 ISI 信道，并由分析二进制 LDPC 码扩展到多进制 LDPC 码。

2. 高斯近似

利用密度进化理论来计算阈值和寻找好的度数分布的算法复杂度是相当大的，特别对于信息概率密度函数是多维的信道来说，密度进化算法就过于复杂而难以处理。为提高密度进化算法的计算速度，Chung 等采用高斯近似的方法，即根据中心极限定理可以近似认为节点间迭代信息的概率密度函数是符合高斯分布的，这样将迭代计算的多维问题转化为更新高斯密度均值的一维问题，就大大简化了分析和计算信道参数阈值的复杂度，而且可以快速搜索和优化非规则 LDPC 码。

3. EXIT 图

基于互信息计算的外信息转移图（EXIT 图）由 Brink 首次提出，并用于分析并行级联码迭代译码算法的收敛性，后来又应用于 LDPC 码及其编码调制方案的设计及译码算法的分析中。与密度进化方法类似，EXIT 图也可以用于分析 LDPC 码集合的阈值现象，将 LDPC 码的译码过程看作是变量节点译码器和校验节点译码器之间外部信息的迭代，用 EXIT 图来跟踪迭代过程的互信息，而不是密度进化算法中的概率密度函数，并且基于 EXIT 的方法比密度进化方法的计算量小得多。

1.3.5 LDPC 码应用及其发展前景

虽然 Turbo 码在 3G 通信标准中获得了主导地位，但是与 Turbo 码相比，LDPC 码有 3 个明显的优势：首先，LDPC 码具有一套较为系统的优化设计方法、更强大的纠错能力和更低的地板效应；其次，由于 LDPC 码迭代译码算法为并行算法，可以实行完全并行的操作，便于硬件实现，延时远远小于 Turbo 码的串行迭代译码算法；第三，LDPC 码本身即有抗突发差错的特性，不需要引入交织器，避免了可能带来的时延。这些优点使得 LDPC 码在信道条件较差的无线移动通信中展现出了巨大的应用前景，非常适合于在未来的移动通信系统中实现。现在许多正在拟定的通信标准都更多地关注了 LDPC 码，如卫星通信标准 DVB - S2 已经采纳 LDPC 码作为前向纠错码。我们相信 LDPC 码具有巨大的应用潜力，将在光纤通信、卫星数字视频和声频广播、磁/光/全息存储、移动和固定无线通信、电缆调制/解调器和数字用户线（DSL）中得到广泛应用。

多进制 LDPC 码作为 LDPC 码的一种特殊形式，有实验表明，多进制 LDPC 码的误比特率性能略优于二进制 LDPC 码，其抗突发错误能力相比二进制 LDPC 码也有较大程度的改善。目前，国际上对二进制 LDPC 码的研究相对较为集中一些，对多进制 LDPC 的研究也取得了初步的成果。作为“无线通信的前沿技术丛书”之一，本书主要介绍了多元 LDPC 码校验矩阵的典型构造方法、译码算法基本原理及实现、多元 LDPC 码的性能分析及在编码调制、MIMO 中的应用。

第2章 基础知识

LDPC 码是一类定义在稀疏校验矩阵上的线性分组码，多进制 LDPC 码是二元 LDPC 码在有限域 GF(q)($q>2$)上的扩展，因此线性分组码、有限域和二元 LDPC 码的基本原理是多进制 LDPC 码的基础。本章主要从基本概念、生成矩阵和校验矩阵及系统码的角度介绍了线性分组码的基本原理；从有限域的概念、基本运算、本原元、子域与扩展域等方面介绍了有限域的基本理论；从 LDPC 的基本概念、基本原理阐述了二元 LDPC 的编、译码方法。

2.1 线性分组码

2.1.1 线性分组码的基本概念

信道编码又称差错控制编码，按照对信息元处理方法的不同，分为分组码和卷积码两大类。分组码是把信源输出的信息序列，以 k 个码元划分为一段，通过编码器把这段 k 个信息元按照一定规则产生 r 个校验元，输出长为 $n=k+r$ 的一个码组，因此每一个码组的校验元仅与本组的信息元有关，而与别组无关。分组码用(n,k)表示，n 表示码长，k 表示信息位。卷积码是把信源输出的序列，以 k_0 个码元分为一段，通过编码器输出长为 n_0 一段的码段，但是该码段的 n_0-k_0 个校验元不仅与本组的信息元有关，而且也与其前面的 m 段的信息元有关，称 m 为编码存储。根据校验元与信息元之间的关系分为线性码和非线性码。若校验元与信息源之间的关系是线性关系(满足线性叠加原理)，则称为线性码；否则称为非线性码。

线性分组码是分组码的一个子类，如果把每一个码字看成是一个 n 维数组或 n 维线性空间中的一个向量，则(n,k)线性分组码中的码字集合就构成了一个 k 维线性子空间。

定义 2-1 一个 q 元(n,k)线性分组码是 $\boldsymbol{V}_n(F_q)$ 的一个 k 维子空间 $\boldsymbol{C}=\boldsymbol{V}_n^{(k)}(F)$。

注：$\boldsymbol{V}_n(F_q)$ 表示元素取自有限域 GF(q)的 n 维向量空间。

由于线性分组码作为子空间是由码字构成的一个群，因而又称为群码，其基本特性有以下几点：

(1) 全零向量是码字，$\boldsymbol{\theta}\in\boldsymbol{C}$。

(2) 任意两码字之和仍为码字，即 $\boldsymbol{c}+\boldsymbol{c}'\in\boldsymbol{C}$。

(3) 码字数，$M=|\boldsymbol{C}|=|\boldsymbol{V}_n^{(k)}(F_q)|=q^k$。

(4) 最小码距等于非零码字的最小码重，即

$$d_{\min}=\min_{\boldsymbol{c}\neq\boldsymbol{\theta},\boldsymbol{c}\in\boldsymbol{C}}\{w_{\mathrm{H}}(\boldsymbol{c})\} \tag{2-1}$$

因为

$$d_{\min}=\min_{c\neq c'}\{d_{\mathrm{H}}(\boldsymbol{c},\boldsymbol{c}')\}$$
$$=\min_{c\neq c'}\{w_{\mathrm{H}}(\boldsymbol{c}-\boldsymbol{c}')\}=\min_{c''=c-c',c\neq c'}\{w_{\mathrm{H}}(\boldsymbol{c}'')\}=\min_{c''\neq\theta}\{w_{\mathrm{H}}(\boldsymbol{c}'')\}$$

2.1.2 生成矩阵与校验矩阵

记 q 元 (n,k) 线性分组码 $\boldsymbol{C}=\boldsymbol{V}_n^{(k)}(F)$ 的一个基底为 $\{\boldsymbol{g}_0,\cdots,\boldsymbol{g}_{k-1}\}$，则由线性空间理论，任意给定的码字 $\boldsymbol{c}$ 由一组组合系数 $\{a_0,\cdots,a_{k-1}\}$ 唯一对应，即

$$\boldsymbol{c}=(c_0,c_1,\cdots,c_{n-1})$$
$$=a_0\boldsymbol{g}_0+a_1\boldsymbol{g}_1+\cdots+a_{k-1}\boldsymbol{g}_{k-1}=(a_0,a_1,\cdots,a_{k-1})\begin{bmatrix}\boldsymbol{g}_0\\\boldsymbol{g}_1\\\vdots\\\boldsymbol{g}_{k-1}\end{bmatrix}$$
$$=(a_0,a_1,\cdots,a_{k-1})\begin{bmatrix}g_{00}&\cdots&g_{0,n-1}\\\vdots&&\vdots\\g_{k-1,0}&\cdots&g_{k-1,n-1}\end{bmatrix}$$
$$=\boldsymbol{aG}$$

$$\boldsymbol{c}=\begin{pmatrix}c_1\\c_2\\\vdots\\c_{n-1}\end{pmatrix}=a_0\boldsymbol{g}_0+a_1\boldsymbol{g}_1+\cdots+a_{k-1}\boldsymbol{g}_{k-1}=(\boldsymbol{g}_1,\boldsymbol{g}_2,\cdots,\boldsymbol{g}_{k-1})\begin{bmatrix}a_0\\a_1\\\vdots\\a_{k-1}\end{bmatrix}$$
$$=\begin{pmatrix}g_{00}&\cdots&g_{k-1,0}\\\vdots&&\vdots\\g_{0,n-1}&\cdots&g_{k-1,n-1}\end{pmatrix}\begin{bmatrix}a_0\\a_1\\\vdots\\a_{k-1}\end{bmatrix}=\boldsymbol{G}\cdot\boldsymbol{a}^{\mathrm{T}}$$

于是记 $\boldsymbol{m}=\boldsymbol{a}\in\boldsymbol{V}_k$，得到 q 元 (n,k) 线性分组码的编码方程或编码方程组分别为

$$\boldsymbol{c}=\boldsymbol{m}G \tag{2-2}$$

$$\begin{cases}c_0=f_0(m_0,\cdots,m_{k-1})\\\cdots\\c_{n-1}=f_{n-1}(m_0,\cdots,m_{k-1})\end{cases} \tag{2-3}$$

显然，矩阵 $\boldsymbol{G}=[g_{ij}]_{k\times n}$ 完全描述了线性分组码的编码特性。对于二元编码，其中布尔函数组 $f_i(i=0,1,\cdots,n-1)$ 又称为编码函数组。

定义 2-2 (n,k) 线性分组码 $\boldsymbol{C}$ 的生成矩阵是由其基底确定的码字与消息分组间的编码映射矩阵 $\boldsymbol{G}=[g_{ij}]_{k\times n}$ 组成。

生成矩阵的基本特性有以下几点：

（1）(n,k)线性分组码 $\boldsymbol{C}$ 是生成矩阵 $\boldsymbol{G}$ 的行空间，$\boldsymbol{C}$ 又可以表示为

$$\boldsymbol{C}=\{\boldsymbol{c}\mid\boldsymbol{c}=\boldsymbol{m}\cdot\boldsymbol{G},\quad \boldsymbol{m}\in\boldsymbol{V}_k\} \tag{2-4}$$

（2）生成矩阵 $\boldsymbol{G}$ 的秩等于 k。

（3）生成矩阵 $\boldsymbol{G}$ 不唯一，其任意行初等变换不改变其生成码的空间结构。

(n,k)线性分组码 $\boldsymbol{C}$ 作为一个线性子空间必存在其零空间或对偶子空间 $\boldsymbol{C}^*$，并且对偶子空间维数 $\dim(\boldsymbol{C}^*)=\dim(\boldsymbol{V}_n)-\dim(\boldsymbol{C})=n-k=r$，记其一个基底为 $\{\boldsymbol{h}_0,\cdots,\boldsymbol{h}_{r-1}\}$，对偶 v 子空间表述为矩阵 $\boldsymbol{H}$ 的行空间，即

$$\boldsymbol{H}=\begin{bmatrix}\boldsymbol{h}_0\\ \vdots\\ \boldsymbol{h}_{r-1}\end{bmatrix}=\begin{bmatrix}h_{00} & \cdots & h_{0,n-1}\\ \vdots & & \vdots\\ h_{r-1,0} & \cdots & h_{r-1,n-1}\end{bmatrix} \tag{2-5}$$

由此，由对偶空间的唯一性可见矩阵 $\boldsymbol{H}$ 仍然是线性分组码的一种有效的完备描述。

定义 2-3 (n,k)线性分组码 $\boldsymbol{C}$ 的一致校验矩阵，简称校验矩阵，是 $\boldsymbol{C}$ 的对偶子空间 $\boldsymbol{C}^*$ 的生成矩阵，表示为 $\boldsymbol{H}$。

校验矩阵的基本特性有以下几点：

（1）(n,k)线性分组码 $\boldsymbol{C}$ 是校验矩阵 $\boldsymbol{H}$ 行空间的对偶空间或零空间，即

$$\boldsymbol{C}=\{\boldsymbol{v}\mid\boldsymbol{v}\cdot\boldsymbol{H}^{\mathrm{T}}=\boldsymbol{\theta}^{(r)},\boldsymbol{v}\in\boldsymbol{V}_n\} \tag{2-6}$$

因为由零空间定义和内积定义，$\boldsymbol{c}$ 是码字当且仅当 $\boldsymbol{c}$ 与所有零空间的基底内积为零，即 $\boldsymbol{c}*\boldsymbol{h}_j=0(j=0,1,\cdots,r-1)$，或

$$(\boldsymbol{c}*\boldsymbol{h}_0,\cdots,\boldsymbol{c}*\boldsymbol{h}_{r-1})=\boldsymbol{c}\cdot\boldsymbol{H}^{\mathrm{T}}=(0,\cdots,0)=\boldsymbol{\theta}^{(r)}$$

（2）(n,k)线性分组码 $\boldsymbol{C}$ 的校验矩阵 $\boldsymbol{H}$ 与生成矩阵 $\boldsymbol{G}$ 满足

$$\boldsymbol{G}\cdot\boldsymbol{H}^{\mathrm{T}}=[0]_{k\times r} \tag{2-7}$$

因为由 $\boldsymbol{g}_i*\boldsymbol{h}_j=0(i=0,1,\cdots,k-1;j=0,1,\cdots,r-1)$，可以得到

$$\begin{bmatrix}\boldsymbol{g}_0*\boldsymbol{h}_0 & \cdots & \boldsymbol{g}_0*\boldsymbol{h}_{r-1}\\ \vdots & & \vdots\\ \boldsymbol{g}_{k-1}*\boldsymbol{h}_0 & \cdots & \boldsymbol{g}_{k-1}*\boldsymbol{h}_{r-1}\end{bmatrix}=\begin{bmatrix}g_{00} & \cdots & g_{0,n-1}\\ \vdots & & \vdots\\ g_{k-1,0} & \cdots & g_{k-1,r-1}\end{bmatrix}\cdot\begin{bmatrix}h_{00} & \cdots & h_{r-1,0}\\ \vdots & & \vdots\\ h_{0,n-1} & \cdots & g_{r-1,n-1}\end{bmatrix}^{\mathrm{T}}$$

$$=\boldsymbol{G}\cdot\boldsymbol{H}^{\mathrm{T}}=[0]_{k\times r}$$

（3）校验矩阵 $\boldsymbol{H}$ 的秩等于 r。因为一致校验矩阵 $\boldsymbol{H}$ 的全部 $r=n-k$ 个行向量作为行空间基底一定线性无关。

（4）校验矩阵 $\boldsymbol{H}$ 不唯一，其任意行初等变换不改变其生成码的空间结构。

定义 2-4 (n,k)线性分组码的对偶码是以校验矩阵 $\boldsymbol{H}$ 为生成矩阵所生成的(n,r)线性分组码，记为 $\boldsymbol{C}^*$，或者是(n,k)线性分组码对应线性子空间的对偶空间。

注意：虽然由于空间多种基底存在，使得满足 $\boldsymbol{G}$ 与 $\boldsymbol{H}$ 正交关系的 $\boldsymbol{G}$ 与 $\boldsymbol{H}$ 的形式不唯

一，但是一个线性分组码和其对偶码作为集合是唯一的。

通过校验矩阵可以比较容易确定线性分组码的最小码距 $d_{\min}$。

定理 2-1 （最小码距判别定理）线性分组码的最小码距 $d_{\min}$ 等于其校验矩阵 $\boldsymbol{H}$ 中的最小线性相关的列数，或者 $d_{\min}=d$，当且仅当其校验矩阵 $\boldsymbol{H}$ 中任意 $d-1$ 列线性无关，而某 d 列线性相关。

由定理2.1还知，对校验矩阵及其生成矩阵的列置换虽然会改变码的其他结构，但是不改变码的最小距离。

注意：最小码距 $d_{\min}=d$ 是 $\boldsymbol{H}$ 的最小线性相关的列数，并不等于矩阵 $\boldsymbol{H}$ 的（列）秩 r（即 $\boldsymbol{H}$ 的最大线性无关列数 r，或 $\boldsymbol{H}$ 的某 r 列无关且任意 $r+1$ 列相关），所以有关于最小码距的 Singleton 限。

定理 2-2 （Singleton 限）任意 (n,k) 线性分组码有

$$d_{\min}\leqslant r+1=n-k+1 \tag{2-8}$$

称最小码距达到 Singleton 限的 (n,k) 线性分组码为最大距离可分码（Maximum Distance Separable 码，即 MDS 码）。

2.1.3 系统码

在一般的编码映射中，码字码元 c_i 与消息码元 m_j 不一定直接相等，为获得 $\widehat{m}_j$ 译码输出，还需进行较为复杂的码组 $\widehat{\boldsymbol{c}}$ 到 $\widehat{m}_j$ 的逆变换，从而影响码的实用。

定义 2-5 线性分组码的系统码形式或系统码 $\boldsymbol{C}_s$ 是某 k 个码字码元与消息码元固定直接相等的码 $\boldsymbol{C}_s$，即总有

$$c_{i_j}=m_j \quad j=0,1,\cdots,k-1, \quad i_j\in\{0,1,\cdots,n-1\} \tag{2-9}$$

标准型系统码 $\boldsymbol{C}_{\mathrm{NS}}$，简记为 $\boldsymbol{C}_{\mathrm{S}}$，是生成矩阵 $\boldsymbol{G}=\boldsymbol{G}_{\mathrm{S}}$ 中具有一个单位分块矩阵的系统码，即

$$\boldsymbol{G}_{\mathrm{S}}=[Q_{k\times r}I_kQ_{k\times r_2}]_{k\times n}r_1+r_2=r \tag{2-10}$$

通常设 $r_1=0$，则 $\boldsymbol{G}_{\mathrm{S}}=[I_kQ_{k\times r}]_{k\times n}$；或 $r_2=0$，则 $\boldsymbol{G}_{\mathrm{S}}=[Q_{k\times r}I_k]_{k\times n}$。

系统码的基本特性有以下几点：

（1）由矩阵行等价原理，任何线性分组码均可以通过行初等变换转换为系统码，但并非所有的码都可以等价为标准型系统码，即 $\boldsymbol{C}\to\boldsymbol{C}_{\mathrm{S}}$ 但 $\boldsymbol{C}\to\boldsymbol{C}_{\mathrm{NS}}$。

（2）由矩阵行等价原理和列置换不改变最小距离原理，系统码或标准型系统码与原码有相同的码率和最小距离，称码率和最小距离相同的码为纠错设计等价码。

（3）尽管行等价有 $\boldsymbol{C}=\boldsymbol{C}_{\mathrm{S}}$，但是具体码字码元与消息码元的对应却发生了变化，即对某些 $\boldsymbol{m}$，$\boldsymbol{mG}\neq\boldsymbol{mG}_{\mathrm{S}}$。

（4）标准型系统码较易由 $\boldsymbol{G}_{\mathrm{S}}$ 获得相应的校验矩阵 $\boldsymbol{H}_{\mathrm{S}}$，即

$$\boldsymbol{G}_{\mathrm{S}}=[I_k,Q_{k\times r}]_{k\times n}\Leftrightarrow\boldsymbol{H}_{\mathrm{S}}=[-(Q_{k\times r})^{\mathrm{T}},I_r] \tag{2-11}$$

因为 $\boldsymbol{G}_{\mathrm{S}}(\boldsymbol{H}_{\mathrm{S}})^{\mathrm{T}}=[I_k,Q_{k\times r}]_{k\times n}([-(Q_{k\times r})^{\mathrm{T}},I_r])^{\mathrm{T}}=[I_k\cdot(-(Q_{k\times r}))+Q_{k\times r}I_r]=[0]_{k\times r}$。

（5）$\boldsymbol{G}$、$\boldsymbol{G}_{\mathrm{S}}$ 与 $\boldsymbol{H}$、$\boldsymbol{H}_{\mathrm{S}}$ 仍然满足

$$\boldsymbol{GH}_{\mathrm{S}}^{\mathrm{T}}=\boldsymbol{GH}^{\mathrm{T}}=\boldsymbol{G}_{\mathrm{S}}\boldsymbol{H}_{\mathrm{S}}^{\mathrm{T}}=\boldsymbol{G}_{\mathrm{S}}\boldsymbol{H}^{\mathrm{T}}=[0]_{k\times r}$$

2.2 有限域

2.2.1 有限域基本理论概况

有限域又称为伽罗华(Galois)域,是伽罗华理论的主要内容之一,由19世纪著名的法国数学家E. Galois在1828年创立。有限域F中元素的个数称为有限域的阶,记为$q=|F|$,q为素数或者素数的幂,即$q=p$或者$q=p^n(n>0)$,其中,p为素数。含有q个元素的域记为d或$1\leqslant d<n$。

定义2-6 双射。设f是从集合A到B的一个映射:

(1) 若对A中任意不同的两个元素$x_1 \neq x_2$,均有$f(x_1) \neq f(x_2)$,则称f是一个单射。

(2) 若对B中任意元素y,都能在A中找到与之对应的元素x,使得$f(x)=y$,则称f是满射。

(3) 若f既是单射又是满射,则称f是双射。

定义2-7 同态和同构。令A、B是两个代数结构,若映射$f:A \mapsto B$保持A的运算,即如果$\circ$是A中的运算,$*$是B中的运算:$\forall x$、$y \in A$,有$f(x \circ y)=f(x) * f(y)$,该映射就成为从A到B的同态。若f是A到B上的一个同态,则f就称为一个同构,称A和B是同构的。

定义2-8 首一既约多项式。令$f(x)=\sum_{i=0}^{n} a_i x^i$,其中$n$为非负整数,系数$a_i(0\leqslant i\leqslant n)$是域$F$上的元素,$x$是不属于$F$的一个符号,系数$a_n$称为首系数。若$n$次多项式$f(x)$不能被$F_q$上任何次数小于$n$,但大于零的多项式除尽,就称它是$F_q$上的既约多项式,当$a_n=1$时,称$f(x)$为首一既约多项式。

下面将有限域理论的基本结论可以表述为存在性、同构性、构造性和计数性4个定理。

定理2-3 (有限域存在性定理)域F是有限域当且仅当其阶为素数或素数幂,即

$$|F|=q=p^n \quad n>0 \tag{2-12}$$

定理2-4 (有限域同构性定理)同阶有限域同构,即总有双射$\phi:(F_q,+,\times)\to(F'_q,\oplus,\otimes)$

$$\begin{cases}\phi(a+b)=\phi(a)\oplus\phi(b)\\ \phi(a\times b)=\phi(a)\otimes\phi(b)\end{cases} \tag{2-13}$$

定理2-5 (有限域构造性定理)若$f(x)$是F_q上的首一既约多项式,则多项式剩余类环$(F_q[x]/f(x),\oplus,\otimes)$是有$q^n$个元素的有限域,即

$$\mathrm{GF}(q^n)=(F_q[x]/f(x),\oplus,\otimes) \tag{2-14}$$

由有限域构造性定理可知,若F为含有p个元素的域,$f(x)$为F上的n次首一既约多项式,则

(1) 域$(F_p[x]/f(x),\oplus,\otimes)$中的元素个数为$p^n$。

(2) $(F_p[x]/f(x),\oplus,\otimes)$是一个环,当且仅当$f(x)$为$F$上的首一既约多项式时

$(F_p[x]/f(x), \oplus, \otimes)$是一个域。

定理 2-6 （有限域计数性定理）$GF(q^n)$有$N_q(n)$个，即

$$N_q(n) = \frac{1}{n}\sum_{d,d|n}\mu(d)q^{n/d} \tag{2-15}$$

其中求和对所有n的正整数因子d进行，$\mu(d)$为墨比乌斯（Moebius）函数，即

$$\mu(d)=\begin{cases}1, & d=1\\ 0, & d=a^2b\\ (-1)^k, & d=p_1\cdot p_2\cdots p_k\end{cases} \tag{2-16}$$

存在性定理给出有限域存在的充要条件和阶特性；同构性定理指出具有相同阶的有限域可由一个具体的数学实例表征其所有特性；构造性定理指出了一种具体的构造给定阶的有限域的方法；计数性定理则指出了尽管同构但是结构不同的有限域的个数。

例 2-1 $GF(2^n)$（次数$n\leqslant 11$）的数目如表 2-1 所列。

表 2-1 $GF(2^n)$的个数

n	1	2	3	4	5	6	7	8	9	10	11
$N_2(n)$	2	1	2	3	6	9	18	30	56	99	186

$N_q(n)$的一个估计值是

$$\begin{cases}N_q(n)\geqslant\dfrac{1}{n}\left(q^n-\dfrac{q^n-q}{q-1}\right)\\ N_2(n)\geqslant\dfrac{2^{n-1}}{n}\end{cases} \tag{2-17}$$

有限域作为域仍是由一个加法群和一个乘法群及乘法对加法的分配律界定的代数系统，所以对有限域的特性分析可以从其加法群和乘法群两个方面进行。

2.2.2 有限域 Z_p 与 $Z_{2/p}(x)$

有限域$(Z_p, \oplus, \otimes)$是小于素数p的非负整数集合，是以模p加和模p乘为代数运算的域。由同构性定理知，有素数个元素的有限域的全部性质都可以由此域表述。

例 2-2 有限域$(Z_7, \oplus, \otimes)$的加法和乘法运算表如表 2-2 和表 2-3 所列。

表 2-2 模 7 加法表

$\oplus$	0	1	2	3	4	5	6
0	0	1	2	3	4	5	6
1	1	2	3	4	5	6	0
2	2	3	4	5	6	0	1
3	3	4	5	6	0	1	2
4	4	5	6	0	1	2	3
5	5	6	0	1	2	3	4
6	6	0	1	2	3	4	5

表 2-3 模 7 乘法表

$\otimes$	0	1	2	3	4	5	6
0	0	0	0	0	0	0	0
1	0	1	2	3	4	5	6
2	0	2	4	6	1	3	5
3	0	3	6	2	5	1	4
4	0	4	1	5	2	6	3
5	0	5	3	1	6	4	2
6	0	6	5	4	3	2	1

定理 2-7 以模 $p(x)$ 加和模 $p(x)$ 乘为运算的环 $R_n=(F_2[x]/p(x),\oplus,\otimes)$ 是有限域 $GF(2^n)$ 当且仅当 $p(x)$ 是 F_2 上 n 次首一既约式，并称 $p(x)$ 为构造域 $GF(2^n)$ 的域多项式。

证明 已知 $(F_2[x]/p(x),\oplus,\otimes)$ 是环 R_n，而环 $R_n=(F_2[x]/p(x),\oplus,\otimes)$ 要构成域，只需证明环 R_n 中任意元素 $a(x)$ 有乘逆 $a(x)^{-1}$ 存在。

由 $p(x)$ 为首一既约式，则任意 $a(x)\in R_n=F_2[x]/p(x)$ 与 $p(x)$ 没有共同的因式，即有 $(a(x),p(x))=1$。由扩展欧几里德辗转除法，在此环中存在 $A(x)$、$B(x)$ 使

$$1=A(x)a(x)+B(x)p(x)$$

$$1=A(x)a(x)\bmod p(x)$$

所以

$$a(x)^{-1}=A(x)\bmod p(x) \tag{2-18}$$

反之，若 $p(x)$ 有非零因式分解 $p(x)=u(x)\cdot v(x)$，且 $F[x]/p(x)$ 为域，则由域元素 $u(x)$ 有 $u(x)^{-1}$，得

$$\begin{aligned}v(x)&=v(x)\bmod p(x)=u(x)\cdot u(x)^{-1}\cdot v(x)\bmod p(x)\\&=u(x)^{-1}\cdot p(x)\bmod p(x)=0\end{aligned}$$

这与 $v(x)$ 非零假设矛盾。

对域 $(F_2[x]/p(x),\oplus,\otimes)$，由于任意 $a(x)\in F_2[x]/p(x)$ 表示为

$$a(x)=a_0+a_1x+\cdots+a_{n-1}x^{n-1}$$

且次数小于 n 的不同多项式有 2^n 个，所以

$$|F_2[x]/p(x)|=2^n \tag{2-19}$$

证毕。

此论述实际上给出了有限域构造定理的证明，并容易推广到 $q\geqslant 2$ 的一般情形。

定理 2-8 $GF(q)=GF(p^n)$ 是 $GF(p)$ 上的一个 n 维线性空间。

证明 略。

例 2-3 $(F_2[x]/1+x+x^3,\oplus,\otimes)$ 是有 $2^3=8$ 个元素的有限域，其域多项式 $p(x)=1+x+x^3$，模 $p(x)$ 加与模 $p(x)$ 乘的运算表如表 2-4 和表 2-5 所列，其中由于交换律成立而只需示表示出一半。

表 2-4 模 $1+x+x^3$ 加法表

$\oplus$	0	1	x	$x+1$	x^2	x^2+1	x^2+x	x^2+x+1
0	0	1	x	$x+1$	x^2	x^2+1	x^2+x	x^2+x+1
1		0	$x+1$	x	x^2+1	x^2	x^2+x+1	x^2+x
x			0	1	x^2+1	x^2+x+1	x^2	x^2+1
$x+1$				0	x^2+x+1	x^2+x	x^2+1	x^2
x^2					0	1	x	$x+1$
x^2+1						0	$x+1$	x
x^2+x							0	1
x^2+x+1								0

表 2-5 模 $1+x+x^3$ 乘法表

$\otimes$	0	1	x	$x+1$	x^2	x^2+1	x^2+x	x^2+x+1
0	0	0	0	0	0	0	0	0
1		1	x	$x+1$	x^2	x^2+1	x^2+x	x^2+x+1
x			x^2	x^2+x	$x+1$	1	x^2+x+1	x^2+1
$x+1$				x^2+1	x^2+x+1	x^2	1	x
x^2					x^2+x	x	x^2+1	1
x^2+1						x^2+x+1	$x+1$	x^2+x
x^2+x							x	x^2
x^2+x+1								$x+1$

记多项式 $a(x)$、3 元组 $\boldsymbol{a}$、十进制数值为 i_a 的对应,参见表 2-6,即

$$a(x)=a_0+a_1x+a_2x^2 \Leftrightarrow \boldsymbol{a}$$
$$=(a_2,a_1,a_0)\Leftrightarrow i_a=a_0+a_12+a_22^2 \tag{2-20}$$

则可以构造 GF(8)的元素为整数 i_a,加法与乘法运算如表 2-7 和表 2-8 所列。因此,对于有 8 个元素的有限域,不论其元素表示形式是多项式、整数还是 3 元组,只要元素个数相同,它们均同构。由于模多项式运算有具体的简洁代数计算算法,所以有限域的元素形式常用多项式表示。

表 2-6 域元素的多项式、向量与整数形式对应表

$a(x)$	$(a_2a_1a_0)$	i_a
0	0 0 0	0
1	0 0 1	1
x	0 1 0	2
$x+1$	0 1 1	3
x^2	1 0 0	4
x^2+1	1 0 1	5
x^2+x	1 1 0	6
x^2+x+1	1 1 1	7

表 2-7 GF(8)的加法表

$\oplus$	0	1	2	3	4	5	6	7
0	0	1	2	3	4	5	6	7
1	1	0	3	2	5	4	7	6
2	2	3	0	1	6	7	4	5
3	3	2	1	0	7	6	5	4
4	4	5	6	7	0	1	2	3
5	5	4	7	6	1	0	3	2
6	6	7	4	5	2	3	0	1
7	7	6	5	4	3	2	1	0

表 2-8 GF(8)的乘法表

$\otimes$	0	1	2	3	4	5	6	7
0	0	0	0	0	0	0	0	0
1	0	1	2	3	4	5	6	7
2	0	2	4	6	3	1	7	5
3	0	3	6	5	7	4	1	2
4	0	4	3	7	6	2	5	1
5	0	5	1	4	2	7	3	6
6	0	6	7	1	5	3	2	4
7	0	7	5	2	1	6	4	3

例 2-4 4 个元素的域是

$$\mathrm{GF}(4)=F_2[x]/x^2+x+1=\{0,1,x,1+x\}=\{0,1,\alpha,\beta\}$$

运算关系如表 2-9 和表 2-10 所列。

表 2-9　GF(4)的加法表

⊕	$0\leftrightarrow0$	$1\leftrightarrow1$	$x\leftrightarrow\alpha$	$x+1\leftrightarrow\beta$
$0\leftrightarrow0$	$0\leftrightarrow0$	$1\leftrightarrow1$	$x\leftrightarrow\alpha$	$x+1\leftrightarrow\beta$
$1\leftrightarrow1$		$0\leftrightarrow0$	$x+1\leftrightarrow\beta$	$x\leftrightarrow\alpha$
$x\leftrightarrow\alpha$			$0\leftrightarrow0$	$1\leftrightarrow1$
$x+1\leftrightarrow\beta$				$0\leftrightarrow0$

表 2-10　GF(4)的乘法表

⊗	$0\leftrightarrow0$	$1\leftrightarrow1$	$x\leftrightarrow\alpha$	$x+1\leftrightarrow\beta$
$0\leftrightarrow0$	$0\leftrightarrow0$	$0\leftrightarrow0$	$0\leftrightarrow0$	$0\leftrightarrow0$
$1\leftrightarrow1$		$1\leftrightarrow1$	$x\leftrightarrow\alpha$	$x+1\leftrightarrow\beta$
$x\leftrightarrow\alpha$			$x+1\leftrightarrow\beta$	$1\leftrightarrow1$
$x+1\leftrightarrow\beta$				$x\leftrightarrow\alpha$

例 2-5　9 个元素的域是

$$\begin{aligned}GF(9)=GF(3^2)&=F_3[x]/f(x)=\{a_0+a_1x\mid a_0,a_1\in F_3\}\\&=\{0,1,2,x,1+x,2+x,2x,1+2x,2+2x\}\end{aligned}$$

由于 F_3 上不同的 2 次首一既约式有 3 个，即

$$N_3(2)=\frac{1}{2}(\mu(1)3^{2/1}+\mu(2)3^{2/2})=\frac{1}{2}(1\times9+(-1)\times3)=3$$

所以域多项式可以是 3 个 F_3 上不同的 2 次既约式 x^2+1、x^2+x+2、x^2+2x+2 中的任意一个。不同的域多项式有不同的域运算关系或不同的加法表与乘法表。

注意：x^2+1 在 F_2 上不是既约式。

2.2.3　本原元

本原元是有限域乘法特性的主要表现。

与循环群类似，记域元素 $\alpha\in GF(q)$ 的幂为

$$\alpha^{-\infty}=0,\alpha^0=1,\alpha^i=\alpha\cdot\alpha^{i-1},\alpha^{-i}=(\alpha^{-1})^i,i=0,1,2,\cdots \qquad (2-21)$$

定义 2-9　非零域元素 β 的阶 $|\beta|$ 是其幂为单位元的最小幂指数，即

$$|\beta|=\min\{l\mid\beta^l=1,l>0\} \qquad (2-22)$$

定义 2-10　称具有最大阶的域元素为本原元，即对本原元 $\alpha\in GF(q)$，有

$$|\alpha|=q-1 \qquad (2-23)$$

注意到域元素的阶实际上就是域的乘法群的群元素的阶，所以容易得到以下域元素的性质：

(1) GF(q)中的任意非零元素均可表示为本原元 α 的幂。因为由乘法的封闭性及本原元的定义，必有 $\alpha^i\neq\alpha^j,i\neq j\bmod q-1$，所以

$$GF(q)=\{\alpha^{-\infty}=0,\ \alpha^0=1,\alpha,\alpha^2,\cdots,\alpha^i,\cdots,\alpha^{q-2}\}$$

例 2-6　$GF(2^3)=F_2[x]/1+x+x^3$ 中 $\alpha=x,\beta=x^2,\gamma=x+1$ 均是本原元，域表示如表 2-11 所列。

表 2-11　$F_2[x]/1+x+x^3$ 的本原元表示

多项式	$\alpha=x$	$\beta=x^2$	$\gamma=x+1$
0	$\alpha^{-\infty}$	$\beta^{-\infty}$	$\gamma^{-\infty}$
1	α^0	β^0	γ^0
x	α^1	β^4	γ^5
$x+1$	α^3	β^5	γ^1
x^2	α^2	β^1	γ^3
x^2+1	α^6	β^3	γ^2
x^2+x	α^4	β^2	γ^6
x^2+x+1	α^5	β^6	γ^4

(2)（本原元的计数定理）GF(q)中有 $\varphi(q-1)$ 个本原元，这里 $\varphi(n)$ 为欧拉函数，其值为小于 n 且与 n 互素的非零正整数的个数，即

$$\varphi(n) = |\{i|(i,n) = 1, 0 < i < n\}| \tag{2-24}$$

因为由域的定义,有限域的非零元素集合对域乘法形成一个有限交换群,而有限交换群一定是循环群,所以 $GF(q)^*$ 中存在生成元 α,使得 $GF(q)^* = <\alpha>$,从而循环群 $(GF(q)^*, \times)$ 中生成元的个数 $\varphi(q-1)$ 就是 $GF(q)$ 中本原元的个数。

例 2-7 GF(16)有 $\varphi(15) = |\{i|(i,15) = 1, 0 < i < 15\}| = |\{1,2,4,7,8,11,13,14\}| = 8$ 个本原元,或由对 $n = pq$、$\varphi(n) = (p-1)(q-1)$ 及对素数 p 有 $\varphi(p) = |\{i|(i,p) = 1, 0 < i < p\}| = p-1$,得 $\varphi(15) = \varphi(5)\varphi(3) = (5-1)(3-1) = 8$。

(3) 若 $\beta = \alpha^i$,则

$$|\beta| = \frac{|\alpha|}{(|\alpha|, i)} \tag{2-25}$$

由域的乘法群阶特性即可得式(2-25)。

(4) $GF(q)$ 的全体元素是以下方程的根(或解)的集合,或称本原元 $\alpha \in GF(q)$ 是一个 $q-1$ 次单位原根。

$$X^q - X = X(X^{q-1} - 1) = 0 \tag{2-26}$$

显然,0 是式(2-26)的解。因为对本原元 $\alpha \in GF(q)$,由 $\alpha^i (i = 0,1,\cdots,q-2)$ 各不相同,而有本原元 α 是式(2-26)的解。对任意 $\beta = \alpha^i$,由 $\beta^q = (\alpha^i)^q = (\alpha^q)^i = (\alpha)^i = \beta$,所以任意 β 均是式(2-26)的解。

(5) 对 $GF(p^n)$ 中的任何元素 β 有费马(Fermat)小定理成立,即

$$\beta^{p^n} = \beta \tag{2-27}$$

(6) $GF(q)$ 中任意元素均满足对任意正整数 k,即

$$\beta^{q^k} = \beta \quad k = 1,2,3,\cdots \tag{2-28}$$

例 2-8 有限域 $GF(16) = F_2[x]/1 + x + x^4$ 中各元素的阶如表 2-12 所列,可以验证 $\alpha = x$ 是其中一个本原元,其中$(a_3a_2a_1a_0)$表示多项式 $a_3x^3 + a_2x^2 + a_1x + a_0$。

表 2-12 $GF(2^4)$ 中元素的本原元表示和其阶

α^i	$a(x)$	$(a_3a_2a_1a_0)$	$\|\alpha^i\|$	α^i	$a(x)$	$(a_3a_2a_1a_0)$	$\|\alpha^i\|$
$\alpha^{-\infty}$	0	(0000)		α^7	x^3+x+1	(1011)	15
α^0	1	(0001)	1	α^8	x^2+1	(0101)	15
α^1	x	(0010)	15	α^9	x^3+x	(1010)	5
α^2	x^2	(0100)	15	α^{10}	x^2+x+1	(0110)	3
α^3	x^3	(1000)	5	α^{11}	x^3+x^2+x	(1110)	15
α^4	$x+1$	(0011)	15	α^{12}	x^3+x^2+x+1	(1111)	5
α^5	x^2+x	(0110)	3	α^{13}	x^3+x^2+1	(1101)	15
α^6	x^3+x^2	(1100)	5	α^{14}	x^3+1	(1001)	15

2.2.4 特征

域特征是域加法特性的主要表现。

已知有限域 GF(q)的特征为素数 p,并等于元素自身相加为零的最小元素个数,即

$$p\beta = p\beta e \triangleq (\underbrace{e + e + \cdots + e}_{p})\beta = 0\beta = 0 \tag{2-29}$$

式中:$e = 1$ 是域 GF(q)中的乘法单位元。

利用有限域特征,可以简化有限域计算。若 GF(q)的特征为 p,则有以下性质。

(1) 对任意 $\beta \in$ GF(q),有

$$p\beta = \beta + \beta + \cdots + \beta = \beta(pe) = 0 \tag{2-30}$$

(2) 对任意 $\alpha, \beta \in$ GF(q),任意的正整数 k,有

$$(\alpha + \beta)^{p^k} = \alpha^{p^k} + \beta^{p^k}, k = 1, 2, 3, \cdots \tag{2-31}$$

因为利用二项式的形式化展开,有

$$(\alpha + \beta)^p = \sum_{i=0}^{p} \binom{p}{i} \alpha^i \beta^{p-i} \tag{2-32}$$

而由 $i!$ 不整除 p,有

$$\binom{p}{i} = \frac{p!}{i!\ (p-i)!} = \frac{p \cdot (p-1)!}{i!\ (p-i)!} = p \cdot m \quad m \text{ 为整数}$$

所以当 $i \neq 0$ 且 $i \neq p$ 时,有

$$\binom{p}{i} \alpha^i = p \cdot m \cdot \alpha^i = m(p\alpha^i) = m(p\gamma) = 0$$

从而有

$$(\alpha + \beta)^p = \alpha^p + \beta^p$$

于是

$$(\alpha + \beta)^{p^k} = ((\alpha + \beta)^p)^{p^{k-1}} = (\alpha^p + \beta^p)^{p^{k-1}} = (\alpha^{p^2} + \beta^{p^2})^{p^{k-2}}$$
$$= \alpha^{p^k} + \beta^{p^k}$$

(3) 性质(2) 的一般性推广是对任意正整数 r 和 k,即

$$\left(\sum_{i=1}^{r} \alpha_i\right)^{p^k} = \sum_{i=1}^{r} \alpha_i^{p^k} \tag{2-33}$$

(4) $f(x)$ 是 GF(q)上多项式,那么对任意正整数 k,有

$$(f(x))^{q^k} = f(x^{q^k}) \tag{2-34}$$

例 2-9 记 GF(2)上多项式 $f(y)=1+y+y^2$，对 $GF(2^3)=F_2[x]/1+x+x^3$ 中元素 $\beta=x^2$，有

$$\begin{aligned}(f(\beta))^5 &= (f(\beta))^{2^2+1}=(f(\beta))^{2^2}\cdot f(\beta)=f(\beta^{2^2})\cdot f(\beta)\\&=(1+\beta^{2^2}+(\beta^{2^2})^2)(1+\beta+\beta^2)\\&=(1+\beta^4+\beta)(1+\beta+\beta^2)\\&=(1+x+x^2)(1+x^2+x^2+x)=(1+x+x^2)(1+x)\\&=\beta^6\cdot\beta^5=\beta^{11}=\beta^4=x\end{aligned}$$

2.2.5 有限域的子域与扩域

与群有子群、环有子环类似，有限域有子域且子域有扩域。

若域 K 在域 F 上扩张而成，如在域 F 上构造既约多项式而获得更大阶的域，则称域 K 是域 F 的扩域，域 F 是域 K 的子域，记为 $F\subseteq K$。

定义 2-11 域 F 的最小子域 P 称为域 F 的基域或素域。显然，域 F 的最小扩域是其自身。扩域 K 是子域 F 上的线性空间。

定义 2-12 记 n 为整数，有限域 F_q 中形如 $ne,0e=0$ 的域元素称为域整数。

定理 2-9 对特征为 p 的 F_q，全体域整数对于以下定义的加法和乘法形成一个域，称为域整数域，仍记为 GF(p)。

$$\begin{cases}ne\oplus me=((n+m)\bmod p)e\\ne\otimes me=((n\times m)\bmod p)e\end{cases}\tag{2-35}$$

证明 容易证明 GF(p)同构于模 p 整数剩余类域($Z_p,\oplus,\otimes$)。

证毕。

定理 2-10 域整数域 GF(p)同构于特征为 p 的有限域 GF(p^m)的最小子域或基域。常记 GF(p)或($Z_p,\oplus,\otimes$)为 GF(p^m)的基域。

例 2-10 特征为 p 的有限域 F_q 中的任意元素 β 生成的子集 F^{p^k} 与 F_q 中的零元的并，即

$$F^{p^k}\cup\{0\}=\{\beta^{p^k}\mid\beta\in F_q,k\geqslant 0\}\cup\{0\}$$

是 F_q 的一个子域。

例 2-11 $F_2[x]/1+x+x^3$ 的基域是 GF(2)。

关于域的扩域与子域的 5 个重要性质如下：

(1) GF(q)上的 n 次首一既约式构造出一个 GF(q)的扩域 GF(q^n)。

(2) GF(p^n)是 GF(p^m)的扩域当且仅当 m 是 n 的因子，这里 p 为域特征。

(3) 域与其任意扩域或子域有相同的特征；反之则不一定。

(4) 所有有限域 GF(q)一定是某个 GF(p)$\approx Z_p$ 的扩域。

(5) 所有无限域 F 都是有理数域 Q 的扩域。

例 2-12 GF(2^4)与 GF(2^6)有相同的特征 2，但是不可能有相互包含关系。因为 4 不是 6 的因子，但它们均是 GF(2^{12})的子域，如图 2-1 所示。

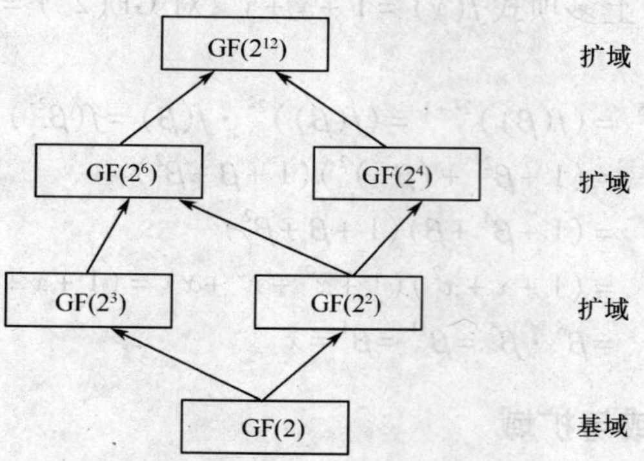

图 2-1　GF(2^{12})的扩域与子域结构

2.3　二元 LDPC 码

2.3.1　二元 LDPC 码的基本概念

LDPC 码是基于稀疏校验矩阵的线性分组码，因此构造 LDPC 码实际上就是构造一个稀疏的校验矩阵 $\boldsymbol{H}$。

定义 2-13　(Gallager 1962)一个 LDPC 码被定义为校验矩阵 $\boldsymbol{H}$ 的零空间(Null Space)，且 $\boldsymbol{H}$ 具有下列结构属性：①每一行有 k 个"1"；②每一列有 j 个"1"；③记 λ 为任意两列具有共同"1"的个数，则它不大于 1；④k 和 j 与 $\boldsymbol{H}$ 中的长度和行数相比是很小的。

(n,j,k) LDPC 码定义为二进制线性分组码长度为 n，其校验矩阵 $\boldsymbol{H}$ 有固定的列重量 j 和固定的行重量 k。也就是说，校验矩阵 $\boldsymbol{H}$ 有 N 列 M 行，因此，M 表示码字的校验方程个数，且有 2^K 个码字，这里 K 是消息长度 $K=N-M$。码率 $R=K/N=1-M/N=1-j/k$。

例如，图 2-2 所示的是 Gallager(20,3,4)码的校验矩阵。这个校验矩阵水平方向上

1	1	1	1	0	0	0	0	0	0	0	0	0	0	0	0	0	0	0	0
0	0	0	0	1	1	1	1	0	0	0	0	0	0	0	0	0	0	0	0
0	0	0	0	0	0	0	0	1	1	1	1	0	0	0	0	0	0	0	0
0	0	0	0	0	0	0	0	0	0	0	0	1	1	1	1	0	0	0	0
0	0	0	0	0	0	0	0	0	0	0	0	0	0	0	0	1	1	1	1
1	0	0	0	1	0	0	0	1	0	0	0	1	0	0	0	0	0	0	0
0	1	0	0	0	1	0	0	0	1	0	0	0	0	0	0	1	0	0	0
0	0	1	0	0	0	1	0	0	0	0	0	0	1	0	0	0	1	0	0
0	0	0	1	0	0	0	0	0	0	1	0	0	0	1	0	0	0	1	0
0	0	0	0	0	0	0	1	0	0	0	1	0	0	0	1	0	0	0	1
1	0	0	0	0	1	0	0	0	0	0	1	0	0	0	0	0	1	0	0
0	1	0	0	0	0	1	0	0	0	1	0	0	0	0	1	0	0	0	0
0	0	1	0	0	0	0	1	0	0	0	0	1	0	0	0	0	0	1	0
0	0	0	1	0	0	0	0	1	0	0	0	0	1	0	0	1	0	0	0
0	0	0	0	1	0	0	0	0	1	0	0	0	0	1	0	0	0	0	1

图 2-2　Gallager 给出的(20,3,4)规则 LDPC 码的校验矩阵

分成j个相等的子矩阵，每个子矩阵中每列含有单个“1”。一般而言，第一个子矩阵按照某种预先决定的方式来构造。第一个子矩阵看上去像一个变平的单位矩阵，也就是说，一个单位矩阵，其中一行中每个“1”被k个“1”替代，相应的列数也按此倍增。随后的子矩阵是第一个子矩阵的随机置换。从图2-2中可以看出$\lambda=1$，此码是线性分组码，最小距离$d_{\min}=6$。

2.3.2 Tanner图

Gallager发明了LDPC码之后不久，几乎被编码研究人员遗忘了20年。直到1981年Tanner引入线性分组码的图形表示法，表达了码字比特与校验码字比特校验和之间的关系。而且基于他自己提出的图形表示法，提出了一种简单的LDPC译码方法。Tanner的工作奠定了近年来LDPC码和其他图码研究的基础。

校验矩阵$\boldsymbol{H}_{M\times N}$指定了长度为$N$的线性分组码，$\boldsymbol{H}$中共有$M$个行向量$\boldsymbol{h}_1,\boldsymbol{h}_2,\cdots,\boldsymbol{h}_M$。构造图$T$，它由两个节点集合组成，分别为$V_1$和$V_2$。$V_1$由代表$N$个码字比特的节点组成，记为$v_0,v_1,\cdots,v_{N-1}$，称为变量(Variable)节点或比特节点。$V_2$由表示$M$个校验和或校验方程的节点组成，记为$c_0,c_1,\cdots,c_{M-1}$，称为校验节点。$V_1$和$V_2$本身不存在直接连接的边。一条边连接变量节点$v_n$和校验节点$c_m$，当且仅当变量节点$v_n$包含在校验节点$c_m$之中，此边记为$(v_n,c_m)$。这种图被称为二分图(Bipartite Graph)，Tanner首次把它引入到研究LDPC码迭代译码中来，因此又称为Tanner图。定义一个节点的度数(Degree)为与此节点相连接边的个数。因此，变量节点v_n的度数等于包含v_n的校验和的个数；校验节点c_m的度数等于被c_m校验的变量节点的个数。

对规则LDPC码，其对应的Tanner图中所有变量节点的度数都相同且等于$\boldsymbol{H}$中的列重量，所有校验节点的度数都相同且等于$\boldsymbol{H}$中的行重量，称此Tanner图为规则图；否则称为非规则图。

在Tanner图中，路径被定义为由一组顶点和边交替组成的有限序列，该序列起始于顶点并终止于顶点，序列中的每条边与其前一个顶点和后一个顶点相关联，每个顶点至多在序列中出现一次。路径中边的数量被定义为路径的长度。

定义2-14 环(Cycle)。在Tanner图中，当一条路径的起始顶点和终止顶点重合时，此时的路径就形成一条回路，称为环。

在Tanner图中，某个环所对应的路径长度为t，则称该环是长为t的环。

定义2-15 周长(Girth)。在Tanner图中，不同的环所对应的路径长度不同，对于Tanner图中所有的环，路径长度最短的环所对应的长度，称为Tanner图的周长。

停止集是信息节点的一个子集，停止集集合中所有信息节点的相邻节点都至少连接到这个集合两次。因此，空集也是停止集，并且停止集的空间是封闭的。所以，对于一个信息节点的集合，其一定有一个唯一最大停止集(该停止集可能是空集)。

对基于置信传播迭代译码(IDBP)来译LDPC码或任何线性码，Tanner图上不包含短环(Short Cycles)，如长度为4和6，是非常重要的。短环的存在限制了译码性能，阻止译码收敛到最大似然译码MLD。

例如，(7,4) Hamming码，其校验矩阵为

$$
\boldsymbol{H}=\begin{bmatrix}1&0&0&1&0&1&1\\0&1&0&1&1&1&0\\0&0&1&0&1&1&1\end{bmatrix}
$$

相应的 Tanner 图如图 2－3 所示，在该图中，节点序列（c_1,v_4,c_2,v_6,c_1）所构成的路径就形成长度为 4 的环。

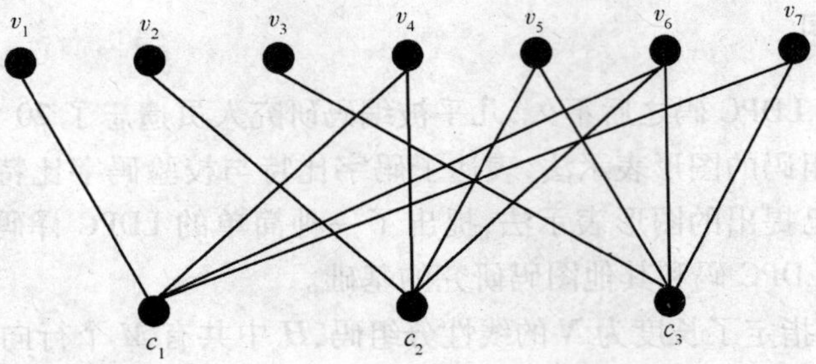

图 2－3　(7,4) Hamming 码的 Tanner 图

2.3.3　校验矩阵的构造方法及其编码

LDPC 码的构造主要是校验矩阵 $\boldsymbol{H}$ 的构造，$\boldsymbol{H}$ 矩阵的生成主要有以下几种方法：首先是通过计算机随机生成 $\boldsymbol{H}$ 后经过仿真挑选，这种方式是早期取得最佳性能 LDPC 码所采用的方式；其次是通过 PEG 等方法，从双边图的角度去构造 $\boldsymbol{H}$ 矩阵，这样做的好处是可以得到性能比较稳定的 $\boldsymbol{H}$ 矩阵；由于以上的两种方法一般都是从性能的角度去考虑 $\boldsymbol{H}$ 矩阵的优劣，在很多情况下会对硬件实现带来负面的影响，近几年来逐步兴起了结构化的 $\boldsymbol{H}$ 矩阵，如准循环 LDPC 码。这种类型的 LDPC 码具有特殊的结构，要么有利于编码实现，要么有利于译码实现，它是一种从实现角度出发的生成方式。

无论采用何种方式生成校验矩阵，在构造的过程中都需要注意以下两种情况：

1. 避免长为 4 的短环

当 $\boldsymbol{H}$ 矩阵中出现长为 4 的环时，对应的双边图如图 2－4 所示。这种结构会导致消息在两组节点间反复传递，难以更新，是必须避免的一种结构。理论分析中，最小环长度为 6 的情况下码的最小距离为 4。而随机构造码的最小距离是可以随着分组长度的增加而线性增长的。

2. 避免变量点连接的校验方程过于集中

当变量点连接的校验方程过于集中时，常常导致 LDPC 码的错误平层发生。例如，图 2－5 所示为变量点的重量为 3，即双边图的下部分，其中 3 个带阴影的变量点一共只连接了 5 个校验方程。除了最右边的校验方程，其他 4 个校验方程中，每个都连接了两个阴影点。因此，当这 3 个阴影比特出错时，左边 4 个校验方程都不能检测到错误的存在。但当分组长度增大时，出现这种拓扑结构的可能性就会减少。

下面是 LDPC 码的一些主要构造方法。

2.3.3.1　随机构造

LDPC 码的校验矩阵 $\boldsymbol{H}$ 的生成方式中，应用最为广泛的当属随机生成方式。其基本

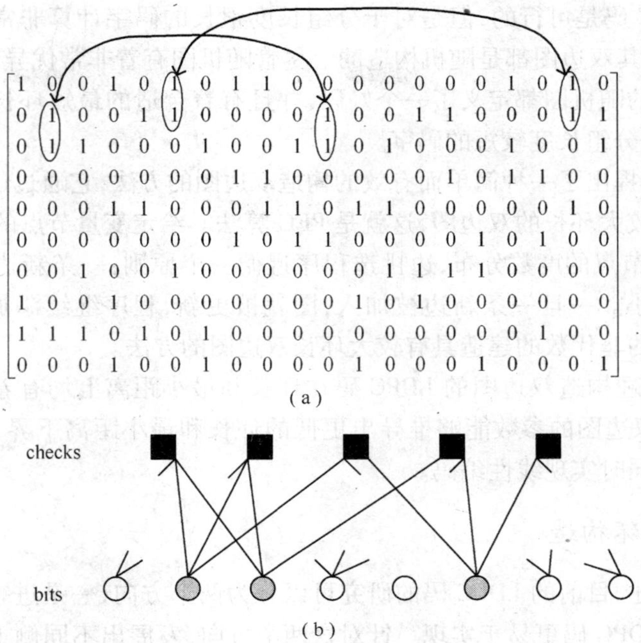

图 2－4　对应的双边图

(a)出现环长为 4 的 ***H*** 矩阵；(b)***H*** 矩阵中长为 4 的环对应的双边图。

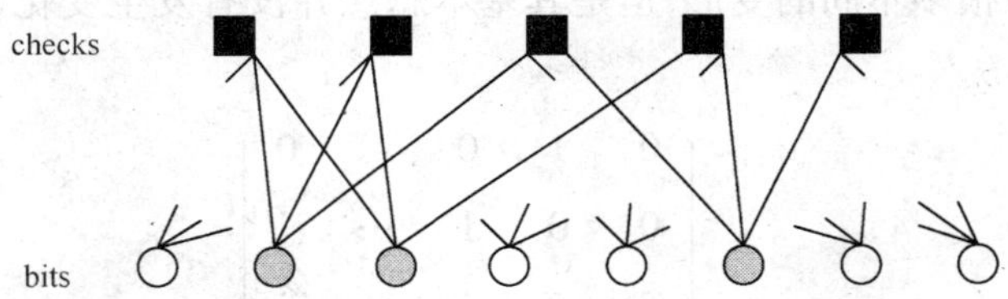

图 2－5　导致错误平层的拓扑结构

思路如下：首先确定 ***H*** 矩阵的一些基本参数，如帧长、码率、行重和列重，然后先建立一个全 0 的矩阵，再根据列重和行重在该矩阵中随机置 1，如果是多进制 LDPC 码的情况下，则随机置一个多进制数。在 ***H*** 矩阵生成的过程中，注意消除长为 4 的环和避免变量点连接的校验方程过于集中。生成 ***H*** 后，需要对其进行性能的仿真测试，从大量的候选矩阵中挑选出性能最为优良的校验矩阵。经过足够多的重复实验后，这种方法可能挑选出性能非常优良的 ***H*** 矩阵，但是这需要耗费很长的时间，所以在它的基础上发展出了基于 PEG 方式生成 ***H*** 矩阵的方法。

2.3.3.2　PEG 构造

由于 BP 算法或者和积算法在无环图上能够达到最优译码，因此在迭代译码时要尽可能让环的影响最小化。在 LDPC 码中通常采用很长的分组长度来达到这一目的，但是长的分组长度同时也意味着高的计算复杂度和较大的时延。如果环长足够长，译码算法可能迭代了一定次数还不受影响，而错误个数却随着迭代次数的增加呈指数下降。利用与图对应的校验矩阵，Gallager 提出了一种结构，确保 LDPC 码能够达到一个下界，这种结构对于规则 LDPC 码是可行的，但是对于分组长度很长的码字计算非常复杂。对于大多数 LDPC 码而言，其双边图都是随机构造的。尽管随机图有着非常优异的性能，但是它不能保证任一给定的随机图都定义了一个好码，并且有着合适的最短环长以便于实现迭代译码，尤其是对于分组长度较短的码字。

Xiaoyu Hu 等提出了一种简单而有效的构造双边图的方法，它通过逐条添加边的方式构造了一个有着较大环长的双边图，这就是 PEG 算法。给定变量节点的个数 n、校验节点的个数 m 和变量节点的度数分布，边挑选程序遵循一个原则：一条新边的加入对于环长的影响要尽可能小。一旦一条新边被加入，图就被更新，程序继续添加下一条边。PEG 算法是一种一般的非代数的建造具有较大环长双边图的方法。

利用 PEG 原理构造双边图的 LDPC 码在环长和最小距离上均有着很好的特性。特别是，根据 PEG 双边图的参数能够推导出更低的环长和最小距离下界，而且可以在维持同样好的性能的同时实现线性编码。

2.3.3.3 准循环构造

正如前文所述，目前的 LDPC 码的研究可以分为两个方向，一是进一步改进 LDPC 码的性能，二是使 LDPC 码更易于实现。针对这两个方向，发展出不同侧重的 LDPC 码的 $\boldsymbol{H}$ 矩阵的生成方式。如果从性能的角度出发，PEG 方式是比较优秀的方法；而从实现的角度出发，近几年出现的准循环(Quasi - cycle)方式是一种得到了广泛重视的生成方式。

准循环码中有很多不同的变形，但是其基本思想并没有发生变化。首先需要一个基矩阵 $\boldsymbol{p}$

$$\boldsymbol{p}=\begin{bmatrix} 0 & 1 & 0 & & 0 \\ 0 & 0 & 1 & \cdots & \vdots \\ \vdots & \vdots & \vdots & & \vdots \\ 0 & 0 & 0 & \cdots & 1 \\ 1 & 0 & 0 & & 0 \end{bmatrix}$$

基矩阵的构成有很多种形式，其中最为常见的是由一个单位阵经过循环移位后得到的以上的矩阵 $\boldsymbol{p}$。在基矩阵的基础上，对 $\boldsymbol{p}$ 进行循环移位，然后将其组合，就可以得到 $\boldsymbol{H}$ 矩阵为

$$\boldsymbol{H}=\begin{bmatrix} P^{a11} & P^{a12} & \cdots & P^{a1n} \\ P^{a21} & P^{a22} & \cdots & P^{a2n} \\ \vdots & \vdots & \ddots & \vdots \\ P^{am1} & P^{am2} & \cdots & P^{amn} \end{bmatrix}$$

式中：a_{11}、a_{12}、…、a_{mn} 是某一个集合 $\{L\}$ 中的值，表示基矩阵循环左移或者右移的位数。

采用这种结构可以很容易地得到行重为 n，列重为 m 的规则 LDPC 码的 $\boldsymbol{H}$ 矩阵。不同大小的 $\boldsymbol{H}$ 矩阵可以通过调整基矩阵 $\boldsymbol{p}$ 的大小来实现，这种方式设计的 $\boldsymbol{H}$ 矩阵可以保证避免 LDPC 码矩阵设计中出现长为 4 的环和变量点连接的校验方程过于集中的问题，但

是由于 **H** 矩阵中随机性并没有得到很好的满足，所以往往会带来一定程度上的性能下降。目前有研究成果表明，经过优化设计的准循环 LDPC 码在性能上有可能达到甚至超过随机生成的 **H** 矩阵，但是对 **H** 矩阵的帧长等参数有一定的要求。

2.3.3.4 LDPC 的编码

在获得校验矩阵 **H** 后，就可以根据校验矩阵 **H** 进行编码，从而得到相应的码字。常见的编码方法主要有以下 3 类：

1. 常规编码

得到校验矩阵 **H** 后，如果 **H** 矩阵的各行都是线性无关的，通过矩阵的初等变换，就可以得到生成矩阵 **G**。设信息源为 $S=\{s_1,s_2,s_3,\cdots\}$，则编出的码字 $C=S\cdot \boldsymbol{G}$。

这种编码方式是由分组码的基本编码方式推出的。它存在的问题主要包括：由于 **H** 矩阵的行、列重量分布有一定的要求，尤其是规则 LDPC 码，其行、列重量分布相同，这样的 **H** 矩阵往往不能满足各行都是线性无关的，也就是无法通过线性变换得到生成矩阵 **G**；并且当分组长度为 n 时，编码复杂度为 $O(n^2)$。为了简化计算，数学家们设计了很多简便算法，但是这些算法要求校验矩阵 **H** 具有相应的特殊形式，如可以设置 **H** 矩阵具有系统形式或者接近于系统形式。然而 LDPC 码的稀疏属性使得这种形式很难达到。这种形式的 **H** 矩阵要求有一个单位矩阵，这样使得 **H** 的其余部分就必须承担剩下的所有的 1，那部分就会显得很密集，而不能达到 **H** 所要求的稀疏的特点。为了解决这个问题，目前从软件的角度对 LDPC 码进行编码一般采用下面的方法。

2. 软件仿真情况下采用的编码方法

已知一个码字 U，奇偶校验矩阵 **H** 为 $M\cdot N$ 阶矩阵，编码前的信息源为 S。假设编码后 S 位于 U 的后部，校验位 C 位于 U 的开头，即 $U=[C/S]$。分解校验矩阵 **H**，使之具有 $\boldsymbol{H}=[A/B]$ 形式，其中 **A** 是一个 $M\cdot M$ 的矩阵，**B** 是一个 $M\cdot(N-M)$ 的矩阵。因此

$$U\cdot \boldsymbol{H}^{\mathrm{T}}=0\rightarrow \boldsymbol{A}^{\mathrm{T}}C+\boldsymbol{B}^{\mathrm{T}}S=0 \tag{2-36}$$

由此可以推出

$$C=(\boldsymbol{A}^{\mathrm{T}})^{-1}\boldsymbol{B}^{\mathrm{T}}S \tag{2-37}$$

因此，只要 **A** 为可逆矩阵，就可以由此得到校验位。

原始的 **H** 矩阵往往不能达到矩阵 **A** 可逆的要求，但是经过行列交换，绝大多数情况下都可以将 **H** 矩阵转换成为一可逆的 **A** 矩阵和 **B** 矩阵的组合。由于对 **H** 矩阵进行交换，相当于交换双边图中校验点的位置，并不会影响 **H** 矩阵的编码结果，而列交换相当于对编码的码字顺序进行了重新排列，在编码结束后按照交换的顺序进行反交换，即可得到原校验矩阵 **H** 对应的编码后码字。下面介绍一种可以快速编码的 **H**，这种 **H** 矩阵容易实现，并且编码复杂度与分组长度呈线性关系，所达到的性能与常规编码无异，是具有实际操作意义的一种 LDPC 码的编码方案。

3. 具有类似下三角形式的 *H* 的编码方法

校验矩阵 **H** 进行行列变换，变成如图 2-2 所示的结构。由于在矩阵变换中只有行列交换，因此变换后的校验矩阵仍是稀疏矩阵，设新的校验矩阵为式(2-38)，即

$$H=\begin{pmatrix} A & B & T \\ C & D & E \end{pmatrix} \tag{2-38}$$

式中：A、B、C、D、E、T 分别是 $(m-g)\times(n-m)$、$(m-g)\times g$、$g\times(n-m)$、$g\times g$、$g\times(m-g)$、$(m-g)\times(m-g)$ 维矩阵。H 中所有的子矩阵均是稀疏矩阵，并且 T 是下三角矩阵。矩阵 H 左乘一矩阵得到式(2-39)，I 是单位矩阵，即

$$\begin{pmatrix} I & 0 \\ -ET^{-1} & I \end{pmatrix} H=\begin{pmatrix} A & B & T \\ -ET^{-1}A+C & -ET^{-1}B+D & 0 \end{pmatrix} \tag{2-39}$$

码字向量 x 写成3部分，$x=(s,p_1,p_2)$，s 定义为信息向量，p_1、p_2 分别定义一个校验向量，s 长为 $n-m$，p_1 长为 g，p_2 长为 $m-g$。由 $Hx^{\mathrm{T}}=0$ 可得式(2-40) 和式(2-41)，即

$$As^{\mathrm{T}}+Bp_1^{\mathrm{T}}+Tp_2^{\mathrm{T}}=0 \tag{2-40}$$

$$(-ET^{-1}A+C)s^{\mathrm{T}}+(-ET^{-1}B+D)p_1^{\mathrm{T}}=0 \tag{2-41}$$

设 $-ET^{-1}B+D$ 可逆，令 $\varphi=-ET^{-1}B+D$，则 $p_1^{\mathrm{T}}=\varphi^{-1}(-ET^{-1}A+C)s^{\mathrm{T}}$。求出 $\varphi^{-1}(-ET^{-1}A+C)$ 后可得第一个校验向量 p_1。再根据式(2-40)，求出第二个校验向量为 $p_2^{\mathrm{T}}=-T^{\mathrm{T}}(As^{\mathrm{T}}+Bp_1^{\mathrm{T}})$。为降低计算复杂度，这里并不求出 $-\varphi^{-1}(-ET^{-1}A+C)$ 后乘 s^{T}，而是将求 p_1^{T} 的计算分解成几步进行，如表2-13所列。第1、2、4步是稀疏矩阵与向量相乘，复杂度为 $O(n)$，第5步中是向量加，复杂度也为 $O(n)$，第3步中，由于 $T^{-1}As^{\mathrm{T}}=y^{\mathrm{T}}\Leftrightarrow As^{\mathrm{T}}=Ty^{\mathrm{T}}$，$T$ 为下三角的稀疏矩阵，可以利用回归算法求得 y^{T}，其复杂度仍为 $O(n)$，只有6中 ϕ^{-1} 是一个 $g\times g$ 为高密度矩阵，运算复杂度为 $O(g^2)$。故计算 p_1^{T} 的总的计算复杂度为 $O(n+g^2)$。同理，也可以计算 p_2 的复杂度，如表2-14所列。

表2-13　p_1 计算分解步骤

操　作	复杂度	注　释
1. Cs^{T}	$O(n)$	稀疏矩阵和向量乘
2. As^{T}	$O(n)$	稀疏矩阵和向量乘
3. $T^{-1}As^{\mathrm{T}}$	$O(n)$	$T^{-1}As^{\mathrm{T}}=y^{\mathrm{T}}\Leftrightarrow As^{\mathrm{T}}=Ty^{\mathrm{T}}$
4. $-E[T^{-1}As^{\mathrm{T}}]$	$O(n)$	稀疏矩阵和向量乘
5. $-E[T^{-1}As^{\mathrm{T}}]+Cs^{\mathrm{T}}$	$O(n)$	向量加
6. $\phi^{-1}\{-E[T^{-1}As^{\mathrm{T}}]+Cs^{\mathrm{T}}\}$	$O(g^2)$	高密度 $g\times g$ 矩阵和向量乘

表2-14　p_2 计算复杂度

操　作	复杂度	注　释
1. As^{T}	$O(n)$	稀疏矩阵和向量乘
2. Bp_1^{T}	$O(n)$	稀疏矩阵和向量乘
3. $As^{\mathrm{T}}+Bp_1^{\mathrm{T}}$	$O(n)$	向量加
4. $-T^{-1}[As^{\mathrm{T}}+Bp_1^{\mathrm{T}}]$	$O(n)$	$-T^{-1}[As^{\mathrm{T}}+Bp_1^{\mathrm{T}}]=y^{\mathrm{T}}\Leftrightarrow -As^{\mathrm{T}}+Bp_1^{\mathrm{T}}=Ty^{\mathrm{T}}$

利用LDPC码校验矩阵的类似三角结构进行编码是先对校验矩阵行列变换后得到等价矩阵式(2-40)，应满足 g 尽可能小 $g\approx0.0270746n$，且 $\varphi=-ET^{-1}B+D$ 可逆。然后计算式(2-39)，再根据表中的计算方法求 p_1 和 p_2，最后求得发送码字向量 $x=(s,p_1,p_2)$。

2.3.4 二元 LDPC 码的译码

Gallager 一共提出了两种译码方案，第一种译码方案和第二种译码方案，分别演变为后来的位翻转译码算法和置信传播译码算法。本质上，它们都是基于 Tanner 图的消息传递迭代译码算法。所不同的是，在位翻转译码算法中，沿 Tanner 图的边传递的是二进制值，对位节点的判据用的是该位节点对应的码位所参与的所有奇偶校验和的结果；而在置信传播译码算法中，沿 Tanner 图的边传递的是概率值，对位节点的判据用的是这些概率值的组合。

2.3.4.1 标准 BP 译码

标准 BP 译码的整个过程可以看做在 Tanner 的二部图上的 BP 算法的应用。把二部图看做是一个 DAG，以图 2-6 所示的 Tanner 图为例进行说明，每一个信息节点 v 是校验节点 c 的子节点，每一个校验节点 c 是信息节点 v 的父节点。图 2-6 下面的一排节点代表校验节点，每一个节点代表矩阵 $\boldsymbol{H}$ 中的一行校验式，称为一个校验比特。上面一排代表信息节点。节点 c_1 和节点 v_1、v_4、v_6、v_7 相连，代表了第一行校验式。每一次迭代中，v 节点在被激活之后把 Q_{ij}^a 作为其置信度传递给和它相连的 c 节点，$a=1/0$。Q_{ij}^a 是在除 c_j 外 v_i 参与的其他校验节点提供的信息上，v_i 在状态 a 的置信度。节点 c_j 在被激活之后把 R_{ij}^a 作为其置信度传递给和它相连的 v 节点，$a=1/0$。R_{ij}^a 是在信息节点 v_i 状态为 a 和校验式 c_j 中其他信息节点状态分布已知的条件下，校验式 j 满足的概率。在每次迭代中，所有节点的可信度得到更新。每次迭代结束时，计算 $\{v_i\}$ 的伪后验概率 e_i^a，做一次尝试判决，得到判决序列 $\widehat{x}$。直到判决序列 $\widehat{x}$ 满足 $\boldsymbol{H}\widehat{x}=0$，或迭代次数达到预设的最大值，迭代停止。最大迭代次数通常设为平均次数的 10 倍。

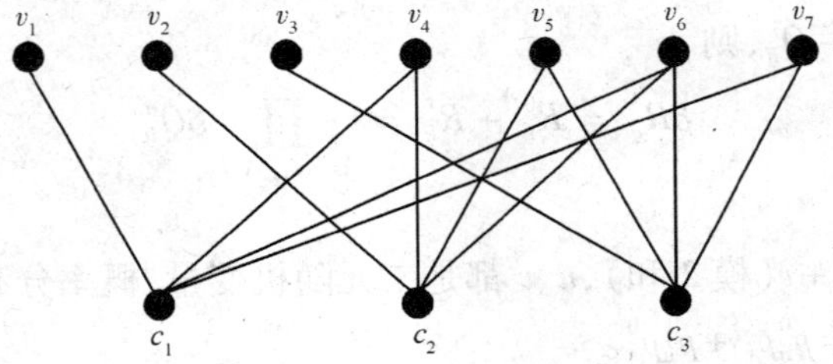

图 2-6 (7,4)Hamming 码的 Tanner 图

1. 初始化

设接收到的有噪信号为 r_n，对 $n=1,2,\cdots,N$，每比特的判决值初始化为 r_n 的硬判决值 x_n。设 $p_i^0=P(x_i=0)$，$p_i^1=P(x_i=1)=1-p_i^0$ 是迭代前信道给出的先验信息，对每一次迭代，它都是不变的外信息。Q_{ij}^0、Q_{ij}^1 是在信息节点 v_i 除校验式 j 以外的其他校验式置信度信息已知的条件下，信息比特 $v_i=0/1$ 的概率。Q_{ij}^0、Q_{ij}^1 初始化成 p_i^0、p_i^1。α_{ij} 是 Q_{ij}^0、Q_{ij}^1 的归一化因子。R_{ij}^0、R_{ij}^1 是假设信息比特 $v_i=0/1$ 下，其他与校验位 j 有边连接（也就是校验式 j 满足）的概率。e_i^0、e_i^1 是信息节点在每一次迭代中计算的外信息，称之为比特 i 的伪后验概率。α_i 是 e_i^0、e_i^1 的归一化因子。α_{ij}、α_i 都初始化成 α_0。

当考虑平稳离散无记忆 AWGN 信道中的二元 LDPC 码，即 $a \in GF(2)$，调制方式为 BPSK 调制，设单边噪声功率谱密度为 $N_0 = 2\sigma_n^2$，设码率为 R，则单位信息比特信噪比为 $E_b/N_0 = x_0^2/(2R\sigma_n^2)$。初始信息 p_j^0、p_j^1 具体化为 $f_j^0 = 1/(1+\exp\{-2y_j/\sigma_n^2\})$ 和 $f_j^1 = 1 - f_j^0$，R^a 初始化为 1。

2. 迭代过程

(1) 更新 R_{ij}^a。由校验式 j 传递给接收序列比特 i 的 R_{ij}^a 是信息节点 v_i 状态为 a 和校验式 c_j 中其他信息节点状态分布已知的条件下，校验式 j 满足的概率。有概率公式

$$P(c_j \mid x_i = a) = \sum_{X, x_i = a} P(c_j \mid x) P(x \mid x_i = a) \tag{2-42}$$

对在 x_i 状态为 a 和校验式 j 满足条件下所有 x 的可能情况下求和，得到 x_i 状态为 a 的情况下 c_j 满足的条件概率。

在 DAG 图上，由于各信息节点的部分相互独立性，得

$$P(x \mid x_i = a) = \prod_{i \in \mathrm{row}[j] \setminus [i]} Q_{ij}^a \tag{2-43}$$

其中 $i' \in \mathrm{row}[j] \setminus [i]$ 是指矩阵 $\boldsymbol{H}$ 的第 $j(1 \leqslant j \leqslant m)$ 行中，非零比特 i'（不含 i）对应的列号。r_{ij}^a 可用下面公式计算，即

$$R_{ij}^a = \sum_{X, x_i = a} P(c_j \mid x) \prod_{i \in \mathrm{row}[j] \setminus [i]} Q_{ij}^a \tag{2-44}$$

式中

$$P(c_j \mid x) = \begin{cases} 1, c_j x \text{ 是满意的} \\ 0, \text{其他} \end{cases}$$

具体计算 r_{ij}^a 要用到随机过程中的前向和后向算法，MacKay 给出了一种特别容易实现的简化。令 $\delta Q_{ij} = Q_{ij}^0 - Q_{ij}^1$，则

$$\delta R_{ij} = R_{ij}^0 - R_{ij}^1 = \prod_{i \in \mathrm{row}[j] \setminus [i]} \delta Q_{ij}^a \tag{2-45}$$

证明如下：

设随机变量 $\xi = u + v$（模 2 和），u、v 都是二元随机变量，概率分布为 p_u^0、p_u^1 和 p_v^0、p_v^1，则有 $p_\xi^0 = p_u^0 p_v^0 + p_u^1 p_v^1$，$p_\xi^1 = p_u^0 p_v^1 + p_u^1 p_v^0$。

$$\delta p_\xi = p_\xi^0 - p_\xi^1 = (p_u^0 - p_u^1)(p_v^0 - p_v^1) = \delta p_u \delta p_v \tag{2-46}$$

由于校验节点 c_j 的状态就是由参与校验的信息节点模 2 相加得到，所以式(2-46)对 c_j 有效。得证。

通过解方程组：

$$\begin{cases} R_{ij}^1 + R_{ij}^0 = 1 \\ R_{ij}^0 - R_{ij}^1 = \prod_{i \in \mathrm{row}[j] \setminus [i]} \delta Q_{ij}^a \end{cases}$$

可以得到

$$R_{ij}^0 = \frac{1}{2}\left[1 + \prod_{i \in \mathrm{row}[j] \setminus [i]} \delta Q_{ij}^a\right] \tag{2-47}$$

$$R_{ij}^{1} = \frac{1}{2}[1 - \prod_{i \in \text{row}[j]\setminus[i]} \delta Q_{ij}^{a}] \tag{2-48}$$

(2) 更新 Q_{ij}^{a} 由接收序列比特 i 传递给校验式 j 的 Q_{ij}^{a} 是在除 c_j 外 x_i 参与的其他校验节点提供的信息上，x_i 在状态 a 的概率。根据贝叶斯准则，有

$$P(x_i = a \mid \{c_{j'}\}, j' \in \text{col}[i]\setminus[j]) = \frac{P(x_i = a)P(\{c_{j'}\}, j' \in \text{col}[i]\setminus[j] \mid x_i = a)}{P(\{c_{j'}\}, j' \in \text{col}[i]\setminus[j])} \tag{2-49}$$

式中：$P(x_i = a)$ 为先验概率；$j' \in \text{col}[i]\setminus[j]$ 为矩阵 $\boldsymbol{H}$ 的第 $i(1 \leqslant i \leqslant n)$ 列中非零比特 j'（不含 j）对应的行号。通常认为 c_j 之间是相互独立的，联合概率 $P(\{c_{j'}\}, j' \in \text{col}[i]\setminus[j] \mid x_i = a)$ 就成了乘积形式，即

$$Q_{ij}^{a} = a_{ij} p_i^{a} \prod_{j \in \text{row}[i]\setminus[j]} R_{ij}^{a} \tag{2-50}$$

p_i^a 就是先验概率 $P(x_i = a)$，至于分母的计算，采用归一化处理来简化，即

$$a_{ij}(Q_{ij}^{1} + Q_{ij}^{0}) = 1 \tag{2-51}$$

则有

$$a_{ij} = \frac{1}{Q_{ij}^{1} + Q_{ij}^{0}}$$

由第(1)步中计算得出的 r_{ij}^{0}、r_{ij}^{1} 和外信息 p_i^0、p_i^1，来计算 q_{ij}^{0}、q_{ij}^{1}，即

$$Q_{ij}^{1} = a_{ij} p_i^{1} \prod_{j \in \text{col}[i]\setminus[j]} R_{ij}^{1} \tag{2-52}$$

$$Q_{ij}^{0} = a_{ij} p_i^{0} \prod_{j \in \text{col}[i]\setminus[j]} R_{ij}^{0} \tag{2-53}$$

(3) 尝试译码。接下来要计算比特 i 的伪后验概率 e_i^0、e_i^1，公式的推导类似于第(2)步。在此直接给出结果：

$$e_i^{0} = \prod_{j \in \text{col}[i]} R_{ij}^{0} \tag{2-54}$$

$$e_i^{0} = \prod_{j \in \text{col}[i]} R_{ij}^{1} \tag{2-55}$$

注意：选择合适的 $\alpha_i = 1/(e_i^0 + e_i^1)$，使得 $e_i^0 + e_i^1 = 1$。

首先说明一下伪后验概率 $e_i^0(e_i^1)$ 是用来判定比特 i 在这次迭代结束时，是 0(1) 的可能概率。它们间接决定了是否要继续迭代过程。在 $e_i^0(e_i^1) \geqslant 0.5$ 时，判定 i 比特为 0(1)，得到当前译码 x_i。在所有比特被译出之后，得到译码向量 $\hat{\boldsymbol{x}} = (x_1, x_2, \cdots, x_n)$。

最后是尝试判决算法。如果 $\boldsymbol{H}\hat{\boldsymbol{x}} = 0$，则停止译码，输出 $\hat{\boldsymbol{x}} = (x_1, x_2, \cdots, x_n)$ 作为有效的输出值；否则继续迭代过程。如果达到预设定的迭代次数，还未找到满足的码字，则宣告译码失败。

2.3.4.2 对数似然比域内的 BP 算法(LLR - BP)

假设 LDPC 码编码器的输出序列 $\{x_k\}$，经过二进制调制 $\{u_k = 2x_k - 1\}$ 后，输入高斯信

道，在译码器的输入端得到序列$\{y_k\}$。$y_k = u_k + n_k$，其中 n_k 为白噪声。

随机变量 U 的二进制 LLR 值定义为

$$L(U) = \log_2 \frac{p(U=0)}{p(U=1)} \tag{2-56}$$

此对数似然比量度可以解释为：$L(U)$的正、负号用来判别随机变量 U 为 0 还是 1，其绝对值表示取 0 和 1 的置信度，即 $L(U)$绝对值越大，说明为 0 或为 1 可能性越大。在不致混淆的情况下，同构空间$\{0,1\}$和$\{-1,+1\}$可等价使用。

此外，还定义了：

$$\lambda_{n\to m}(u_n) = \log_2 \frac{Q_{nm}(0)}{Q_{nm}(1)} \tag{2-57}$$

$$\Lambda_{n\to m}(u_n) = \log_2 \frac{R_{nm}(0)}{R_{nm}(1)} \tag{2-58}$$

式中：$\lambda_{n\to m}(u_n)$为变量节点输出到校验节点置信度；$\Lambda_{m\to n}(u_n)$为校验节点输出到变量节点的置信度。

算法可概述如下：

初始化：给每个变量节点 n 赋值，也就是后验 LLR 值，即

$$L(u_n) = \log_2\{p(u_n = +1 \mid y_n)/p(u_n = -1 \mid y_n)\}$$

等概率输入的 AWGN 信道中，$L(u_n) = 2y_n/\sigma^2$，σ^2 是噪声方差。对 $H_{m,n} = 1$ 的每一对(m, n)，$\lambda_{n\to m}(u_n) = L(u_n)$，$\Lambda_{m\to n}(u_n) = 0$。

迭代过程：

(1) 校验节点更新。对每个 m 及 $n \in N(m)$，计算

$$\Lambda_{m\to n}(u_n) = 2\tanh^{-1}\{\prod_{n' \in N(m)\setminus n} \tanh[\lambda_{n'\to m}(u_n)/2]\} \tag{2-59}$$

(2) 变量节点更新。对每个 n 及 $m \in M(n)$，计算

$$\lambda_{n\to m}(u_n) = L(u_n) + \sum_{m' \in M(n)\setminus m} \Lambda_{m'\to n}(u_n) \tag{2-60}$$

对每个 n，计算

$$\lambda_n(u_n) = L(u_n) + \sum_{m \in M(n)} \Lambda_{m\to n}(u_n) \tag{2-61}$$

尝试判决：如果 $\lambda_n(u_n) \geqslant 0$，则$\hat{x}_n = 1$，如果 $\lambda_n(u_n) < 0$，则$\hat{x}_n = 0$。如果$\boldsymbol{X}\boldsymbol{H}^{\mathrm{T}} = 0$，则译码停止，译码器输出 $\boldsymbol{X}$；否则，继续执行迭代过程。如果达到设置的最大迭代次数，还未找到满足的码字，则宣告译码失败。

2.3.4.3 最小和算法

考察和积算法中的校验节点更新方程，即

$$\Lambda_{m\to n}(u_n) = 2\tanh^{-1}\{\prod_{n' \in N(m)\setminus n} \tanh[\lambda_{n'\to m}(u_n)/2]\}$$

可以写为

$$\Lambda_{m\to n} = \left(\prod_{n'\in N(m)/n} \partial_{mn'}\right)\cdot \phi\left(\sum_{n'\in N(m)/n} \phi(\beta_{mn'})\right)$$

式中：$\partial_{mn'} = \text{sign}(\lambda_{n\to m})$，$\beta_{mn'} = |\lambda_{n\to m}|$，$\phi(x) = -\log_2(\tanh(x/2)) = \log_2\left(\frac{e^x+1}{e^x-1}\right)$。$\phi(x)$在$x>0$时是一个递减函数，如图2-7所示。注意到最小的$\beta_{mn}$在上式中起决定性作用，所以有以下近似，即

$$\phi\left(\sum_{n'\in N(m)/n} \phi(\beta_{mn'})\right) = \phi(\phi(\min_{n'}\beta_{mn'})) = \min_{n'}(\beta_{mn'}) \tag{2-62}$$

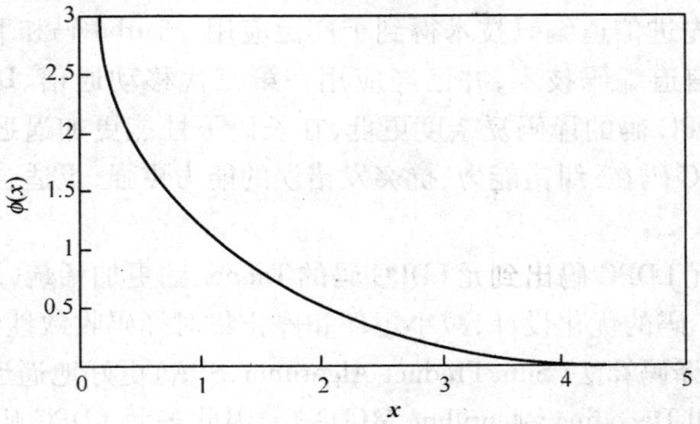

图2-7　函数$\phi(x) = -\log_2(\tanh(x/2))$

其中应用到偶函数的性质$\phi(\phi(x)) = x$。这样最小和积算法只需要把和积算法替换为

$$\Lambda_{m\to n} = \left(\prod_{n'\in N(m)/n} \alpha_{mn'}\right)\cdot \min_{n'\in N(m)/n} \beta_{mn'} \tag{2-63}$$

由于式(2-63)是近似的结果，故该算法在性能上有些损失。

第 3 章　多元 LDPC 码的基本原理

随着大规模集成电路技术的快速发展，无线通信系统的硬件设备处理速度越来越快，接近香农容量限的先进信道编码技术得到了广泛应用。Turbo 码和 LDPC 码是宽带无线通信系统中高效的信道编码技术，并已经应用在第三代移动通信、DVB - S2 等系统中。与 Turbo 码相比，LDPC 码的译码复杂度更低，在长码下性能更加逼近香农容量限。相对二元来说，多元 LDPC 码在、纠错能力、抗突发错误的能力更强，更适合于高速传输的高阶调制系统。

相同参数的多元 LDPC 码比二元 LDPC 码的 Tanner 图更加稀疏，周长（Girth）更大，这种特性更利于 LDPC 码的优化设计，减小短环和停止集对译码收敛性的影响，使得基于置信传播（BP）译或积译码算法（Sum Product Algorithm，SPA）更好地逼近最大似然译码算法（Maximum Likelihood Decoding Algorithm，MLDA）。因此多元 LDPC 码可以设计出具有更低错误平层和更强纠错能力的好码。多元 LDPC 码具有多元码的优势，可以将多个突发比特错误合并成较少的多元符号错误，因此，多元 LDPC 码的另一个优势就是抗突发错误的能力强。高阶调制是宽带无线通信系统的主要调制方式，当多元 LDPC 码的有限域阶数大于调制星座的阶数时，译码器得到的初始消息是不相关的向量，有利于译码器更好的逼近最大后验概率译码，从而取得更好的纠错性能，因此，多元 LDPC 码非常适合应用在高阶调制系统，实现高效的数据传输。

虽然多元 LDPC 码具有很多优势，但是它的译码实现复杂度较高，因此，研究实现复杂度低译码性能好的多元 LDPC 码，具有重要的理论意义和实际的应用价值。

基于线性分组码的描述方法，本章主要从校验矩阵、Tanner 图和度分布等方面对多元 LDPC 码进行了描述。基于二元 LDPC 码的基本编码方法介绍了多元 LDPC 码的高斯消元编码、系统编码以及三角分解编码，多元 LDPC 码与二元 LDPC 码的编码区别主要是有限域上的运算，一个是二元域上的运算，一个是高阶域上的运算。基于二元 LDPC 码的概率域 BP 译码和对数域的 LOG - BP 译码，本章介绍了 BPSK 调制下多元 LDPC 码标准 BP 译码算法和对数域上 LOG - BP 译码算法。BP 算法的实质是一个组合优化问题，其直接实现形式具有非常高的译码复杂度，Log - BP 算法的复杂度和 BP 算法相差不大，因此复杂度还是相当的高。关于多元 LDPC 码的快速译码算法，请参考第五章内容。

3.1　多元 LDPC 码的表示形式

常用的多元 LDPC 码的表示方法与二元 LDPC 码的表示方法相类似，主要有以下三种方法：

（1）多元 LDPC 码的校验矩阵表示

由于二元 LDPC 码可以看做是多元 LDPC 码的特例，下面将其概念进行推广。与所有线性分组码类似，多元 LDPC 码通常用校验矩阵 $\boldsymbol{H}_{M\times N}$ 来描述，每一行代表一个校验方程，每一列代表一个编码码字。校验矩阵中各元素 $\boldsymbol{H}_{mn}$ 均取值于有限域 $GF(q=2^b)$。若校验矩阵 $\boldsymbol{H}_{M\times N}$ 中每行、每列非 0 元素的个数相同，称为规则多元 LDPC 码，否则为非规则多元 LDPC 码。一个长度为 N 的向量 c 如果满足式(3－1)，则认为向量 c 为码字。

$$\sum_n H_{mn}c_n = 0 \quad m = 1、2、\cdots、M \quad n = 1、2、\cdots、N \tag{3-1}$$

式(3－2)给出了 $GF(2^3)$ 上的多元 LDPC 码的一个校验矩阵 $H_{3\times 7}$，矩阵中的数字表示 $GF(2^3)$ 上的域元素。

$$H=\begin{bmatrix}4 & 7 & 1 & 0 & 3 & 0 & 0\\ 0 & 2 & 5 & 6 & 0 & 4 & 0\\ 3 & 0 & 2 & 0 & 7 & 0 & 5\end{bmatrix} \tag{3-2}$$

该矩阵的行重为 4，其对应的校验方程为

$$\begin{aligned} &4c_1+7c_2+c_3+3c_5=0\\ &2c_2+5c_3+6c_4+4c_6=0\\ &3c_1+2c_3+7c_5+5c_7=0 \end{aligned} \tag{3-3}$$

式中：$c=(c_1、c_2、c_3、c_4、c_5、c_6、c_7)$ 表示一个码字，满足：$\boldsymbol{H}\cdot c^T=0$。若 H 矩阵的各行线性无关，即 H 是满秩的，$M=N-K$，此时，码率 $R=1-M/N$；否则，$M>N-K$，码率 $R>1-M/N$。需要注意的是此处对矩阵各行的线性相关与否的计算也是在多元域上进行。

(2) 多元 LDPC 码的 Tanner 图表式

结合 2.3.2 节所述，Tanner 图是一种双向图，直观的表达出变量节点与校验节点之间的校验关系。Tanner 图可以用 $\boldsymbol{G}=\{(V,E)\}$ 表示，其中，V 是节点的集合，$V=V_V\cup V_C$，$V_C=(c_1、c_2、\cdots、c_M)$ 是校验节点的集合，对应于校验矩阵 H 的行，$V_V=(v_1、v_2、\cdots、v_N)$ 是变量节点的集合，对应于校验矩阵 H 的列；E 是所有连接变量节点和校验节点的边的集合，$E\subseteq V_V\times V_C$，若 $H_{m,n}\neq 0$，则在校验点 c_m 和变量点 v_n 之间有一条边相连，边 $(c_m,v_n)\in E$。与节点相连的边的个数称为节点的度(degree)，校验节点和变量节点的度数分别对应于校验矩阵的行重和列重。

定义在 $GF(q=2^b)$ 上的多元 LDPC 码的 Tanner 图如图 3－1 所示。图中的多元 LDPC 码校验矩阵为 $H_{M\times N}$，即 Tanner 图有 M 个校验节点，N 个变量节点。每个校验节点具有 d_c 条入射边，即度数为 d_c；每个变量节点具有 d_v 条入射边，即度数为 d_v，共有 $E=Nd_v=Md_c$ 条边。与二元 LDPC 码的 Tanner 图有两点不同：1) 多元码字的 Tanner 图中每一条边对应校验矩阵中的非零元 $h_{m,n}$；2) 每一个变量节点对应了 $GF(q)$ 上的一个符号(由 $\log_2 q$ 比特组成)，而不再是一个二元符号(或 1 比特)。

在图 3－1 中，变量节点和校验节点的最大度数分别用 d_v，d_c 表示。由定义 2.15 可知，变量节点、校验节点和边首尾相连组成的闭合回路称为 LDPC 码的周长(girth)，周长是设计 LDPC 码至关重要的一个参数。因为多元 LDPC 码的译码采用的是和积(Sum Product。SP)或者置信传播(Belief Propagation，BP)译码算法，该算法是一种渐进最大似

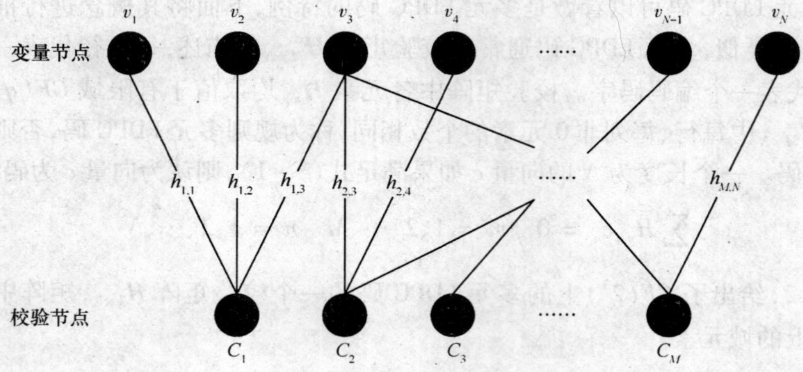

图 3－1　多元 LDPC 码的 Tanner 图

然算法（如果 Tanner 图中不存在环，也就是周长无穷大，则这种算法等效于最大似然算法）。然而，在码长固定的情况下，对于所使用的码字来说无环是不可能的，但是通过增大周长，仍可以提高码字的性能。

（3）多元 LDPC 码的度分布表示

Tanner 图上的节点的分布可以用一个度分布函数来表示。变量节点用 d_v 个维数对（λ_1、λ_2、…、λ_{d_v}）来表示，其中 λ_i 表示与度数为 $i(i \geqslant 2)$ 的变量节点相连的边数在总的边数中所占的比例；校验节点用 d_c 个维数对（ρ_1、ρ_2、…ρ_{d_c}）来表示，ρ_i 表示与度数为 $i(i \geqslant 2)$ 的校验节点相连的边数在总的边数中所占的比例。

变量节点和校验节点的度分布函数定义为

$$\lambda(x) = \sum_{i=2}^{d_{v\max}} \lambda_i x^{i-1}$$

$$\rho(x) = \sum_{i=2}^{d_{c\max}} \rho_i x^{i-1} \tag{3-4}$$

显然，度为 i 的变量节点数为

$$N_i = N \frac{\lambda_i / i}{\sum_{k=2}^{d_r} \lambda_k / k}$$

度为 j 的校验节点数为

$$M_j = M \frac{\rho_j / j}{\sum_{k=2}^{d_c} \rho_k / k}$$

总边数为

$$E = N \sum_{k=2}^{d_v} i \frac{\lambda_i / i}{\int_0^1 \lambda(x)\,\mathrm{d}x} = \frac{N}{\int_0^1 \lambda(x)\,\mathrm{d}x} = M \sum_{k=2}^{d_v} j \frac{\lambda_j / j}{\int_0^1 \rho(x)\,\mathrm{d}x} = \frac{M}{\int_0^1 \rho(x)\,\mathrm{d}x}$$

对应的 LDPC 码的码率为

$$R(\lambda,\rho) = \frac{N-M}{N} = 1 - \frac{\int_0^1 \rho(x)\,\mathrm{d}x}{\int_0^1 \lambda(x)\,\mathrm{d}x}$$

对于规则 LDPC 码来说,其基于度分布函数可以表示为

$$\lambda(x) = x^{d_v - 1}$$

$$\rho(x) = x^{d_c - 1} \tag{3-5}$$

3.2　多元 LDPC 码的编码方法

与二元 LDPC 码一样,多元 LDPC 码面临的主要问题是高编码复杂度和编码时延。因为 LDPC 码在长码时性能更加逼近香农限,所以在实际应用中,为了保证较好的误码率性能,多元 LDPC 码的码长一般都在几千到上万比特,相应的校验矩阵 H 也随之变大,对校验矩阵 H 的存储和运算都将带来较大的逻辑电路开销。下面介绍几种常规的多元 LDPC 码编码方法。

3.2.1　高斯消元编码方法

高斯消元编码方法是多元 LDPC 码的最基本的编码方法。首先在 $GF(q)$ 有限域上构造满足性能指标的校验矩阵 H。H 通常不是系统形式,要用基于 $GF(q)$ 有限域上的高斯消元法将 H 化成 $H=[P^T I_H]_{M\times N}$ 的形式,则生成矩阵 $G=[I_G P]_{(N-M)\times N}$,其中,$I_H$ 是 $M\times M$ 的单位矩阵,I_G 是 $(N-M)\times(N-M)$ 的单位矩阵。若信源信息向量用 s 表示,则生成的码字向量 c 可以写成:

$$c = s \cdot G = [ss \cdot P] \tag{3-6}$$

这里的所有运算均是基于 $GF(q)$ 的,即模 q 运算。虽然校验矩阵 $H_{M\times N}$ 是稀疏的,但是高斯消元法破坏了原有校验矩阵的稀疏性,转化得到的生成矩阵 G 通常不再是稀疏的。编码过程对 G 的存储量较大,编码的运算量是码长的 b 次方形式。所以这种编码方法的复杂度高,运算量较大,在码长较长时难以应用。因此需要寻找一种快捷的低复杂度编码方法。

3.2.2　系统形式的编码方法

采用系统的编码方式,多元 LDPC 码 (N,K) 编出的码字的前 K 个符号是信息符号,后 $(N-K)$ 是校验符号,因此,编码器只要计算这 $(N-K)$ 个的校验符号,则整个码字满足 $H_{M\times N}$ 矩阵里所有的校验关系。因此,把 (N,K) 系统 LDPC 码的矩阵 H 按列分成 A 和 B 两部分,A 部分对应信息符号,B 部分对应编码校验符号;相应的将 N 比特码字 c 分为 s 和 p 两部分,s 为 K 长的信源信息,p 为 $(N-K)$ 长的校验信息:

$$[A \quad B] \cdot \begin{bmatrix} s^T \\ p^T \end{bmatrix} = 0 \Rightarrow A \cdot s^T + B \cdot p^T = 0$$

如果矩阵 B 可逆,由上式可以得到

$$p^T = B^{-1} \cdot A \cdot s^T \tag{3-7}$$

从式(3-7)式可以看出,计算 p^T 只需要计算 B^{-1}。由于 B 矩阵是 $H_{M\times N}$ 矩阵的子矩阵,因此,该方法相对于上一种编码方法,复杂度小了很多,但是,计算 p^T,仍需要一次求逆,两次矩阵和列向量乘法,尽管 B 是稀疏矩阵,但是 B^{-1} 一般是非稀疏矩阵,求逆将牵涉大量的运算,这给紧接着求逆的矩阵向量乘法带来了很大的困难。所以(3-7)式作为系统编码的基本运算关系,其运算复杂度仍然随着码长 N 的增加将呈指数上升。为此,下面介绍一种三角分解的多元 LDPC 码的编码方法。

3.2.3 三角分解编码算法

针对上式中的 B 求逆,根据矩阵理论,对任意矩阵的三角分解:

定理 3.1 当 A 是 $m\times n$ 复矩阵,若 A 是行满秩或列满秩时,有

(1) 若 $A\in C_m^{m\times n}$,则存在 m 阶正线下三角复矩阵 L 和 n 阶酉矩阵 U,使得 $A=(LO)U$;

(2) 若 $A\in C_n^{m\times n}$,则存在 m 阶酉矩阵 U 和 n 阶正线上三角复矩阵 R,使得 $A=U\begin{pmatrix}R\\O\end{pmatrix}$。

定理 3.2 (1) 若 $A\in C_m^{m\times n}$,则 A 可唯一地分解为 $A=LU$,其中 L 是 m 阶正线下三角矩阵,$U\in U_m^{m\times n}$,(2) 若 $A\in C_n^{m\times n}$,则 A 可唯一地分解为 $A=UR$,其中 $U\in U_n^{m\times n}$,R 是 n 阶正线上三角矩阵。

当 B 矩阵满秩,而且 B 矩阵的所有顺序主子式不为零时,B 可被唯一地分解成下三角阵 L 和上三角阵 U 的积:$B=L\cdot U$

$$L(U\cdot p^T)=A\cdot s^T \Rightarrow p^T = U^{-1}\cdot[L^{-1}\cdot(A\cdot s^T)] \tag{3-8}$$

式中:$A\cdot s^T$ 是向量与矩阵的乘法运算,$L^{-1}\cdot(A\cdot s^T)$ 是前向消去运算,$U^{-1}\cdot[L^{-1}\cdot(A\cdot s^T)]$ 是回代运算,并且都是对稀疏矩阵的操作,避免了矩阵求逆的运算,这样保证了总的编码复杂度与码长 N 成正比,大大提高了编码的运算效率。

然而,实际应用中所构造校验矩阵 $H_{M\times N}$,不能保证 B 的所有顺序主子式不为零。此时,可以采用带选主元的 LU 分解法,即对矩阵 B 进行一定的行变换使之所有顺序主子式不为零,即 $PB=LU$,其中 P 称之为单位置换阵,表示对 B 矩阵所进行的行变换操作,把这个结论代入(3-8)就可以得到

$$L(U\cdot p^T)=P\cdot A\cdot s^T$$

则

$$p^T = U^{-1}\cdot[L^{-1}\cdot(P\cdot A\cdot s^T)] \tag{3-9}$$

这时,我们将三角分解编码方法做到适用于所有满足矩阵 B 满秩的情况。完成编码只需要两次矩阵向量乘法,并且都是对稀疏矩阵进行操作,保证了总的运算量还是和码长呈线性关系。

3.3 多元 LDPC 码的典型译码算法

3.3.1 多元 LDPC 码的 BP 译码算法

在阐述具体的译码算法之前,先定义几个符号。首先将第 n 个变量节点所参加的校

验方程的集合定义为 $M(n):=\{m:h_{mn}\neq 0\}$（即是校验方程 $H_{M\times N}$ 中第 n 列的非零元素的集合），其次将参加第 m 个校验方程的变量节点集合定义为 $N(m):=\{n:h_{mn}\neq 0\}$（即是校验矩阵 $H_{M\times N}$ 中第 m 行的非零元素的集合）。再将除去变量节点 n 的参加第 m 个校验方程的变量节点集合定义为 $N(m)\backslash n$，最后将除去第 n 个变量节点所参加的第 m 个校验方程的剩余校验方程的集合定义为 $M(n)\backslash m$。

在有限域 $GF(L)$ 定义的多元 LDPC 码，为了实现方便通常取 $q=2^b$，这样就可以利用二进制信道的 b 次传输来传输一个 q 进制的符号，在译码的时候，译码器利用来自信道的 b 个二进制符号 $(y_0,y_1,\cdots,y_{p-1})$ 通过最大后验概率（MAP）准则译码后组成一个 q 进制的符号，则每个多元符号的初始的后验概率为

$$f_n^a=\prod_{i=0}^{p-1}g_{n_i}^{a_i} \tag{3-10}$$

式中：f_n^a 表示第 n 个 q 进制符号取 a 的概率，a 的取值范围为0到 $q-1$，并且 a 由 b 个二进制符号组成，即 a 可以表示成 $a=(a_0,a_1,\cdots,a_{b-1})$，$g_{n_i}^{a_i}$ 表示 q 进制符号的二进制表示中第 i 位比特取 a_i 的概率。

AWGN 信道下，随机噪声过程 $N(t)$ 服从零均值的高斯白噪声过程 $N(0,\sigma^2)$。采用 BPSK 调制，接收端接收到的消息向量为 $y_n=(y_{nb},y_{nb+1},\cdots,y_{(n+1)b-1})$，向量长度为 b，每一个向量对应一个传输的码元 x_n。x_n 的二进制表示为 $(x_{nb},\cdots,x_{b(n+1)-1})$。信道的似然概率值由下式给出

$$P(y_{nk}\mid x_{nk}=\pm1)=\frac{1}{\sqrt{2\pi\sigma^2}}\mathrm{e}^{-\frac{(y_{nk}\mp1)^2}{2\sigma^2}},\quad \forall k\in[1,\cdots,b],\forall n\in[1,\cdots,N] \tag{3-11}$$

无记忆信道下 q 元符号的后验概率可以表示为

$$\begin{aligned}f_n^a&=P(y_n\mid x_n=a)=P(y_n\mid x_n=[x_{nb},\cdots,x_{(n+1)b-1}])\\&=\prod_{k=1}^{b}p(y_{nb}\mid x_{nb+k-1}=a_k)\end{aligned} \tag{3-12}$$

式中：a_k 为二进制比特。

多元译码器接受到的消息是一个 q 维向量，变量节点的消息向量表示为

$$Q_{mn}=(Q_{mn}^0,Q_{mn}^1,\cdots,Q_{mn}^{q-1})$$

多元 LDPC 码 BP 译码算法的步骤：

（1）初始化

利用信道似然信息 f_n^a 初始化变量消息，则定义变量消息分量 Q_{mn}^a 和校验消息分量 R_{mn}^a 如下：

$$Q_{mn}^a=f_n^a;R_{mn}^a=P(c_m\mid x_n=a)=1/q \tag{3-13}$$

（2）消息置换

根据校验矩阵 H，将变量节点输出的消息向量进行置换。图3-1的 Tanner 图中变量节点输出的消息向量与参数 h_{mn} 作用后，相当于经过了一次置换。也就是说如果变量节点 n 送给检验节点 m 的变量消息为 Q_{mn}，则经过与 h_{mn} 对应的边传递给校验点的消息的 Q'_{mn} 的第 a 个元素为 $Q'^a_{mn}=Q_{mn}^{ah_{mn}}$，式中除法和乘法运算都是在有限域 $GF(q)$ 上进行的。

(3) 校验节点消息更新

$$
\begin{aligned}
R_{mn}^{a} &= P(c_m = 0 \mid x_n = a) \\
&= \sum_{V:x_n=a} P(c_m = \sum_{n' \in \mathrm{N}(m)} h_{mn'} x_{n'} = 0 \mid V) P(V \mid x_n = a) \\
&= \sum_{V:x_n=a} P(c_m = \sum_{n' \in \mathrm{N}(m)} h_{mn'} x_{n'} = 0 \mid V) \prod_{n' \in \mathrm{N}(m)\backslash n} P(x_{n'}) \\
&= \sum_{V:x_n=a} P(c_m = \sum_{n' \in \mathrm{N}(m)} H_{mn'} x_{n'}) \prod_{n' \in \mathrm{N}(m)\backslash n} Q'^{a}_{mn'}
\end{aligned}
$$

式中:V 表示满足第 m 个校验关系 c_m 的所有向量的集合。

(4) 校验节点输出消息置换

与变量节点的消息置换互逆,校验节点的输出消息的置换为

$$
R'^{a}_{mn} = R_{mn}^{a h_{mn}^{-1}}
$$

(5) 变量节点的消息更新

$$
\begin{aligned}
Q_{mn}^{a} &= P(x_n = a \mid \{c_k\}_{k \in M(n)\backslash m}, y_n) \\
&= \frac{P(x_n = a \mid y_n)}{P(\{c_k\}_{k \in M(n)\backslash m} \mid y_n)} P(\{c_k\}_{k \in M(n)\backslash m} \mid x_n = a, y_n) \\
&= \frac{P(x_n = a \mid y_n)}{P(\{c_k\}_{k \in M(n)\backslash m} \mid y_n)} \prod_{k \in M(n)\backslash m} P(c_k \mid x_n = a, y_n) \\
&= \alpha_{mn} f_n^{a} \prod_{k \in M(n)\backslash m} R'^{a}_{kn}
\end{aligned}
$$

式中:α_{mn} 是归一化因子,使得对每一个变量的消息向量满足 $\sum_{a=0}^{q-1} Q_{mn}^{a} = 1$

(6) 判决

$$
P(x_n = a \mid y_n, \{c_k\}_{k \in M(n)}) = z'_n R_{mn}^{a} Q_{mn}^{a} = z'_n f_n^{a} \prod_{k \in M(n)} R_{kn}^{a}
$$

式中:z_n 是归一化常数。

根据后验概率 $P(x_n = a \mid y_n, \{c_k\}_{k \in M(n)})$ 对 x_n 进行硬判决:

$$
\widehat{x}_n = \arg\max_a P(x_n = a \mid y_n, \{c_k\}_{k \in M(n)}) = \arg\max_a R_{mn}^{a} Q_{mn}^{a}
$$

对每一个符号判决之后,就得到了对发送码字的估计 $\widehat{x} = [x_1, x_2, \cdots, x_N]^{\mathrm{T}}$。如果伴随式 $s = H\widehat{x}$ 为全零向量,则译码成功,结束迭代过程;否则,返回到第二步进行下一轮的迭代直至达到最大迭代次数或译码成功为止。如果达到最大迭代次数之后译码仍然没有成功,则译码失败。

由于 $a \in GF(q)$,设检验方程变形为

$$
h_{m,1} x_1 + h_{m,2} x_2 + \cdots + h_{m,L} x_L = h_{m,n} x_n
$$

变形后得

$$
(h_{m,1} x_1 + h_{m,2} x_2 + \cdots + h_{m,L} x_L) h_{m,n}^{-1} = x_n = a \tag{3-14}
$$

满足上式的 x 的组合可能有 q^L 个,对式(3-14)的计算就寻找这些可能的组合,如果

直接实现上式的计算,复杂度为 $O(q^{d_c-1})$,在阶数 q 增大时计算量相当大。因此在第五章将介绍两种快速的译码算法。

3.3.2 多元 LDPC 码 LOG – BP 译码算法

多元 LDPC 码 BP 译码算法中,对消息的计算存在大量的乘法运算,实现复杂度高。另外,这种乘法运算,在码长较长时,对精度要求较高,否则迭代运算会出现不稳定现象,影响收敛性。因此,BP 算法实现时对量化效应非常敏感,大量的乘法运算需要消耗更多的时钟周期,且乘法器所消耗的硬件资源也要大大多于加法器所消耗的硬件资源。

所以与二元 LDPC 码的译码类似,对数域的 BP 算法(LOG – BP)是多元 LDPC 码的重要算法之一,他可以将乘法运算加法运算,计算稳定,译码时每次迭代不需要对变量消息做归一化处理。降低了运算量,同时也降低了由于量化带来的性能损失。但是 LOG – BP 的运算复杂度仍然很高,这主要是由于有线域的阶数 q 引起的。

若 AWGN 信道下,BPSK 调制,噪声概率分布为 $N(0,\sigma^2)$,接收端接收到的消息向量为 $y_n=(y_{n,0},y_{n,1},\cdots,y_{n,b-1})$,向量长度为 b,每一个向量对应一个传输的码元 $x_n=(x_{n,0},\cdots,x_{n,b-1})$,则

$$L(x_n=a)=\log\frac{p(y_n/x_n=a)}{p(y_n/x_n=0)},L(q_{mn}^a)=\log\frac{Q_{mn}^a}{Q_{mn}^0},L(r_{mn}^a)=\log\frac{R_{mn}^a}{R_{mn}^0}$$

多元 LDPC 码的对数域 BP 译码算法如下:

(1) 初始化

$$\begin{aligned}L(x_n)&=\ln\frac{p(y_n/x_n=a)}{p(y_n/x_n=0)}\\&=\ln\frac{p(y_{n,0},y_{n,1},\cdots,y_{n,p-1}/x_{n,0}=a_0,\cdots,x_{n,b-1}=a_{p-1})}{p(y_{n,0},y_{n,1},\cdots,y_{n,p-1}/x_{n,0}=0,\cdots,x_{n,b-1}=0)}\\&=\ln\frac{\prod_{i=0}^{b-1}p(y_{n,i}/x_{n,i}=a_i)}{\prod_{i=0}^{b-1}p(y_{n,i}/x_{n,i}=0)}=\sum_{i=0}^{b-1}\frac{2y_{n,i}}{\sigma^2}\end{aligned}\tag{3-15}$$

$$L(q_{mn}^a)=L(v_n);L(r_{mn}^a)=0$$

(2) 校验节点的消息更新

校验节点 m 和与之相连的变量节点 $n_{m,k}$ 在 $GF(q)$ 上引入两个随机变量 $\sigma_{m,n_{m,l}}=\sum_{j\leqslant l}h_{m,n_{m,j}}x_{n_{m,j}}$ 和 $\rho_{m,n_{m,l}}=\sum_{j\geqslant l}h_{m,n_{m,j}}x_{n_{m,j}}$,则它们的概率分布通过下式递归计算。

$$L(\sigma_{m,n_{m,l}})=L(\sigma_{m,n_{m,l-1}}+h_{m,n_{m,l}}x_{n_{m,l}})$$

$$L(\rho_{m,n_{m,l}})=L(\rho_{m,n_{m,l+1}}+h_{m,n_{m,l}}x_{n_{m,l}})$$

从校验节点 m 送给变量节点 $n_{m,k}$ 的消息可以通过下式计算。

$$L(r_{mn}^a)=L(h_{m,n_m}^{-1}\sigma_{m,n_{m,l}}+h_{m,n_m}^{-1}\rho_{m,n_{m,l}})\tag{3-16}$$

这种运算的有效实现可以通过田字运算(box – plus operator)计算(详细内容见第五

章)。

(3) 变量节点的消息更新

$$L(q_{mn}^{a}) = L(x_n) + \sum_{m' \in M(n)\backslash m} L(r_{mn}^{a}) \tag{3-17}$$

(4) 判决

$$L_p(x_n) = L(x_n) + \sum_{m' \in M(n)\backslash m} L(r_{mn}^{a}) \tag{3-18}$$

$$\widehat{x_n} = \arg\max_a L_p(x_n = a)$$

与标准的 BP 译码类似,每一个符号判决完成之后,如果伴随式 $s = H\hat{x}$为全零向量,则译码结束;否则返回到第(2)步进行下一轮迭代直至满足伴随式或到达预设的最大迭代次数,译码结束。如果最后的伴随式为全零向量,译码成功,否则宣告译码失败。

3.4 本章小结

本章是多元 LDPC 码的基本原理和基本编译码过程。介绍了三种描述方式,它们分别是多元 LDPC 码的校验矩阵矩阵描述、Tanner 图描述和度分布函数描述;阐述了多元 LDPC 码的高斯消元编码方法、系统编码方法和三角编码方法;描述了多元 LDPC 码 BPSK 调制下的 BP 译码算法和对数域上的 BP 译码的基本过程。

第 4 章　多元 LDPC 码的构造

LDPC 码的构造就是检验矩阵的构造。本章主要讨论多元 LDPC 码的校验矩阵的随机构造方法、结构化构造方法和基于重复加权累加器的半随机构造方法。

4.1　多元 LDPC 码的随机构造

LDPC 码的校验矩阵 $\boldsymbol{H}$ 的生成方式中，应用最为广泛的当属随机生成方式。随机生成校验矩阵 $\boldsymbol{H}$ 的基本思路如下：首先确定 $\boldsymbol{H}$ 矩阵的基本参数，如帧长、码率、行重和列重，然后先建立一个全 0 的矩阵，再根据列重和行重在该矩阵中随机置一个多进制数。在 $\boldsymbol{H}$ 矩阵的生成过程中，注意消除长为 4 的环和避免变量节点连接的校验方程过于集中，通过这种办法可生成大量的 $\boldsymbol{H}$ 矩阵，然后对这些矩阵进行性能的仿真测试，从这些候选矩阵中挑选出性能最为优良的校验矩阵。经过足够多的重复实验后，挑选出性能优良的 $\boldsymbol{H}$ 矩阵，但是这需要耗费很长的时间，所以在此基础上发展了基于 PEG 方式生成 $\boldsymbol{H}$ 矩阵的方法。另外，在非零元素完全随机选择的基础上，Davey 和 MacKay 给出了一种基于特殊分布的改进方式，该分布可以进一步改善码的性能。

4.1.1　基于最大信息熵的构造

基于最大信息熵来构造 LDPC 码的校验矩阵，其本质是将边信息熵最大的边所对应的行向量作为校验矩阵的一行，基于此构造出稀疏校验矩阵，从而得到 LDPC 码的校验矩阵。

基于最大信息熵的随机构造方法可描述为：首先假定一种特定的信道模型，如二进制对称信道，然后针对奇偶校验矩阵的一行中的 k 个非零元素的不同分布选择，检查伴随式向量的每个元素边信息熵。选择最大边信息熵所对应的非零元素组作为 LDPC 码校验矩阵中行向量的非零元素。这样码字中每行的非零元素就可以从这些向量组中随机抽取。非零元素组成的向量的边信息熵越大，最佳译码器所能获得的性能越逼近香农限。显然，每一行的元素都可以任意改变顺序；每行内的所有 k 个元素都有可以乘以 GF(q) 内的任意非零元素，从而获得同样性能的行。LDPC 校验矩阵中的行向量的非零元素组将从这些元素组，或者这些元素组与常数相乘的结果，或者这些元素组的随机置换中随机选择。表 4－1 是 GF(16) 和 GF(64) 上行重为 4 和 5 的元素组。

表 4-1　GF(16)和 GF(64)上行重为 4 和 5 的元素组

$k=4$, GF(16)

14 5 3 1	15 5 3 1	14 11 3 1	14 11 8 1

$k=5$, GF(16)

14 5 3 1 1	15 5 5 3 1	11 9 7 3 1	14 11 6 4 1	13 10 8 6 1
14 11 3 1 1	15 6 5 3 1	12 9 7 3 1	13 12 7 4 1	15 10 8 6 1
14 5 3 2 1	9 7 5 3 1	13 11 7 3 1	14 12 7 4 1	14 11 8 6 1
14 6 5 2 1	13 7 5 3 1	14 11 7 3 1	15 12 7 4 1	11 9 8 7 1
14 10 6 2 1	15 8 5 3 1	15 11 7 3 1	15 12 10 4 1	13 11 8 7 1
15 10 6 2 1	14 9 5 3 1	14 12 7 3 1	14 12 11 4 1	14 12 8 7 1
14 11 6 2 1	13 10 5 3 1	14 11 10 3 1	15 8 6 5 1	14 12 10 8 1
14 5 3 3 1	14 13 5 3 1	14 12 10 3 1	14 11 8 5 1	15 12 10 8 1
15 5 3 3 1	13 10 6 3 1	14 14 11 3 1	15 11 8 5 1	14 11 11 8 1
15 5 4 3 1	14 10 6 3 1	15 14 11 3 1	14 12 8 5 1	14 12 11 8 1
	15 10 6 3 1	15 10 6 4 1	15 12 8 5 1	14 14 11 8 1

$k=4$, GF(64)

13 11 7 1	46 28 10 1	59 22 12 1	52 40 29 1
28 23 10 1	14 13 11 1	53 44 24 1	58 52 40 1

$k=5$, GF(64)

31 11 5 3 1	55 21 15 3 1	62 44 10 6 1	62 50 44 35 1	62 58 26 19 1
62 11 5 3 1	45 42 15 3 1	45 42 15 6 1	60 54 18 7 1	38 35 28 23 1
25 15 5 3 1	60 45 20 3 1	53 44 19 6 1	60 44 24 7 1	48 38 28 23 1
29 15 5 3 1	60 55 20 3 1	59 44 40 6 1	43 36 25 7 1	56 38 35 23 1
45 15 5 3 1	55 38 21 3 1	25 21 11 7 1	51 31 20 12 1	44 34 30 24 1
55 15 5 3 1	59 39 23 3 1	50 21 11 7 1	62 44 20 12 1	51 40 31 24 1
58 15 5 3 1	51 46 26 3 1	43 25 11 7 1	51 46 20 12 1	43 36 34 25 1
62 22 5 3 1	56 46 26 3 1	58 18 13 7 1	56 46 20 12 1	60 47 36 7 1
62 27 5 3 1	52 37 31 3 1	58 36 13 7 1	44 34 30 12 1	34 30 27 9 1
62 44 5 3 1	52 51 31 3 1	39 29 18 7 1	62 40 29 13 1	53 27 19 12 1
62 43 9 3 1	53 46 39 3 1	62 27 20 12 1	62 55 26 17 1	60 27 24 7 1
30 29 10 3 1	59 46 39 3 1	62 40 29 26 1	62 52 45 17 1	44 30 24 7 1
45 30 10 3 1	62 39 27 5 1	62 55 41 26 1	39 34 29 18 1	53 44 19 12 1
55 30 10 3 1	62 50 27 5 1	50 44 35 31 1	54 34 30 18 1	
53 46 13 3 1	62 50 44 5 1	62 52 45 34 1	48 28 23 19 1	
45 21 15 3 1	62 27 10 6 1	56 46 38 35 1	62 29 26 19 1	

4.1.2 LDPC 码的 PEG 构造

PEG(Progressive Edge-Growth)是以增加 Tanner 图的周长为目的的随机构造方法。PEG 方法是一种构造 Tanner 图的有效方法,它以保持周长尽可能大为前提逐个增加变量节点和校验节点的边。PEG 方法的执行过程是,首先给定变量节点的数目 n、校验节点的数目 m 和变量节点的分布序列,然后执行边选择程序放置新的边,选择新边时尽可能对 Tanner 图的周长有较小的影响;新边放置好后,继续搜索下一条边,直到所有的变量节点的度数满足预先设定值后算法结束。多元 LDPC 码的 PEG 构造,仅仅将构造二元 LDPC 码的模 2 运算变成了 GF(q)上的加法和乘法运算。在多元 LDPC 码的构造上,使得 Tanner 图的环最大,采用 PEG 算法是增加环的方法之一。

1. 基本概念

LDPC 码的校验矩阵 $\boldsymbol{H}_{m\times n}$ 对应一个 Tanner 图,这个 Tanner 图有 m 个校验节点、n 个符号节点,节点的值都取整数。不妨设 $G=(V,E)$ 表示这一 Tanner 图,其中 $V=V_s\cup V_c$ 为节点集合,$V_s=\{s_0,\cdots,s_{n-1}\}$ 为符号节点集合,$V_c=\{c_0,\cdots,c_{m-1}\}$ 为校验节点集合;$E\subseteq V_s\times V_c$ 表示边的集合,当且仅当 $h_{ij}=1$ 时,边 $(c_i,s_j)\in E, 0\leqslant i\leqslant m-1, 0\leqslant j\leqslant n-1$。如果 Tanner 图的每个符号节点与 d_s 个校验节点相连,且每个校验节点与 d_c 个符号节点相连,则称它为度序列为 (d_s,d_c) 的规则图,否则称为不规则图。定义符号度序列为 $D_s=\{d_{s_0},\cdots,d_{s_{n-1}}\}$,其中 $d_{s_j}(0\leqslant j\leqslant n-1)$ 表示符号节点 s_j 的度,并且 $d_{s_0},\cdots,d_{s_{n-1}}$ 按升序排列,即 $d_{s_0}<d_{s_1}\cdots d_{s_{n-2}}<d_{s_{n-1}}$。再定义奇偶校验节点度序列为 $D_c=\{d_{c_0},\cdots,d_{c_{m-1}}\}$,其中 $d_{c_j}(0\leqslant j\leqslant m-1)$ 表示符号节点 c_j 的度,并且 $d_{c_0},\cdots,d_{c_{m-1}}$ 按升序排列,即 $d_{s_0}<d_{s_1}\cdots d_{s_{n-2}}<d_{s_{n-1}}$。将边的集合根据变量节点集 V_s 表示为 $E=E_{s_0}\cup E_{s_1}\cup\cdots\cup E_{s_{n-1}}$,$E_{s_j}=\{e_{s_j}^k, k=0,1,\cdots,d_{s_j}-1\}$ 表示所有与符号节点 s_j 相连的边,$e_{s_j}^k$ 表示与 s_j 相连的第 k 条边。图 4-1 所示为符号节点度序列为 $D_s=\{2,2,2,2,3,3,3,3\}$ 的非规则 Tanner 图,其中校验节点度序列 $D_c=\{5,5,5,5\}$。

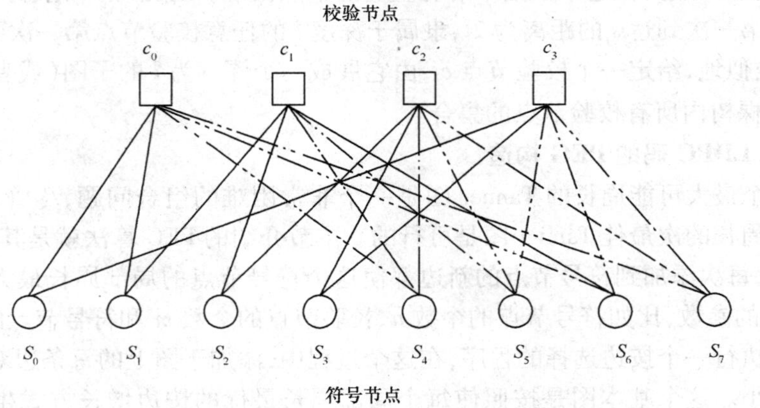

图 4-1 符号节点度序列为 $D_s=\{2,2,2,2,3,3,3,3\}$ 的非规则 Tanner 图

在一个简单图中没有自环(Self-loop);每对节点间最多只有一条边;所有边都是无向的。在一个简单图中,若 (x,y) 是一条边,则称 x、y 相邻。所有与 x 相邻的节点称为 x 的邻接点。一个图的节点集和边集分别是 $G=(V,E)$ 中节点集和边集的子集,那么称该图为 G 的子图。若 $G'=(V',E')$ 是 $G=(V,E)$ 的子图,则对任意 $e\in E'$,与 e 相连的节点均在 V' 中。

对于 Tanner 图中的两个节点 x、y，存在路径将这两个节点相连，则称节点 x、y 是相连的。并且，在连接节点 x、y 的所有路径中，存在一个最短路径，最短路径对应的边的长度定义为节点 x、y 之间的距离，表示为 $d(x,y)$。从 x 出发数条边再到 x 的这种闭合路径称为 x 的一个自环，当然，从 x 不经过任何边直接到 x 不能构成环。周长 g 定义为图中最小环的长度。对于每个符号节点 s_j，局部周长定义为经过 s_j 的最短环的长度，那么周长 $g=\min\limits_j\{g_{s_j}\}$。

通常一类二部图或者 Tanner 图用度分布对来表征，即一个度分布对对应某一类 Tanner 图。对于符号节点，度分布定义为 $\Lambda(x)=\sum\limits_{i\geqslant 2}^{d_s^{\max}}\Lambda_i x^i$，$\Lambda_i$ 表示度为 i 的符号节点占总的符号节点的比值。$D_s=\{d_{s_0},\cdots,d_{s_{n-1}}\}$ 为符号节点的度序列的集合，d_{s_j} 为符号节点 s_j 的度数，$d_s^{\max}$ 为 D_s 中的最大值，并且有 $\sum\limits_{i\geqslant 2}^{d_s^{\max}}\Lambda_i=1$。类似的，对于校验节点，度分布定义为 $\Phi(x)=\sum\limits_{i\geqslant 2}^{d_c^{\max}}\Phi_i x^i$，$\Phi_i$ 表示度为 i 的校验节点占总的校验节点的比值。$D_c=\{d_{c_0},\cdots,d_{c_{m-1}}\}$ 为校验节点的度序列的集合，d_{c_i} 为符号节点 c_i 的度数，$d_c^{\max}$ 为 D_c 中的最大值，并且有 $\sum\limits_{i\geqslant 2}^{d_c^{\max}}\Phi_i=1$。

给定一个符号节点 s_j，由它展成一个深度为 l 的子图（或者一棵树），用 $N_{s_i}^l$ 表示在这棵树内所有校验节点的集合。它的补集为 $\overline{N_{s_j}^l}=V_c/N_{s_j}^l$，$V_c$ 中除去 $N_{s_j}^l$ 剩下的校验节点的集合。以 s_j 为根节点生成的子图是采用宽度优先方式；从 s_j 出发遍历所有与 s_j 相关边的边（注：是直接与 s_j 相连的边）。让这些边记为 (s_j,c_{i_1})，(s_j,c_{i_1})，$\cdots$，$(s_j,c_{i_{d_{s_j}}})$，然后遍历所有与节点 $c_{i_1},c_{i_2},\cdots,c_{i_{d_{s_j}}}$ 相连的边，除了 (s_j,c_{i_1})，(s_j,c_{i_2})，$\cdots$，$(s_j,c_{i_{d_{s_j}}})$。这个过程直至达到预定的深度为止。注意：在这个子图中可有重复的节点出现。对图 4-2，隶属于深度 l 的任意符号节点第一次到达 s_j 的距离为 $2l$，隶属于深度 l 的任意校验节点第一次到达 s_j 的距离为 $2l+1$。类似地，给定一个校验节点 c_i，由它展成一个深度为 l 的子图（或者一棵树），用 $N_{s_j}^l$ 表示在这棵树内所有校验节点的集合。

2. 二元 LDPC 码的 PEG 构造

构造一个最大可能周长的 Tanner 图是一个非常困难的组合问题，尽管如此，构造一个相对大的周长的次最佳 Tanner 图是可行的。本节介绍的 PEG 算法就是其中的一种，在这种算法中，每次添加到符号节点的新边都使这个符号节点的局部周长最大化。首先给定 Tanner 图的参数，比如符号节点的个数 n、校验节点的个数 m 和符号节点的度序列 D_s，那么就可以执行一个按边选择的程序，在这个过程中，添加于图上的每条边对周长的影响都尽可能的小。这个基本图是按照使每个局部周长最优的按边增长方式生成的。相应地，这个生成的 Tanner 图被称为 PEG Tanner 图。它的基本思想是：找出与符号节点距离最大的校验节点，然后在这两个节点之间连一条边。

以符号节点 s_j 为根节点的子图在展开之前，必定有一条边已经建立了（这条边是在已生成子图中找度数最小的校验节点，然后与 s_j 相连形成一长边）。要生成的子图中会出现两种情况，一是 $N_{s_j}^l$ 的基数停止增加，但仍小于 m；二是 $\overline{N_{s_j}^l}\neq\phi$，但 $\overline{N_{s_j}^{l+1}}=\phi$。因为，如果

$\overline{N_{s_j}^l} \neq \phi$ 且$\overline{N_{s_j}^{l+1}} = \phi$,则深度为 $l+1$ 子图中一定有校验节点,所有校验节点都在深度不大于 $l+1$ 中;若只有$\overline{N_{s_j}^l} \neq \phi$,则只能说明深度大于 l 还有校验节点,有可能深度大于 $l+1$ 中还有校验节点;若只有$\overline{N_{s_j}^{l+1}} = \phi$ 则不知道校验节点在深度为何值时为止,有可能 l、$l+1$ 都没有,这种情况不可能出现,因为若 l 中没有节点,实际深度达不到 l。对于第一种情况,不是所有的校验节点都能连接到 s_j,所以 PEG 算法选择不能到达 s_j的节点,这样就不会额外增加环。对于第二种情况,所有的校验节点都能够到达 s_j,则取与 s_j距离最长的校验节点,当然这个校验节点隶属于深度 $l+1$,这样由于建立边而形成的环的最大可能长度为 $2(l+2)$。

PEG 算法表示如下:

for($j=0;j<n;j++$)

{

for($k=0;k<d_{s_j};k++$)

{

if($k==0$)　　　　(添加 s_j的第 1 条边)

{添加边 $E_{s_j}^0 \to (c_i, s_j)$,其中 c_i为当前 Tanner 图中度数最小的校验节点}

else　　　　(添加 s_j的第 $k+1$ 条边)

{在当前的 Tanner 图中添加边 $E_{s_j}^0 \to (c_i, s_j)$,c_i的取法:①$N_{s_j}^l$的基数不再增加,但小于 m,则取$\overline{N_{s_j}^l}$中度数最小的校验节点;②$\overline{N_{s_j}^l} \neq \phi$ 但$\overline{N_{s_j}^{l+1}} = \phi$,则取$\overline{N_{s_j}^l}$中度数最小的校验节点。

}

}

}

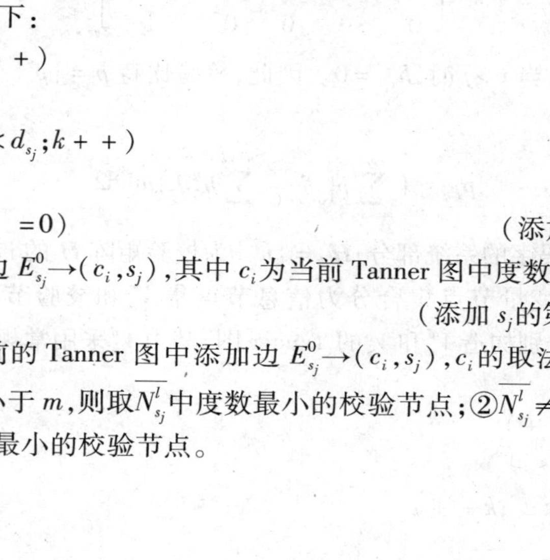

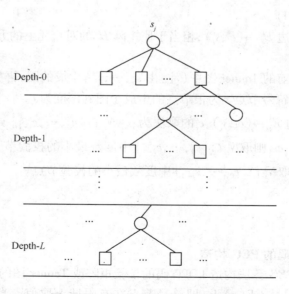

图 4－2　以 s_j为根节点生成的子图

另外,采用 PEG 方法也很容易构造线性编码的 LDPC 码。假定将码字 $\boldsymbol{\omega}$ 表示为 $\boldsymbol{\omega}=(p,d)$,$p$ 是校验位,d 是信息位;将 $\boldsymbol{H}$ 矩阵表示为 $\boldsymbol{H}=[\boldsymbol{H}^p, \boldsymbol{H}^d]$,$\boldsymbol{\omega}$ 与 $\boldsymbol{H}$ 满足关系式(4－1),即

$$\boldsymbol{H}\boldsymbol{\omega}^{\mathrm{T}} = [\boldsymbol{H}^{p}, \boldsymbol{H}^{d}]\boldsymbol{\omega}^{\mathrm{T}} = 0 \tag{4-1}$$

式中：$\boldsymbol{H}^{p}$为一个 $m \times m$ 的三角矩阵，即

$$\boldsymbol{H}^{p} = \begin{bmatrix} 1 & h_{1,2}^{p} & \cdots & \cdots & h_{1,m}^{p} \\ \vdots & 1 & & \cdots & \\ & & 1 & \cdots & \vdots \\ & & 0 & 1 & h_{m-1,m}^{p} \\ 0 & \cdots & 0 & 0 & 1 \end{bmatrix}_{m \times m}$$

当 $i = j$ 时，$h_{i,j} = 1$；当 $i > j$ 时，$h_{i,j} = 0$。因此，校验比特 $p = \{p_i\}$ 可以通过式(4-2)计算得到，即

$$p_i = \left(\sum_{j=i+1}^{m} h_{i,j}^{p} p_j + \sum_{j=1}^{n-m} h_{ij}^{d} d_j\right) \bmod 2 \tag{4-2}$$

式中：$d = \{d_j\}$ 为码字的系统部分；$\boldsymbol{H}_d = \{h_{ij}^{d}\}$ 为校验矩阵 $\boldsymbol{H}$ 的 $m \times (n-m)$ 维块矩阵。

将 Tanner 图中的变量节点集合分为信息节点集 V_s^d 和校验节点集 V_s^p，长度分别为 $(n-m)$、m。分两步分别构造 V_s^d 和 V_s^p 的 Tanner 图，其中 V_s^d 采用常规 PEG 算法构造，而 V_s^p 的构造如下：

```
for(j = 0; j < m; j + +)
{
    for(k = 0; k < d_{s_j}; k + +)
    {
        if(k = = 0)
            {添加边 E^0_{s_j}→(c_j, s_j)，相当于使矩阵 H^p 的对角元上的元素为“1”}
        else
            {在当前的 Tanner 图中(注：由 s_0, …, s_{j-1} 生成的图，再加上 s_j 和边 E^0_{s_j}→(c_j, s_j))，以符号节点 s_j 为根节点的生成子图到深度为 l。
            添加边 E^k_{s_j}→(c_i, s_j)，c_i 的取法为：①\overline{N^l_{s_j}} ∩ {c_0, …, c_{j-1}} ≠ φ 但 \overline{N^{l+1}_{s_j}} ∩ {c_0, …, c_{j-1}} = φ，则取 \overline{N^l_{s_j}} ∩ {c_0, …, c_{j-1}} 中度数最小的校验节点；②N^l_{s_j} 的基数不增长，则取 \overline{N^l_{s_j}} ∩ {c_0, …, c_{j-1}} 中度数最小的校验节点。
            }
    }
}
```

3. 多元 LDPC 码的 PEG 构造

前面考虑了用 PEG 算法构造 LDPC 码的校验矩阵或 Tanner 图的方法，这些方法可以很容易地推广到有限域 GF(q) 上，即符号节点在有限域上取值。当一个符号从有限域 GF(q) 中取值(其中 $q = 2^b, b > 1$)，那么它可以被描述成一个 b 位的二进制字符串，这样就可以用二进制信道来传输一个 q 进制符号。解码器将连续的 b 位 $(y_0, y_1, \cdots, y_{b-1})$ 当做一个 q 进制符号，并假定其先验概率分布，即

$$f^x := \prod_{i=0}^{b-1} f_{y_i}^{x_i} \tag{4-3}$$

式中：$(x_0, x_1, \cdots, x_{b-1})$为符号 x 的二进制表示；$f_{y_i}^{x_i}$为 q 进制符号的第 i 位取 x_i的概率。

下面是有限域 GF(q)上基于 PEG 算法的 LDPC 码的构造。给定符号节点的个数 n，校验节点的个数 m，和变量节点的度序列，Tanner 图的构造仍然按照与二元相同的方式进行，即每添加一条边对 Tanner 图周长的影响都尽可能小。按照这种方式，Tanner 图不仅周长很大，而且周长的分布也很好。在有限域 GF(q)上，校验矩阵上非零元素由 PEG Tanner 图决定，它们在有限域 GF(q)的非零值中随机取值。

表 4-2 列出了在 GF(2^b)上最优码率 1/2 为的非规则 PEG 构造的 LDPC 码，和它们相应的变量节点的度序列。比较 GF(2^b)上码长为 n 个符号的码与码长为 nb 的二元码性能，结果表明在高阶域上用 PEG 算法编的码字明显比二进制的要好。PEG 算法不仅最优化非规则度序列，同时也最大化周长，随着有限域阶数的增加，码字的性能提高不明显，同时最优的度序列也导致校验矩阵的列重减小。如果有限域的阶数足够大，则非规则的度分布显的不是很重要，这时一个度为 2 的规则多元 LDPC 码是最优的。

表 4-2　PEG 构造的码率 1/2 的 GF(2^b)非规则 LDPC 码及其符号节点度分布

有限块	(n,m)	符号节点度的分布	平均符号度
GF(2)	(1008,504)	$0.47532x^2+0.279537x^3+0.00348672x^4+0.10889x^5+0.101385x^5$	3.994
GF(8)	(336,168)	$0.643772x^2+0.149719x^3+0.193001x^4+0.013508x^5$	2.5762
GF(32)	(252,126)	$0.772739x^2+0.102863x^3+0.113797x^4+0.010601x^5$	2.3623
GF(64)	(202,101)	$0.84884x^2+0.142034x^3+0.009126x^4$	2.16.3
GF(32)	(168,84)	$0.94x^2+0.05x^3+0.01x^4$	2.07

图 4-3 显示了用 PEG 算法构造的码率为 1/2 的非规则多元 LDPC 码在 AWGN 信道下的性能曲线。从图 4-3 可以看出，在相同的误码率的情况下，GF(2^b)LDPC 码的信噪

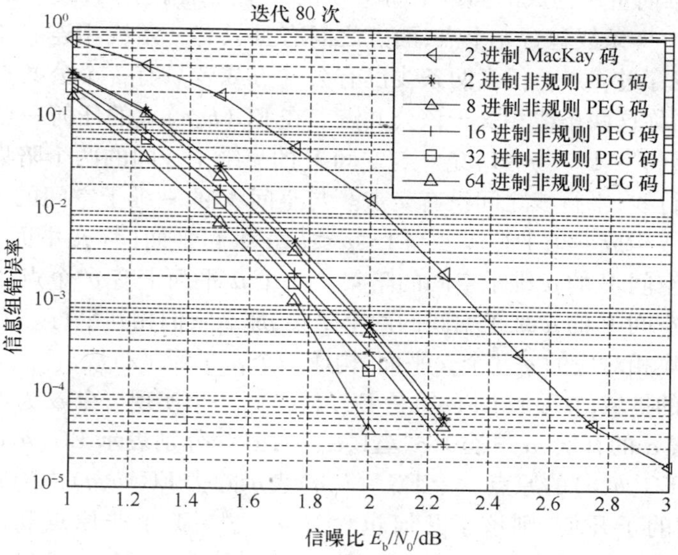

图 4-3　PEG 算法构造的非规则 LDPC 码通过 AWGN 信道的性能曲线

比比二进制 LDPC 码的信噪比降低了 0.25dB，比 MacKay 码的信噪比降低了大约 0.75dB。$GF(2^b)$ LDPC 码在信噪比 $E_b/N_0=2$dB 时，误码率小于 10^{-4}。

4.2 多元 LDPC 码的结构化构造

结构化 LDPC 码可采用几何方法、图论方法、群论方法、实验设计方法及置换方法等来设计构造。无论采用哪种方法，其目的都是为了增大 Tanner 图中的环，优化码的节点度分布，在具有良好译码性能的同时还要有较小的实现复杂度。下面主要介绍欧几里德几何和有限域上矩阵弥散构造的多元 LDPC 码。

4.2.1 多元 EG－LDPC 码

Kou、Lin 和 Fossorier 第一次系统地研究了基于有限几何（Finite-Geometry）的 LDPC 码构造方法。这类有限几何 LDPC 码最小汉明距离好，Tanner 图不包含短环，特别是四环。这些码可以用多种方式进行译码，随着译码复杂度的增加，得到的纠错性能也大幅度提高。特别是，这些码具有循环或者准循环特性，只需要若干个线性移位寄存器即可实现编码，部分基于有限几何的长码具有接近香农限的出色性能。

下面介绍两类基于欧几里德几何构造的多元 EG－LDPC 码，它们的 Tanner 图对偶。EG－LDPC 码是基于有限几何中的点和线进行构造的 LDPC 码。下面首先给出有限域上欧几里德几何（Euclidean Geometries）的主要参数描述，然后给出两类基于这种几何点和线构造的多元循环 LDPC 码。

设 $GF(q)$ 是包含 q 个元素的伽罗华域，其中，q 是一个素数的幂。$GF(q)$ 上的 b 维欧几里德几何空间，记为 $EG(b,q)$，由 q^b 个点和 $J=q^{b-1}(q^b-1)/(q-1)$ 条线构成。一个点就是 $GF(q)$ 上的一个 b 维向量，全零 b 维向量是该几何空间的原点。$EG(b,q)$ 上的线是 $GF(q)$ 上所有 b 维向量所构成的向量空间 $\boldsymbol{V}$ 中的一个一维子空间，或者是空间 $\boldsymbol{V}$ 上的一维子空间的陪集。一条线包含 q 个点，两点之间有且只有一条线相连。如果 p 是线 L 上的点，则称这条线穿过 p 点。任意两条线没有公共点或者只有一个公共点。如果两条线有一个公共点，则称这两条线相交于该公共点。在 $EG(b,q)$ 上的任何一点，穿过（或相交于）它的线有 $K=(q^b-1)/(q-1)$ 条。与空间 $\boldsymbol{V}$ 的一维子空间的两个陪集相对应的两条线被称为两条平行线；平行线之间没有交点。与空间 $\boldsymbol{V}$ 的一维子空间的 q^b-1 个陪集相对应的所有平行线构成一个平行簇。当 $1\leqslant\mu\leqslant b$，μ 维超平面（称 μ 平面）是一个 μ 维子空间或者是向量空间 $\boldsymbol{V}$ 的 μ 维子空间的陪集。一个 μ 平面上有 q^μ 个点。如果两个 μ 平面分别属于向量空间 $\boldsymbol{V}$ 的 μ 维子空间的两个陪集，那么它们相互平行。而与 $\boldsymbol{V}$ 中 μ 维子空间的 $q^{b-\mu}$ 个陪集相对应的 $q^{b-\mu}$ 个 μ 平面，构成一个 μ 平面平行簇。

作为 $GF(q)$ 的扩域，有限域 $GF(q^b)$ 是 $EG(b,q)$ 的一个实现。令 α 为伽罗华域$GF(q^b)$ 的本原元，则元素 α 的幂次，$\alpha^{-\infty}\triangleq 0,\alpha^0\triangleq 1,\alpha,\cdots,\alpha^{q^b-2}$ 分别表示 $EG(b,q)$ 中的 q^b 个点，其中，$0=\alpha^{-\infty}$ 为 $EG(b,q)$ 的原点。令 $EG^*(b,q)$ 表示除去 $EG(b,q)$ 中的原点及通过该点的所有线所得到的子几何，则该子几何包含有 $n=q^b-1$ 个非原点和 $J_0=(q^{b-1}-1)(q^b-1)/(q-1)$ 条不通过原点的线。定义 $L=\{\alpha^{j_1},\alpha^{j_2},\cdots,\alpha^{j_q}\}$ 为 $EG^*(b,q)$ 上一条线，这条线包含点 $\alpha^{j_1},\alpha^{j_2},\cdots,\alpha^{j_q}$，且 $0\leqslant j_1,j_2,\cdots,j_q<q^b-1$。基于线 L 上的点，定义 $EG(q^b)$ 上的

(q^b-1)维向量：$\boldsymbol{V}_L=(V_0,V_1,V_2,\cdots,V_{q^b-2})$，$V_1,V_2,\cdots,V_{q^b-2}$分别对应 $\mathrm{EG}^*(b,q)$上的(q^b-1)个非原点 $\alpha^0,\alpha^1,\cdots,\alpha^{q^b-2}$，第$j_1,j_2,\cdots,j_q$个分量分别为 $V_{j_1}=\alpha^{j_1},V_{j_2}=\alpha^{j_2},\cdots,V_{j_q}=\alpha^{j_q}$，其他分量均为零。这个$(q^b-1)$维向量 $\boldsymbol{V}(L)$称为线 L 的 q^b元关联向量，该向量表示出在线 L 上的 q 个点，点的位置和值由 $\mathrm{GF}(q^b)$中的元素表示。

当$0\leqslant t<q^b-1$，对于 $\mathrm{EG}^*(b,q)$中的一条给定的线 $L=\{\alpha^{j_1},\alpha^{j_2},\cdots,\alpha^{j_q}\}$，包含 q 个点的点集 $\alpha^tL\triangleq\{\alpha^{j_1+t},\alpha^{j_2+t},\cdots,\alpha^{j_q+t}\}$也构成 $\mathrm{EG}^*(b,q)$上的一条线，其中(j_k+t)是对(q^b-1)取模。此外，$L,\alpha L,\cdots,\alpha^{q^b-2}L$ 是 $\mathrm{EG}^*(b,q)$上(q^b-1)条不同的线。根据前面 $\mathrm{EG}^*(b,q)$域上线 L 的 q^b元关联向量的定义，$0\leqslant t<q^b-1$ 时，线 $\alpha^{t+1}L$ 的 q^b元关联向量 $\boldsymbol{V}(\alpha^{t+1}L)$是线 α^tL 上 q^b元关联向量 $\boldsymbol{V}(\alpha^tL)$乘以 α（即 $\boldsymbol{V}(\alpha^tL)$的每个分量乘以 α）后的向右循环移位（右移一位）。注意：$\boldsymbol{V}(\alpha^{q^b-1}L)=\boldsymbol{V}(L)$，表示线 L 上 q^m元关联向量 $\boldsymbol{V}(L)$是线 $\alpha^{q^b-2}L$ 的 q^b元关联向量 $\boldsymbol{V}(\alpha^{q^b-2}L)$乘以 α 后的向右循环移位。

(q^b-1)条线 $L,\alpha L,\cdots,\alpha^{q^b-2}L$ 的 q^b元关联向量构成一个乘 α 的循环类，$\mathrm{EG}^*(b,q)$中线 J_0的 q^b元关联向量可被分配到 $K_1=(q^{b-1}-1)/(q-1)$个乘 α 循环类 $S_1,S_2,\cdots,S_{K_1}$中，其中乘 α 循环类 $S_1,S_2,\cdots,S_{K_1}$有以下性质：

(1) 每类 S_i包含 $\mathrm{EG}^*(b,q)$上的(q^b-1)条不同线的(q^b-1)个关联向量。

(2) 每类 S_i可通过将该类上任何一个 q^b元关联向量循环移动 q^b-1 次，且每一次循环移动都乘以一个 α 而得到。

(3) 既然 $\mathrm{EG}^*(b,q)$的任何两条线的公共点都不会超过一个，那么任何两个不管是来自同类 S_i还是不同类 S_i和 S_K的 q^b元关联向量，它们含有相同非零元素的位置都不会超过一个。

4.2.1.1　多元循环 EG－LDPC 码

当$1\leqslant i\leqslant K_1$时，在 $\mathrm{GF}(q^b)$上构造出一个$(q^b-1)\times(q^b-1)$的矩阵 $\boldsymbol{M}_i$，乘 α 循环类 S_i的 q^b元关联向量以循环的次序安排在行上。$\boldsymbol{M}_i$是一个典型的循环阵，它的每一行都是其上一行乘 α 后的向右循环移位，$\boldsymbol{M}_i$的行重和列重都是 q，则称 $\boldsymbol{M}_i$为一个乘 α 的循环阵。当$1\leqslant l\leqslant K_1$时，在 $\mathrm{GF}(q^b)$上构造出一个 $l(q^b-1)\times(q^b-1)$的矩阵 $\boldsymbol{H}_{\mathrm{EG},C}(l)$，$\boldsymbol{M}_1^{\mathrm{T}},\boldsymbol{M}_2^{\mathrm{T}},\cdots,\boldsymbol{M}_l^{\mathrm{T}}$作为子矩阵排列在该矩阵的每一列中，即

$$\boldsymbol{H}_{\mathrm{EG},C}(l)=[\boldsymbol{M}_1^{\mathrm{T}},\boldsymbol{M}_2^{\mathrm{T}},\cdots,\boldsymbol{M}_l^{\mathrm{T}}]^{\mathrm{T}}\tag{4-4}$$

由 $\mathrm{EG}^*(b,q)$中线的结构特性和循环类 $S_1,S_2,\cdots,S_{K_1}$中的 q^b元关联向量（Incidence Vector）可知，$\boldsymbol{H}_{\mathrm{EG},C}(l)$满足 RC 约束。$\boldsymbol{H}_{\mathrm{EG},C}(l)$的列重和行重分别为 lq 和 q。

$\boldsymbol{H}_{\mathrm{EG},C}(l)$在 $\mathrm{GF}(q^b)$上的零空间给出一个长为 q^b-1，最小距离至少为$(lq+1)$的 q^b元循环 EG－LDPC 码 $C_{\mathrm{EG},C}(l)$，其 Tanner 图包含的最小环长为 6。既然 $C_{\mathrm{EG},C}(l)$是循环的，那么它可由其生成多项式唯一确定。在 $\mathrm{GF}(q^b)$上用度不大于(q^m-2)的多项式来表示 $\boldsymbol{H}_{\mathrm{EG},C}(l)$的每一行，并称其为行多项式。令 $h(X)$为 $\boldsymbol{H}_{\mathrm{EG},C}(l)$行多项式的最大公因项，$h^*(X)$为 $h(X)$的反多项式，则 $C_{\mathrm{EG},C(l)}$的生成多项式为 $g(x)=(x^{q^b}-1)/h^*(x)$，因为 $C_{\mathrm{EG},C}(l)$的码符号字母表大小 q^b比码的长度 q^b稍大，就像循环 RS 码，所以 $C_{\mathrm{EG},C}(l)$是一个类似 RS 循环 LDPC 的构造给出一类 q^b元循环 LDPC 循环 EG－LDPC。

下面用一个例子说明以上基于欧几里德几何中线的 q^b元关联向量的循环 EG－LDPC

码的构造。在有限域 GF(2^s)上利用一个 b 维的欧几里德几何 EG($b,2^s$)(即 q 是 2 的幂)对码进行构造,在这种情况下,每一个码符号可被 bs 个二进制数(或比特)来表示。

例 4-1 考虑 GF(2^3)上的二维欧几里德几何 EG($2,2^3$),其子几何 EG*($2,2^3$)由 EG($2,2^3$)上不经过原点的 63 构成。这 63 上的 64 联向量构成了一个单一的乘 α 循环类。基于这个 64 联向量的单循环类,在 GF(2^6)上构造一个 63×63 的乘 α 循环矩阵 $\boldsymbol{H}_{\mathrm{EG},C}(1)$,其列重和行重均为 8 在 GF($2^6$)上 $\boldsymbol{H}_{\mathrm{EG},C}(1)$的零空间向量给出一个 GF($2^6$)上的(63,37)循环 EG-LDPC 距离至少为 9 生成多项式为

$$g(X)=\alpha^{26}+\alpha^{24}x^{2}+\alpha^{20}x^{6}+\alpha^{16}x^{10}+\alpha^{14}x^{12}+\alpha^{13}x^{13}+\alpha^{12}x^{14}+\alpha^{11}x^{15}+\alpha^{10}x^{16}+\alpha^{2}x^{24}+x^{26} \tag{4-5}$$

式中:α 为有限域 GF(2^6)的本原元。生成多项式 $g(X)$ 有 8 个 α 的连续指数根,即 α^2 ~ α^9,该码的最小距离的 BCH 为 9。在 GF(2^6)上的每一个符号都可以扩展为 6bit。64 元循环 EG-LDPC 码(63,67)由 FFT-QSPA 译出(迭代 50 次),在 AWGN 信道上传输 BPSK 信号,其符号/块差错性能由图 4-4(a)给出。在 BLER $=10^{-6}$ 时,EG-LDPC 码(63,67)距离 SP 界 2.1dB。

作为对比,图 4-4(a)也给出了在 GF(2^6)上的(63,37,27)RS 码采用硬判决的 BM 算法和代数软判决 KV 译码算法的性能。RS 码的 KV 算法包括重数分配算法(Multiplicity Assignment)、插值(Interpolation)和因式分解(Factor)。KV 算法的主要计算复杂度是插值,其复杂度为 $\sigma(\lfloor \lambda \rfloor^4 \times n^2)$,$n$ 为码长,λ 为复杂度参数。性能和复杂度的折中是由复杂度参数 λ 控制的,当 λ 增加时,KV 算法的性能提高,其计算复杂度也随之增加。当 λ 趋于无限时,KV 算法的性能达到其极限值。

在符号错误率(SER)为 10^{-6} 时,与相应的 RS 码相比,64 元(63,37)循环 EG-LDPC 码有大约 2.4dB 的编码增益。同时,编码增益的获得也付出了较高的计算复杂度。图 4-4(b)给出了 64 元(63,37)循环 EG-LDPC 码的迭代译码收敛率。从图上可以看出,EG-LDPC 的译码收敛非常迅速。在 BLER $=10^{-6}$ 处,迭代 3 次与 50 次的性能相差 0.1dB,而迭代 2 次与 50 次的性能相差为 0.6dB。

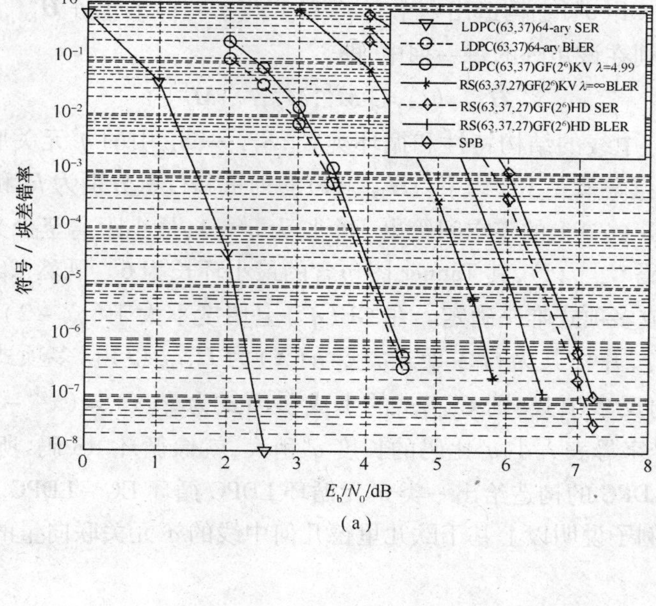

(a)

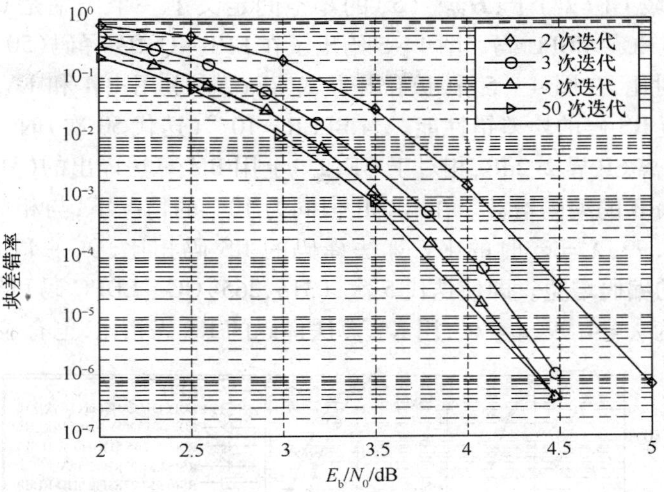

(b)

图 4-4　符号率和块差错性能

(a)(63,37)64 元循环 LDPC 码与(63,37,27)64 元 RS 码误符号率和误块率；

(b)(63,37)64 元循环 LDPC 码的收敛速率。

图 4-4(a)也给出了用代数软判决 KV 算法译出的(63,37,27)RS 码，其插值复杂度 λ 分别为 4.99 和 ∞ 时的块差错性能。当 BLER $=10^{-6}$ 时，与 KV 算法译出的 64 元(63,37,27)RS 码相比，64 元(63,37)循环 EG-LDPC 码的编码增益分别为 1.8dB 和 1.2dB。当 BLER $=10^{-6}$，与插值复杂度系数 $\lambda=4.99$ 的 KV 算法译出的(63,37,27)RS 码相比，(63,37)循环 EG-LDPC 码即使迭代 2 次、3 次也分别有 1.2dB 和 1.7dB 的编码增益。

用 FFT-QSPA 译 q^b 元类 RS 码循环 EG-LDPC 码 $C_{\mathrm{EG},C(l)}$，每次迭代所需的计算复杂度为 $O(lq(q^b-1)q^b\log_2 q^b)$，近似表示为 $O(bk(q^b-1)^2)$，其中 $k=lq\log_2 q$。另外，长为 (q^b-1) 的 q^b 元 RS 循环码，用 KV 算法译码时，插值需要的计算复杂度为 $O(\lfloor\lambda\rfloor^4(q^b-1)^2)$。对于固定的 q、l、λ，两种复杂度都是线性的。尽管 FFT-QSPA 的计算复杂度很高，但是实例研究演示，不管插值复杂度系数如何增加，KV 算法也不能接近 FFT-QSPA 的性能。

4.2.1.2　多元准循环 EG-LDPC 码

对于 $1\leqslant l\leqslant k$，设 $\boldsymbol{H}_{\mathrm{EG},qc}(l)$ 为 $\boldsymbol{H}_{\mathrm{EG},C}(l)$ 的转置，由(4-3)得：$\boldsymbol{H}_{\mathrm{EG},qc}(l)=\boldsymbol{H}^{\mathrm{T}}_{\mathrm{EG},c}(l)=[\boldsymbol{M}_1^{\mathrm{T}}\boldsymbol{M}_2^{\mathrm{T}}\cdots\boldsymbol{M}_l^{\mathrm{T}}]$。$\boldsymbol{H}_{\mathrm{EG},qc}(l)$ 由 l 个乘 α 循环阵组成，是一个在 GF(q^b) 上的 $(q^b-1)\times l(q^b-1)$ 矩阵，它的列重和行重分别为 q 和 lq。$\boldsymbol{H}_{\mathrm{EG},qc}(l)$ 也满足 RC 约束，在 GF(q^b) 上的 $\boldsymbol{H}_{\mathrm{EG},qc}(l)$ 零向量空间使得长为 $l(q^b-1)$ 的准循环 EG-LDPC 码 $C_{\mathrm{EG},C}(l)$ 在 GF(q^b) 上的最小距离至少为 $(q+1)$，这样就构造了一类准循环 EG-LDPC 码。

例 4-2　考虑在 GF(2^2) 上的三维欧几里德几何 EG$(3,2^2)$，其子几何 EG$^*(3,2^2)$ 是由 EG$(3,2^2)$ 上不经过原点的 315 条线构成，每条线上有 4 个点，这些线上的 64 元关联向量可以被分配形成 5 个乘 α 的 63×63 矩阵 $\boldsymbol{M}_1^{\mathrm{T}}\boldsymbol{M}_2^{\mathrm{T}}\boldsymbol{M}_3^{\mathrm{T}}\boldsymbol{M}_4^{\mathrm{T}}\boldsymbol{M}_5^{\mathrm{T}}$，其列重和行重均为 4。选 $l=5$，在 GF(2^6) 则构成一个 63×315 矩阵：$\boldsymbol{H}_{\mathrm{EG},qc}(5)=[\boldsymbol{M}_1^{\mathrm{T}}\boldsymbol{M}_2^{\mathrm{T}}\boldsymbol{M}_3^{\mathrm{T}}\boldsymbol{M}_4^{\mathrm{T}}\boldsymbol{M}_5^{\mathrm{T}}]$，其列重和行重分

别为 4 和 20。在域 GF(2^6)上,$\boldsymbol{H}_{EG,qc}(5)$的零空间定义了一个码率是 0.8412 的 64 元(315,265)准循环 EG - LDPC 码。图 4 - 5 给出了在 FFT - QSPA 译码(50 次迭代)下的块差错性能。作为对比,在图 4 - 5 中也给出了域 GF(2^6)上用 BM 和 KV 算法译码下的(315,265,51)缩短 RS 码的块差错性能。当 BLER = 10^{-5}(迭代 50 次)时,(315,265)QC - LPDC 码的性能距离 SP 界 2.2dB,相对于 GF(2^9)上用 BM 算法译出的(315,265,51)缩短 RS 码,获得了 2.1dB 的编码增益。在 BLER 值同为 10^{-5} 的情况下,与相应的插值复杂度系数分别为 $\lambda = 4.99$,$\lambda = \infty$ 时的 KV 算法译码的 RS 码相比,QC - LDPC 码分别获得 1.8dB 和 1.5dB 的编码增益。即使迭代 5 次,(315,265)QC - LDPC 码和与之对应的插值复杂度系数分别为 $\lambda = 4.99$,$\lambda = \infty$,用 KV 算法译码的 RS 码相比,也有显著的编码增益。

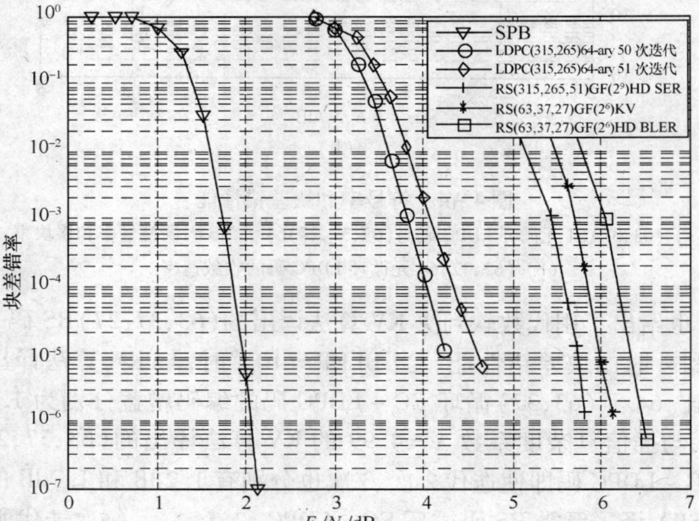

图 4 - 5　在 FFT - QSPA 译码下的块差错性能

4.2.2　矩阵弥散多元 QC - LDPC 码代数构造

基于矩阵弥散(Matrix Dispersion)构造的多元 QC - LDPC 码在短码长时相对于 RS 码,取得了较好的编码增益。当然这是以增加译码复杂度为代价的。下面是基本原理和 3 种构造方法。

设 α 是 GF(q)上的一个本原元,a 的幂形式 $\alpha^{-\infty} = 0, \alpha^0 = 1, \alpha, \cdots, \alpha^{q-2}$,表示出了 GF($q$)上的所有元素,同时 $\alpha^{q-1} = 1$。这 $q-1$ 个 GF(q)上元素形成 GF(q)域上乘法群。对于每一个 GF(q)上的非零元素 $a^i(0 \leqslant i < q-1)$,得到 GF(q)上的($q-1$)重的向量 $\boldsymbol{z}(\alpha^i) = (z_0, z_1, \cdots, z_{q-2})$,它的分量与 GF($q$)上的 $q-1$ 个非零元素对应,除了第 i 个元素 $\boldsymbol{z}^i = \boldsymbol{a}^i$ 外,其他元素全为零。$\boldsymbol{z}(\boldsymbol{a}^i)$的重量为 1。在 GF($q$)上这样的($q-1$)重向量叫做域元素 $\boldsymbol{a}^i$ 的 q 元本地向量。GF(q)上的零元本地向量是由全零元素构成的 $q-1$ 重本地向量 $\boldsymbol{z}(0) = (0, 0, \cdots, 0)$。

设 δ 是 GF(q)上的非零元素,那么域上元素 $\alpha\delta$ 的本地向量 $z(\alpha\delta)$ 是 δ 的本地向量 $z(\delta)$ 并乘以 a 后循环右移的结果。在 GF(q)上构建一个$(q-1) \times (q-1)$的矩阵 $\boldsymbol{A}$,把 δ,

$\alpha\delta,\cdots,\alpha^{q-2}\delta$ 的本地向量作为矩阵 $\boldsymbol{A}$ 的行向量，则 $\boldsymbol{A}$ 的每一行（或每一列）都有且仅有一个元素是非零的。矩阵 $\boldsymbol{A}$ 是一类特殊的循环置换矩阵，它的每一行的元素是由上一行的循环右移并乘以 a 后得到的，第一行是由最后一行乘以 a 后循环右移得到的。称 $\boldsymbol{A}$ 为 q 元乘 a 的循环置换矩阵。这类矩阵是构造 q 元 LDPC 码的基础。

设 a 是 GF(q)上的一个本原元。GF(q)上 $m\times n$ 的矩阵 $\boldsymbol{W}$ 为基矩阵，即

$$\boldsymbol{W}=\begin{bmatrix}\boldsymbol{w}_0\\\boldsymbol{w}_1\\\vdots\\\boldsymbol{w}_{m-1}\end{bmatrix}=\begin{bmatrix}\omega_{0,0} & \omega_{0,1} & \cdots & \omega_{0,n-1}\\\omega_{1,0} & \omega_{1,1} & \cdots & \omega_{1,n-1}\\\cdots & \cdots & \ddots & \cdots\\\omega_{m-1,0} & \omega_{m-1,1} & \cdots & \omega_{m-1,n-1}\end{bmatrix}\tag{4-6}$$

$\boldsymbol{W}$ 具有以下结构特性：

（1）对 $0\leqslant i\leqslant m$ 和 $0\leqslant k,l<q-1$ 且 $k\neq l$，$\alpha^k w_i$ 和 $\alpha^l w_i$ 至少有 $n-1$ 处不同。也就是说，$a^k w_i$ 和 $a^l w_i$ 在 GF(q)上最多有一个相同的符号。

（2）对 $0\leqslant i,j<m$，$i\neq j$ 且 $0\leqslant k,l<q-1$，$\alpha^k w_i$ 和 $\alpha^l w_j$ 至少有 $n-1$ 处不同。

特性（1）表明 $\boldsymbol{W}$ 的每一行最多有一个 GF(q)上的零元。特性（2）表明 $\boldsymbol{W}$ 中的任意两行都有 $n-1$ 个不同之处。特性（1）和（2）表明了 $\boldsymbol{W}$ 的行之间的约束关系，也被称为乘 a 的行约束（1）和（2）。

对于 $\boldsymbol{W}$ 的每一行 w_i，$0\leqslant i<m$，可以得到 GF(q)上的 $(q-1)\times n$ 的矩阵 $\boldsymbol{W}_i$：

$$\boldsymbol{W}_i=\begin{bmatrix}\boldsymbol{w}_i\\\alpha\boldsymbol{w}_i\\\vdots\\\alpha^{q-2}\boldsymbol{w}_i\end{bmatrix}=\begin{bmatrix}\omega_{i,0} & \omega_{i,1} & \cdots & \omega_{i,n-1}\\\alpha\omega_{i,0} & \alpha\omega_{i,1} & \cdots & \alpha\omega_{i,n-1}\\\cdots & \cdots & \ddots & \cdots\\\alpha^{q-2}\omega_{i,0} & \alpha^{q-2}\omega_{i,1} & \cdots & \alpha^{q-2}\omega_{i,n-1}\end{bmatrix}\tag{4-7}$$

它满足在 $\boldsymbol{W}$ 上的乘 a 的行约束（1），即 $\boldsymbol{W}_i$ 的任意不同的两行之间至少有 $n-1$ 处不同。对于 $0\leqslant j<n$，如果 $w_{i,j}$ 是一个 GF(q)上的非零元素，那么第 j 列的 $q-1$ 个元素就构成了 GF(q)上的 $q-1$ 个非零元素。但是，如果 $w_{i,j}=0$，这第 j 列的 $q-1$ 个元素就全为零。这个同样满足乘 a 的行约束（2），即任意两行，$\alpha^k\boldsymbol{w}_i$ 和 $\alpha^l\boldsymbol{w}_j$，来自两个不同的矩阵 $\boldsymbol{W}_i$ 和 $\boldsymbol{W}_j$ 至少有 $n-1$ 处不同。矩阵 $\boldsymbol{W}_i$ 可以很容易地从 $\boldsymbol{W}$ 中的 $\boldsymbol{w}_i$ 的第 i 行做 $q-1$ 次展开。这种行展开称为 $\boldsymbol{w}_i$ 的 $q-1$ 倍垂直扩展。

对于 $0\leqslant i<m$，用 $\boldsymbol{W}_i$ 的 q 元本地向量代替 $\boldsymbol{W}_i$ 中的元素，能得到一个 GF(q)上的 $(q-1)\times n(q-1)$ 的矩阵 $\boldsymbol{Q}_i$，$\boldsymbol{Q}_i=[Q_{i,0},Q_{i,1},\cdots,Q_{i,n-1}]$，它由 GF($q$)上的 n $(q-1)\times(q-1)$ 阶子矩阵的一行 $\boldsymbol{Q}_{i,0},\boldsymbol{Q}_{i,1},\cdots,\boldsymbol{Q}_{i,n-1}$ 组成，它的第 j 个子矩阵 $\boldsymbol{Q}_{i,j}$ 是由 $\boldsymbol{W}_i$ 的第 j 列当作行的 $q-1$ 个元素的 q 元本地向量。如果 $\boldsymbol{W}_i$ 的第 j 列的第一个分量 $w_{i,j}$ 是一个 GF(q)上的非零元素，那么 $\boldsymbol{Q}_{i,j}$ 是一个 GF(q)上的 q 元乘 a 的 $(q-1)\times(q-1)$ 阶循环置换矩阵；否则是一个 $(q-1)\times(q-1)$ 全零矩阵。用 q 元本地向量替换 $\boldsymbol{w}_i$ 的元素的方式称为 q 元水平扩展。

以上构造的关键就是满足上述 a 乘行列约束的基矩阵 $\boldsymbol{W}$ 的生成。

下面构造 GF(q)上 $m \times n$ 的矩阵 $\boldsymbol{H}$，它的每个元素是$(q-1)\times(q-1)$子矩阵，即

$$\boldsymbol{H}=\begin{bmatrix} \boldsymbol{Q}_0 \\ \boldsymbol{Q}_1 \\ \vdots \\ \boldsymbol{Q}_{m-1} \end{bmatrix}=\begin{bmatrix} \boldsymbol{Q}_{0,0} & \boldsymbol{Q}_{0,1} & \vdots & \boldsymbol{Q}_{0,n-1} \\ \boldsymbol{Q}_{1,0} & \boldsymbol{Q}_{1,1} & \vdots & \boldsymbol{Q}_{1,n-1} \\ \vdots & \vdots & \ddots & \vdots \\ \boldsymbol{Q}_{m-1,0} & \boldsymbol{Q}_{m-1,1} & \cdots & \boldsymbol{Q}_{m-1,n-1} \end{bmatrix} \tag{4-8}$$

式中：每一个子矩阵 $\boldsymbol{Q}_{i,j}$ 或者是一个 GF(q)上的 q 元乘 a 的$(q-1)\times(q-1)$阶循环置换矩阵，或者一个$(q-1)\times(q-1)$全零矩阵。$\boldsymbol{H}$ 是一个 $m(q-1)\times n(q-1)$满足 $\boldsymbol{w}$ 的结果性质和 q 元域元素的标准矩阵，即 $\boldsymbol{H}$ 满足 RC 条件。$\boldsymbol{H}$ 可以由 $\boldsymbol{W}$ 的$(q-1)$倍垂直展开和 q 元水平展开组合得到。$\boldsymbol{W}$ 的每个元素是被分为一个 GF(q)上的 q 元乘 α 的$(q-1)\times(q-1)$阶循环置换矩阵，或者一个$(q-1)\times(q-1)$全零矩阵。则称 $\boldsymbol{H}$ 为 $\boldsymbol{W}$ 的 q 元$(q-1)$倍弥散。

对任意的整数对(g,r)且 $1\leqslant\gamma\leqslant m, 1\leqslant\rho\leqslant n$，设 $\boldsymbol{H}(g,r)$是 $\boldsymbol{H}$ 的子矩阵，这样它的每一列包含了至少一个 q 元乘 a 的循环置换矩阵，且每一行也同样包含一个 q 元乘 a 的循环置换矩阵。$\boldsymbol{H}(\gamma,\rho)$也满足 RC 条件，那么 $\boldsymbol{H}(\gamma,\rho)$在 GF($q$)上的零空间就是一个码长为 $r(q-1)$的 q 元 QC_LDPC 码，且它的 Tanner 图中最小环的长度至少为 6。

构造 q 元 QC－LDPC 码的基础是一个在 GF(q)满足两个行约束的特殊矩阵 $\boldsymbol{W}$ 的$(q-1)$倍弥散。矩阵 $\boldsymbol{W}$ 称为基础矩阵。构造满足乘 α 和行约束(1)、(2)的基础矩阵的方法有很多，下面将介绍其中的 3 种。

1. 第一类多元 QC－LDPC 码

假设 $q-1$ 不是素数，把 $q-1$ 分解成两个相关的素数因子 k 和 m，即 $q-1=km$。设 $\beta=\alpha^k, \delta=\alpha^m$，那么 $B=\{\beta^0=1,\beta,\cdots,\beta^{m-1}\}$和 $D=\{\delta^0=1,\delta,\cdots,\delta^{k-1}\}$构成 GF($q$)上乘法群的两个循环子群且 $B\cap D=\{1\}$。对于 $0\leqslant i<k$，$\delta^i B=\{\delta^i,\delta^i\beta,\cdots,\delta^i\beta^{m-1}\}$构成一个 B 的乘性陪集。GF(q)上的 $k\times(m+1)$矩阵 $\boldsymbol{W}^{(1)}$ 为

$$\boldsymbol{W}^{(1)}=\begin{bmatrix} \boldsymbol{w}_0 \\ \boldsymbol{w}_1 \\ \vdots \\ \boldsymbol{w}_{k-1} \end{bmatrix}=\begin{bmatrix} 0 & \beta-1 & \cdots & \beta^{m-1}-1 & -1 \\ \delta-1 & \delta\beta-1 & \cdots & \delta\beta^{m-1}-1 & -1 \\ \vdots & \vdots & \ddots & \vdots & \vdots \\ \delta^{k-1}-1 & \delta^{k-1}\beta-1 & \cdots & \delta^{k-1}\beta^{m-1}-1 & -1 \end{bmatrix} \tag{4-9}$$

$\boldsymbol{W}^{(1)}$ 有以下的结构性质：

(1) 两行之间恰有 m 个不同。

(2) 任意两列处处不同。

(3) 一列中的 k 个元素全不同(除最后一列)。

(4) 一行中的所有元素不同。

(5) 除了最后一列的“－1”，其余的 GF(q)中的元素都会出现且只出现一次。

(6) GF(q)中的零元出现在 $\boldsymbol{W}^{(1)}$ 的左上角。

很容易证明，$\boldsymbol{W}^{(1)}$ 的行满足乘 a 的行约束(1)和(2)。

如果用 $q-1$ 倍垂直和水平展开来扩展矩阵 $\boldsymbol{W}^{(1)}$，就可以从一个 GF(q)上的 $k(m+$

1) -1 元乘 a 的$(q-1)\times(q-1)$循环置换矩阵得到一个 $k\times(m+1)$阵列 $\boldsymbol{H}^{(1)}=[\boldsymbol{Q}_{i,j}]$和一个单独的$(q-1)\times(q-1)$的零矩阵 $\boldsymbol{Q}_{0,0}$在阵列的左上角。$\boldsymbol{H}^{(1)}$是一个 GF(q)上的 $k(q-1)\times(m+1)(q-1)$的矩阵。$\boldsymbol{H}^{(1)}$的前 $q-1$ 列的列重为 $k-1$ 并且其余的列重为 k；前 $q-1$ 行的行重为 m，其余行的行重为 $m+1$。

对任意的整数对 γ 和 ρ，且 $1\leqslant\gamma\leqslant k, 1\leqslant\rho\leqslant m+1$。设 $\boldsymbol{H}^{(1)}(\gamma,\rho)$是 $\boldsymbol{H}^{(1)}$的一个 $\gamma\times\rho$ 的子阵列。$\boldsymbol{H}^{(1)}(\gamma,\rho)$是 GF($q$)上的一个 $\gamma(q-1)\times\rho(q-1)$的矩阵。如果 $\boldsymbol{H}^{(1)}(\gamma,\rho)$不包含零子矩阵 $\boldsymbol{Q}_{0,0}$，那么 $\boldsymbol{H}^{(1)}(\gamma,\rho)$是一个规则矩阵，并且它的列重和行重分别是 γ 和 ρ，否则它将有两列的列重为 $\gamma-1$ 和 γ，两行的行重为 $\rho-1$ 和 ρ。GF(q)上的 $\boldsymbol{H}^{(1)}(\gamma,\rho)$的零空间给出了一个 GF($q$)上的码长为 $\rho(q-1)$、码率至少为$(\rho-\gamma)/\gamma$、最小码距至少是 $\gamma+1$(规则情况)或 γ 非规则情况的一个 QC－LDPC 码 C。以上构造方法构造出的就是第一类多元 QC－LDPC 码。

例 4－3 域 GF(2^6)上的 QC－LDPC 码。

$2^6-1=63$ 分解为两个相关的素数 7 和 9。令 $k=7, m=9$，构造一个 GF(2^6)上的 7×10 阵列 $\boldsymbol{H}^{(1)}=[\boldsymbol{Q}_{i,j}]$，具有 69 个乘 a 的 63×63 的循环置换矩阵和一个单独的 63×63 的零矩阵 $\boldsymbol{Q}_{0,0}$。选择 $\gamma=4, \rho=9$，从 $\boldsymbol{H}^{(1)}$中选择一个 4×9 的子阵列 $\boldsymbol{H}^{(1)}(4,9)$，为避免零矩阵 $\boldsymbol{Q}_{0,0}$，选择 $\boldsymbol{H}^{(1)}$的前 4 行并删除第一列。$\boldsymbol{H}^{(1)}(4,9)$是一个 GF($2^6$)上的 252×567 且列重为 4、行重为 9 的矩阵。GF(2^6)上的 $\boldsymbol{H}^{(1)}(4,9)$的零空间是一个码率为 0.5873 的 64 元(567,333)QC－LDPC 码 C。若用 BPSK 调制在 AWGN 信道上传输。每个码元符号扩展为 6bit。此码采用 FFT－QSPA 译码的性能，如图 4－6 所示。同时，图 4－6 也给出了 GF(2^{10})上的(567,333,235)的截短 RS 码的性能曲线。在 BER 或 SER 为 10^{-6}时，与 GF(2^{10})上的(567,333,235)的截短 RS 码比较，64 元的 QC－LDPC 码获得 2.7dB 的编码增益，付出的代价是更大译码计算复杂度。

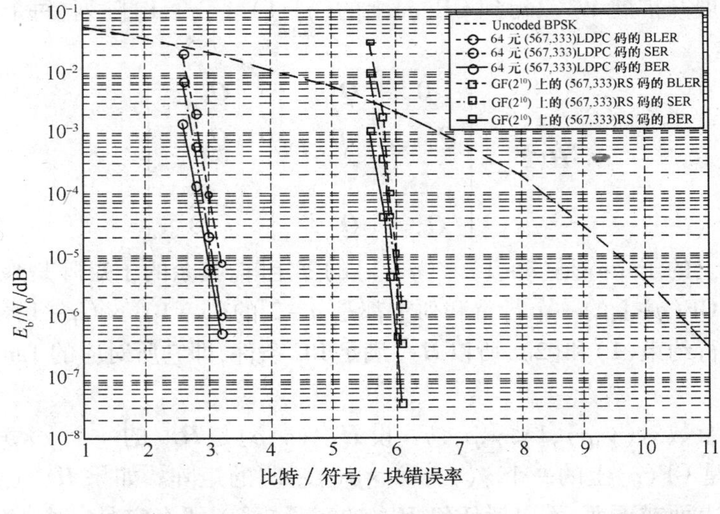

图 4－6 例 4－3 中的 GF(2^6)上的(567,333)QC－LDPC 码性能曲线

2. 第二类多元 QC－LDPC 码

设 a 是 GF(q)上的一个本原元，$q-1$ 个非零元素 $a^0=1, a, \cdots, a^{q-2}$形成了 GF($q$)上

的乘法群。GF(q)上的 $q-1$ 重定义为 $\boldsymbol{w}_0=(\alpha^0-1,\alpha-1,\cdots,\alpha^{q-2}-1)$。用 $\boldsymbol{w}_0$ 和它的 $(q-2)$ 次循环右移，$\boldsymbol{w}_1,\cdots,\boldsymbol{w}_{q-2}$ 作为行来构成以下的 GF(q)上的 $(q-1)\times(q-1)$ 矩阵 $\boldsymbol{W}^{(2)}$，即

$$\boldsymbol{W}^{(2)}=\begin{bmatrix}\boldsymbol{w}_0\\ \boldsymbol{w}_1\\ \vdots\\ \boldsymbol{w}_{q-2}\end{bmatrix}=\begin{bmatrix}\alpha^0-1 & \alpha-1 & \cdots & \alpha^{q-2}-1\\ \alpha^{q-2}-1 & \alpha^0-1 & \cdots & \alpha^{q-3}-1\\ \vdots & \vdots & \ddots & \vdots\\ \alpha-1 & \alpha^2-1 & \cdots & \alpha^0-1\end{bmatrix} \tag{4-10}$$

$\boldsymbol{W}^{(2)}$ 的列是 $0\sim(q-2)$。矩阵 $\boldsymbol{W}$ 有以下的结构性质：

(1) 任意两行处处不同。

(2) 任意两列处处不同。

(3) 每一列(行)中的所有 $(q-1)$ 个元素是 GF(q)中的不同的元素。

(4) 每一行(列)有且仅有一个零元。

(5) 所有的零元位于 $\boldsymbol{W}$ 的主对角线上。

性质(1)表明 $\boldsymbol{W}^{(2)}$ 的行满足在第 4 部分定义的行约束 1，引理 1 将证明 $\boldsymbol{W}^{(2)}$ 的行满足行约束 2。

引理 1　对于 $0\leqslant i,j,k,l<(q-1)$，$i\neq j$，两个 $(q-1)$ 重向量 $\alpha^k w_i$ 和 $\alpha^l w_j$ 有相同元素的相同位置不会有超过一个，即它们至少有 $q-2$ 处不同。

证明　假设它们有两处不同，设在 s 和 t 处，$0\leqslant s,t<q-1$，$\alpha^k w_i$ 和 $\alpha^l w_j$ 处有相同的元素。那么有 $\alpha^k(\alpha^{s-i}-1)=\alpha^l(\alpha^{s-j}-1)$ 和 $\alpha^k(\alpha^{t-i}-1)=\alpha^l(\alpha^{t-j}-1)$。这两个等式表明 $i=j$ 或者 $s=t$，这与假设 $i\neq j$、$s\neq t$ 相矛盾，所以定理成立。

$\boldsymbol{W}$ 满足其结构性质和引理 1，所以 $\boldsymbol{W}$ 满足行约束(1)和(2)。用第 3 部分讲的 $q-1$ 倍垂直和水平展开扩展 $\boldsymbol{W}^{(2)}$，得到 GF(q)上的 $(q-1)\times(q-1)$ 阵列，每个子矩阵为 $(q-1)\times(q-1)$ 维。

$$\boldsymbol{H}(2)=\begin{bmatrix}0 & \boldsymbol{Q}_{0,1} & \cdots & \boldsymbol{Q}_{0,q-2}\\ \boldsymbol{Q}_{0,q-2} & 0 & \cdots & \boldsymbol{Q}_{0,q-3}\\ \vdots & \vdots & \ddots & \vdots\\ \boldsymbol{Q}_{0,1} & \boldsymbol{Q}_{0,2} & \cdots & 0\end{bmatrix} \tag{4-11}$$

主对角线上的子矩阵是 $(q-1)\times(q-1)$ 的零矩阵，其余的子矩阵是乘 α 的循环置换矩阵。$\boldsymbol{H}^{(2)}$ 是 GF(q)上的一个行重和列重都是 $q-2$ 的 $(q-1)^2\times(q-1)^2$ 的矩阵。因为 $\boldsymbol{W}^{(2)}$ 同时满足行约束(1)和(2)，所以 $\boldsymbol{H}^{(2)}$ 满足 RC 条件，即它所对应的 Tanner 图上没有 4 环。

对任意的整数对 (γ,ρ)，$1\leqslant\gamma,\rho<q$。设 $\boldsymbol{H}^{(2)}(\gamma,\rho)$ 是 $\boldsymbol{H}^{(2)}$ 的一个 $\gamma\times\rho$ 的子阵列。那么 $\boldsymbol{H}^{(2)}(\gamma,\rho)$ 是 GF(q)上的一个 $\gamma(q-1)\times\rho(q-1)$ 的矩阵。如果 $\boldsymbol{H}^{(2)}(\gamma,\rho)$ 位于 $\boldsymbol{H}^{(2)}$ 的主对角线的上面或下面，不包括任何 $\boldsymbol{H}^{(2)}$ 的零子矩阵，那么它是一个 GF(q)上的列重和行重分别是 γ 和 ρ 的 (γ,ρ) 规则矩阵。因为 $\boldsymbol{H}^{(2)}$ 满足 RC 条件。所以 $\boldsymbol{H}^{(2)}(\gamma,\rho)$ 也满足 RC 条件。因此，GF(q)上的 $\boldsymbol{H}^{(2)}(\gamma,\rho)$ 的零空间可以得到一个码长为 $\rho(q-1)$、码率至少为 $(\rho-\gamma)/\gamma$、最小距离至少为 $\gamma+1$ 的规则 QC-LDPC 码，其 Tanner 图上至少是 6

环。如果 $\boldsymbol{H}^{(2)}(\gamma,\rho)$ 包括了 $\boldsymbol{H}^{(2)}$ 中的部分零矩阵不是全部，则它有两种不同的列重 $\gamma-1$ 和 γ，可能有两种不同的行重 $\rho-1$ 和 ρ。在这种情况下，GF(q)上的 $\boldsymbol{H}^{(2)}(\lambda,\rho)$ 的零空间得到的是一个近规则 q 元 QC－LDPC 码，其最小距离至少是 γ。对于给定的域 GF(q)，一系列的结构相似，不同码长、码率、最小距离的 q 元 QC－LDPC 码可以构造出来。

例 4－4　GF(2^4)域上的 QC－LDPC 码。

由式(4－10)和式(4－11)，在 GF(2^4)上构造一个 15×15 的乘 a 的 15×15 循环置换矩阵的阵列 $\boldsymbol{H}^{(2)}$。假设选择 $\gamma=4$ 和 $\rho=15$。从 $\boldsymbol{H}_{qc}$ 中选择一个 4×15 的子阵列 $\boldsymbol{H}^{(2)}(4,15)$，列是乘 a 循环置换矩阵 $\boldsymbol{H}^{(2)}$ 的前 4 列。那 $\boldsymbol{H}^{(2)}(4,15)$ 是 GF(2^4)上的一个行重 15、列重 3 或 4 的 60×225 的矩阵。GF(2^4)上的 $\boldsymbol{H}^{(2)}(4,15)$ 的零空间构成一个码率是 0.7689 的 16 元(225,173)的 QC－LDPC 码。如果用 BPSK 调制(每个 GF(2^4)上的符号扩展成4b)在 AWGN 信道上传输。此码在 FFT－QSPA 译码并且最大迭代次数为50 的错误性能如图 4－7 所示。

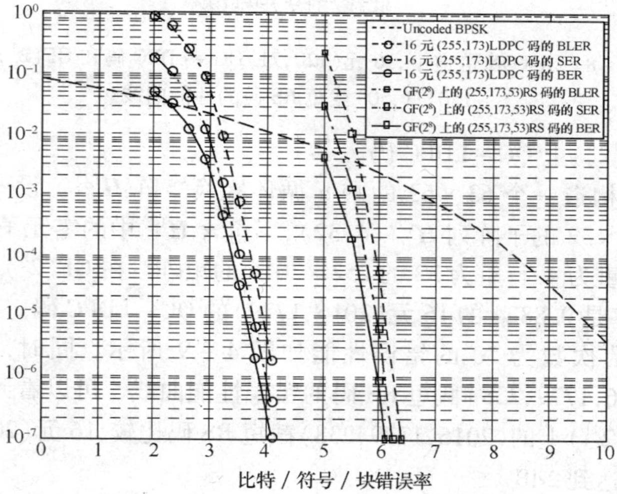

图 4－7　AWGN 信道中，16 元(255,173)QC－LDPC 码和 GF(2^8)上的(255,173,51)截短 RS 码的性能曲线

同时图 4－7 也给出了 GF(2^8)上(225,173,53)截短 RS 码的错误性能曲线。可以看到在 BER 和 BLER(块错误率)等于 10^{-6}时，与 GF(2^8)上的(225,173,53)截短 RS 码比较，16 元(225,173)QC－LDPC 码的编码增益达到 2.1dB。这样的编码增益是以更大的计算复杂度为代价。但是，GF(2^8)上的截短 RS 码比 16 元 QC－LDPC 码符号集大，GF(2^8)上的截短 RS 码比特数是 16 元 QC－LDPC 码的两倍。

例 4－5　在例 4－4 中，假设选择 $\gamma=4$ 和 $\rho=8$，从 $\boldsymbol{H}^{(2)}$ 的右上角选择一个 4×8 的子阵列 $\boldsymbol{H}^{(2)}(4,8)$ 作为奇偶校验矩阵。这个奇偶校验矩阵是 GF(2^4)上列重为 4、行重为 8 的 60×120 的矩阵。在 GF(2^4)上 $\boldsymbol{H}^{(2)}(4,8)$ 的零空间构成一个码率是 0.5917 的 16 元(120,71)QC－LDPC 码。此码在 FFT－QSPA 译码，最大迭代次数为 50 的错误性能如图 4－8 所示。同时，图 4－8 也给出了 GF(2^7)上(120,71,50)截短 RS 码的错误性能曲线。可以看到，在 BER 和 SER 等于 10^{-6}时，与超过了 GF(2^7)上的(120,71,50)截短 RS 码比较，16 元(120,71)QC－LDPC 码的编码增益达到 2.25dB。

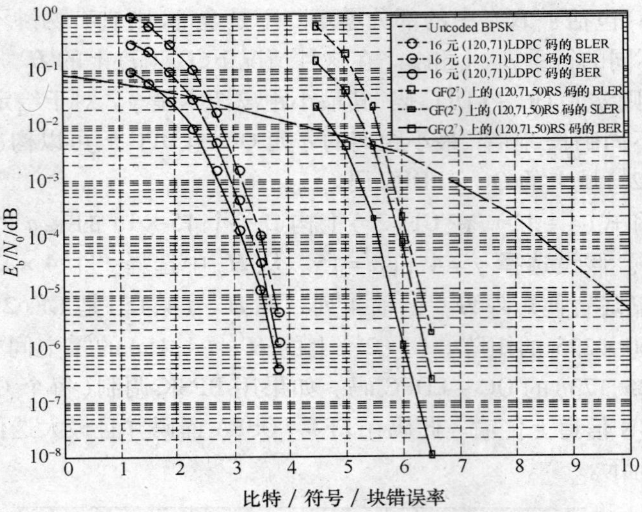

图 4-8　AWGN 信道中,16 元(120,71)QC-LDPC 码和 GF(2^7)上的(120,71,50)截短 RS 码的性能曲线

例 4-6　GF(2^6)上 QC-LDPC 码。

在这个域上,构造一个 63×63 的乘 a 循环置换矩阵 $\boldsymbol{H}^{(2)}$。设 $\gamma=4$ 和 $\rho=32$。从 $\boldsymbol{H}^{(2)}$ 中选择一个 4×32 的子阵列 $\boldsymbol{H}^{(2)}(4,32)$,不包含 $\boldsymbol{H}^{(2)}$ 中的零元子矩阵。$\boldsymbol{H}^{(2)}(4,32)$ 是 GF(2^6)上的列重为 4、行重为 32 的 252×2016 的矩阵。在 GF(2^6)上 $\boldsymbol{H}^{(2)}(4,32)$ 的零空间构成一个码率是 0.8824 的 16 元(2016,1779)的 QC-LDPC 码。此码采用 FFT-QSPA 译码,最大迭代次数为 50 的错误性能如图 4-9 所示。同时,图 4-9 也给出了 GF(2^{11})上的(2016,1779,238)截短 RS 码的错误性能曲线。可以看到在 BER 和 SER 等于 10^{-6} 时,与 GF(2^{11})上的(2016,1779,238)截短 RS 码比较,16 元(2016,1779)QC-LDPC 码的编码增益达到 2dB。

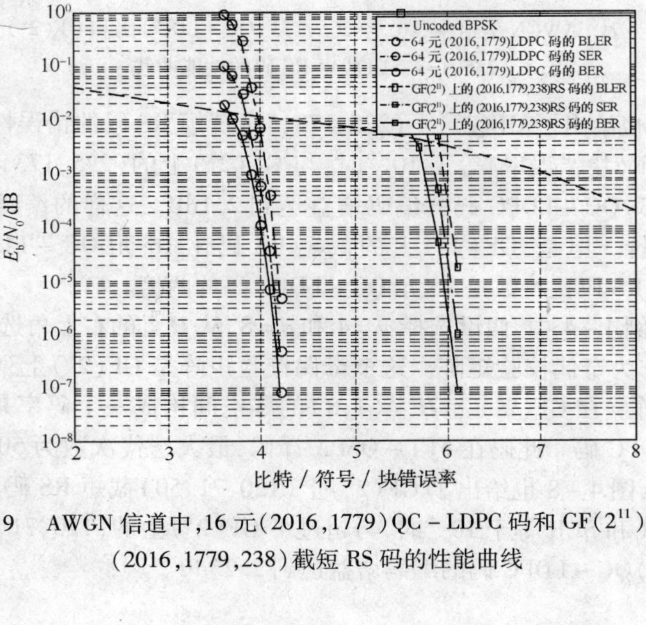

图 4-9　AWGN 信道中,16 元(2016,1779)QC-LDPC 码和 GF(2^{11})上的(2016,1779,238)截短 RS 码的性能曲线

3. 第三类多进制 QC－LDPC 码

设 m 是 $q-1$ 的最大素数因子且 $q-1=cm$。设 α 是 GF(q)上的一个本原元且 $b=a^c$。那么 b 是 GF(q)上阶数为 m 的元素，即 m 是满足 $\beta^m=1$ 的最小正整数。集合 $G_m=\{1,b,b^2,\cdots,b^{m-1}\}$ 构成 GF(q)乘法群的一个的循环子群。对于 $1\leqslant t<m$，构造 GF(q)上以下矩阵，即

$$
\boldsymbol{W}^{(3)}=\begin{bmatrix}\boldsymbol{w}_0\\ \boldsymbol{w}_1\\ \vdots\\ \boldsymbol{w}_{t-1}\end{bmatrix}=\begin{bmatrix}1 & \beta & \beta^2 & \cdots & (\beta)^{m-1}\\ 1 & \beta^2 & (\beta^2)^2 & \cdots & (\beta^2)^{m-1}\\ \vdots & \vdots & \vdots & \ddots & \vdots\\ 1 & \beta^t & (\beta^t)^2 & \cdots & (\beta^t)^{m-1}\end{bmatrix} \tag{4-12}
$$

式中：β 的幂是模 m 的；$\boldsymbol{W}^{(3)}$ 为 GF(q)上非本原 RS 码($m,m-t,t+1$)的奇偶校验矩阵。可以证明，$\boldsymbol{W}^{(3)}$ 满足行约束(1)和(2)。因此，它可以弥散出一类 q 元 QC－LDPC 码的奇偶校验矩阵。这类码也被称为弥散 RS 码。

4.3 多元 RA 码

RA(Repeat Accumulate)码最早是于 1998 年由 D. Divsalar 等提的重复累积码(RA 码)，它是一类特殊的 LDPC 码。这种码的编码器仅由重复器、交织器和累加器组成，编码简单，译码器可以采用 LDPC 码的高速并行译码算法，实现复杂度低。而且研究证明，基于稀疏图的 RA 码具有逼近香农容量限的性能，成为当前编码领域和通信界的研究热点，其扩展方法已经写入数字卫星通信标准 DVB－S2 中。本节主要介绍一种多元 RA 码的构造方法。

4.3.1 多元 RA 码的基本结构

系统多元 RA 码也是一种加权 RA 码，编码器由重复器、交织器、加权器、组合器组成，如图 4－10 所示。

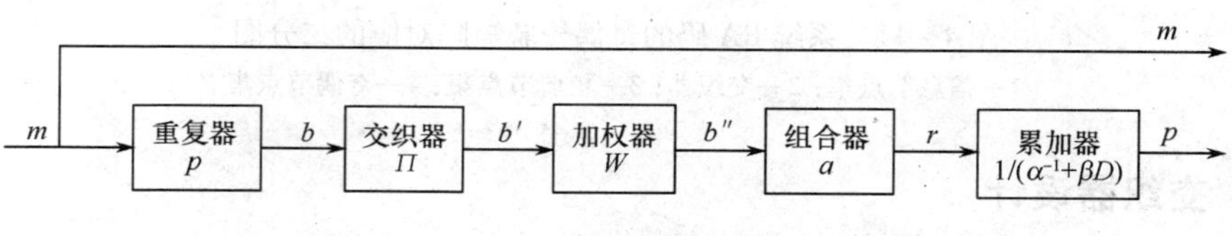

图 4－10 系统多元 RA 码的构成原理

系统 RA 码是由码率为 $\frac{1}{q}$ 的重复码、码率为 1 的卷积码 $\frac{1}{1+D}$(累加器)，通过交织器和组合个数为 a 的组合器连接而成，码率是 $\frac{a}{a+q}$。

采用 LDPC 的置信译码时，编码器的每一个成员设计主要依赖于对应的校验矩阵或者 Tanner 图。因此需要建立编码器与校验矩阵的对应关系，在简单编码的同时，可以实现高性能的快速译码。这种码的校验矩阵可以直接由编码器确定，重复器、交织器、组合

器和累加器一起决定了 RA 码的奇偶校验矩阵 $\boldsymbol{H}=[\boldsymbol{H}_1 \quad \boldsymbol{H}_2]$，其中，$\boldsymbol{H}_1$是列重为 q、行重为 a 的稀疏矩阵，度的分布由交织器决定；$\boldsymbol{H}_2$是一个由累加器决定的双斜对角矩阵。如果建立了系统 RA 码的奇偶校验矩阵，那么与其对应的二分图也就确定了，如图 4-11 所示。奇偶校验矩阵 $\boldsymbol{H}$ 的行与校验节点集 3 对应，列与信息节点集 1 和奇偶节点集 4 对应。当节点集 1 的第 i 个节点和节点集 3 中的第 j 个节点之间存在一条边时，则 $\boldsymbol{H}_1$ 的第 i 列第 j 行的元素为 1。因此，如果二分图中有小环（Small Cycle）存在，那么校验矩阵就有相应分布的 1 与其对应。环指连接校验节点和符号节点的，起始和结束于同一个节点并且不包括重复边的一条路径，环的长度就是边的数量，最小环的长度称为二分图的周长。

$$\boldsymbol{H}_2=\begin{bmatrix} 1 & & & & & \\ 1 & 1 & & & & \\ & 1 & 1 & & & \\ & & 1 & \ddots & & \\ & & & \ddots & 1 & \\ & & & & 1 & 1 \\ & & & & & 1 \quad 1 \end{bmatrix}$$

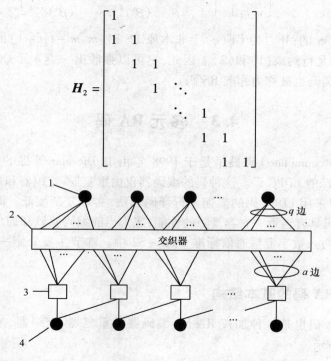

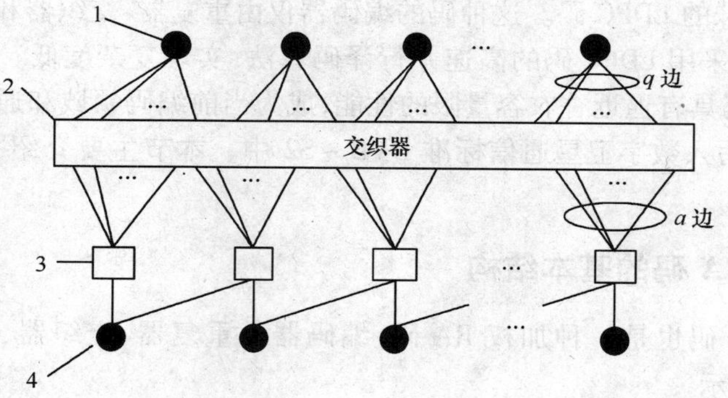

图 4-11　系统 RA 码的奇偶校验矩阵对应的二分图

1—信息节点集；2—交织器；3—校验节点集；4—奇偶节点集。

4.3.2　交织器设计

交织器在 RA 码的构造中至关重要，直接与校验矩阵中的环相关。下面是一个容易消除小环的交织器设计方法。该交织器由一个外部的行列交织器 Π，p 个列内交织器 $\Pi_1,\Pi_2,\cdots,\Pi_q$和一个复用器共同组成，如图 4-12 所示。

具体的设计过程如下：

（1）首先将经过重复器的信息 b 输入到外交织器 Π，Π 是一个 k 行 p 列的行、列交织器，其中每一列都是信息序列 $\boldsymbol{m}=[m_1,\cdots,m_k]$的转置。

（2）将 Π 的每一列进行列内交织。

① 将 Π 的第 1 列经过交织器 Π_1得到 b'_1。

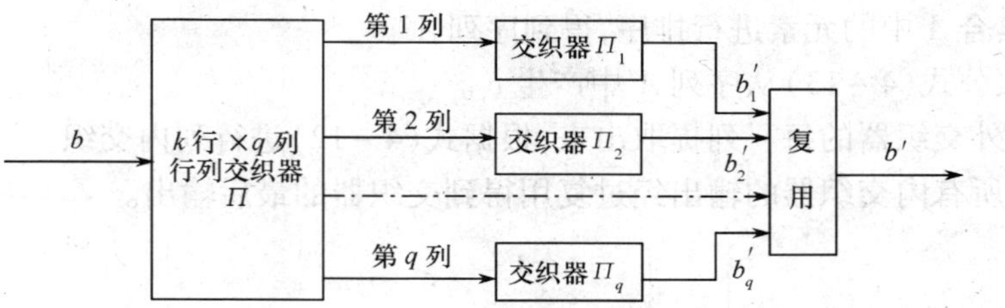

图 4-12　消除小环的交织器设计

② 将 Π 的第 2 列经过交织器 Π_2 得到 b_2'。

③ 依次类推，直到将 Π 的第 p 列经过交织器 Π_q 得到 b_q'。

(3) 将步骤(2)的输出序列 $b_1',b_2',\cdots,b_p'$ 依次复用得到交织器的输出序列 b'。

外交织器 Π 的第 i 列的列内交织器 Π_i 由公式(4-12)确定，即

$$\pi_i(x)=\begin{cases} c_i & ,x=1 \\ (\pi_i(x-1)+c_i)\bmod k & ,x\neq 1 \end{cases} \tag{4-12}$$

式中：$x\in\{1,2,\cdots,k\}$ 为交织前的位置；$\pi_i(x)$ 为经过 Π_i 交织后的位置；c_i 为一个常量，在一个 Π_i 内不变；对于任意两个列内交织器 Π_i 与 Π_j，如果 $i\neq j$，则 $c_i\neq c_j$。如果用 R_i 表示矩阵 $\boldsymbol{H}_1$ 中与交织器 Π_i 对应的行集合(图 4-13)，用 d_i 是 R_i 中相邻两个“1”之间的距离，则从式(4-12)可以看出，对于所有的 $x\in\{1,2,\cdots,k\}$，当 $\pi_i(x)>\pi_i(x-1)$ 时，$d_i=c_i$；当 $\pi_i(x)<\pi_i(x-1)$ 时，$d_i=2^n-(a-1)c_i$。

在交织器的设计中，参数 c_i 的选择是非常重要的，它直接关系着系统 RA 码的环特性。针对这一问题，本发明给出了一种参数 c_i 的生成方法。当 c_i 满足以下 4 个约束条件时，根据式(4-12)设计的列内交织器 Π_i 得到的系统 RA 码没有 4 环。

(1) c_i 为素数，且 $c_i>1$。

(2) $c_i<k/a$。

(3) $d_i\neq a'c_j$。

(4) 满足前 3 条的情况下，只能有一个不大于 a 的 c_i 存在。

其中，$i,j\in\{1,2,\cdots,q\}$，$i\neq j$，$x\in\{1,2,\cdots,k\}$，$a'\in\{1,2,\cdots,a\}$。

由于满足条件的交织器参数 c_i 较多，下面是一种按等间距选取参数的方法，具体步骤如下：

(1) 首先产生满足以上 4 个条件的参数 c_i 的集合 A，集合大小为 M。

(2) 将集合 A 中的元素从小到大依次排列，得到一个序列 A'。

(3) 参数 c_i 根据式(4-13)产生，即

$$c_i=A'(M-(i-1)\times\lceil M/p\rceil) \tag{4-13}$$

式中：$\lceil M/p\rceil$ 为不小于 M/p 的最小整数。

本发明交织器的产生过程概括如下：

(1) 根据码长和重复次数，确定外交织器的行数 k 和列数 q。

(2) 内交织器参数的确定：

① 根据码长、重复次数、组合个数及约束条件①~④确定 c_i 的集合 A。

② 对集合 A 中的元素进行排序，得到序列 A'。

③ 按照公式(4－13)从序列 A' 中产生 c_i。

(3) 将外交织器的每一列提取出来，根据式(4－12)进行列内交织。

(4) 将所有内交织器的输出经过复用得到交织器的最后输出。

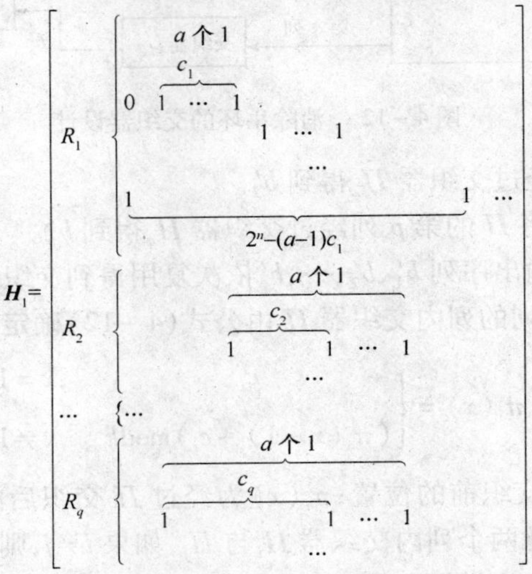

图 4－13　与交织器 Π_i 对应的校验矩阵 $\boldsymbol{H}_1$

4.3.3　加权器

长度为 k 的输入信息序列 m，经过重复 p 次后形成序列 b，经过交织器的置换后得到序列 b'。加权器 $\boldsymbol{W}=(\boldsymbol{w}_1,\boldsymbol{w}_2,\cdots,\boldsymbol{w}_{k\times q})$，其中 $\boldsymbol{w}_i\in(1,2,\cdots,q-1)$。组合参数是 a 时，则 $w_1,w_2,\cdots,w_a$，就是 $\boldsymbol{H}_1$ 中第一行的非零元素。$w_{i\times a+1},w_{i\times a+2},\cdots,w_{(i+1)\times a}$ 就是第 i 行的非零元素。将加权器放在交织器之后，便于非零元素的优化设计。利用优化算法得到的非零元素的分布可以直接应用到加权器，如基于边缘信息熵优化的每行的非零元素的分布可以直接应用到加权器。或者是 $w_i\in(1,2,\cdots,q-1)$ 等概率取值时，加权序列的设计也很方便。

4.3.4　加权累加器

加权累加器的结构如图 4－14 所示，有限域上的表达式是 $\dfrac{1}{\alpha^{-1}+\beta D}$，$\alpha,\beta\in(1,2,\cdots,q-1)$，对应的校验矩阵 $\boldsymbol{H}_2$ 如图 4－15 所示。对累加器加权后可以进一步优化译码性能。

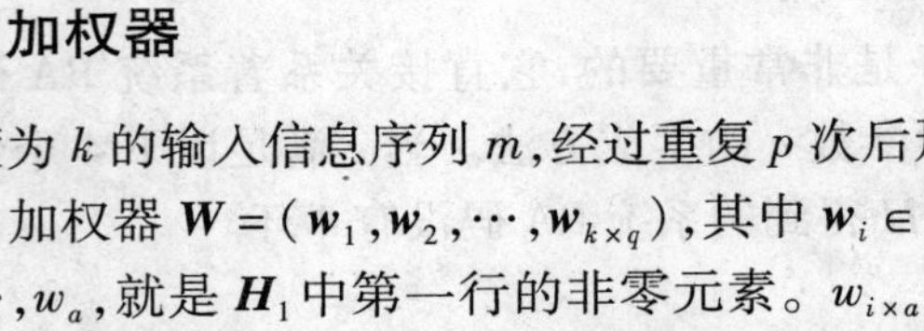

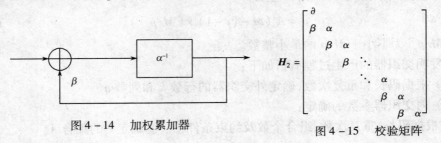

图 4－14　加权累加器

$$
\boldsymbol{H}_2=\begin{bmatrix}
\partial & & & & & \\
\beta & \alpha & & & & \\
 & \beta & \alpha & & & \\
 & & \beta & \ddots & & \\
 & & & \ddots & \alpha & \\
 & & & & \beta & \alpha \\
 & & & & & \beta \quad \alpha
\end{bmatrix}
$$

图 4－15　校验矩阵

下面给出有限域 $GF(2^2)$ 上的基于累加器的多元 LDPC 码设计。传输的每个符号和校验矩阵中的每个非零元素都是 $GF(2^2)$ 中的元素，传输的数据序列长度是 256 个符号，每个符号重复 3 次，经过交织后，每 3 个符号组合成一个符号。构成的 LDPC 码的码长是 512，码率是 1/2。具体的操作过程如下：

（1）重复。对长度为 $k=256$ 的接收数据 m 重复 3 次，得到 $\boldsymbol{b}=[m_1m_1m_1m_2m_2m_2\cdots m_km_km_k]$。

（2）交织。将 b 按行输入到一个 256×3 的行列交织器 Π，并对 Π 内的每一列进行列内交织后按列读出得到交织后的序列 b'。交织方法如 4.3.2 节所述，其中得到的 c_i 集合 $A=\{3,5,7,11,13,17,19,23,29,31,37,41,43,47,53,59,61,71,73,79,83\}$，按照式(4-13)产生的 c_1、c_2、c_3 分别是 83、47、19。

（3）加权。根据 LDPC 码的非零元素的选择方法对序列 b' 加权，其中加权序列 $\boldsymbol{w}=[w_1,w_2,\cdots,w_{768}]$，$w_{(i-1)\times3+1}$，$w_{(i-1)\times3+2}$，$w_{(i-1)\times3+3}$ 与校验矩阵 $\boldsymbol{H}_1$ 的第 i 行的非零元素对应。加权的过程就是序列 b' 与 w 在有限域 GF(4) 上的对应元素的乘积，得到 b''。

（4）组合。对 b'' 中的元素每 3 个一组在有限域 GF(4) 上进行求和，得到一个长度为 256 的序列 $\boldsymbol{r}$。

（5）累加。累加器是一个加权累加器。加权因子是 α^{-1}，$\beta\in GF(4)$，当 $\alpha=\beta=3$ 是可以获得较好性能的。其中，累加器的第一个输出是序列 r 的第一个元素与 α^{-1} 在有限域 GF(4) 上的乘积。第二个输出是第一个输出与 β 的有限域上的乘积在加上 r 的第二个元素的和与 α^{-1} 在有限域 GF(4) 上的乘积，即

$$p_1=r_1\cdot\alpha^{-1}=r_1/\alpha;p_i=(p_{i-1}\cdot\beta+r_i)\cdot\alpha^{-1}=(p_{i-1}\cdot\beta+r_i)/\alpha\quad i=2,3,\cdots,k$$

其中将信息序列 m 与校验序列 p 经过复用就得到编码器的输出。

4.4 本章小结

本章介绍了 3 种主要的多元 LDPC 码的构造方法，它们是 PEG 算法、有限域上的循环和准循环 LDPC 码及多元 RA 码。在实际应用中，由于循环和准循环结构实现优势大，成为选择的重点。

第5章　多元 LDPC 码的快速译码方法

多元 LDPC 码的编码增益较大，但是译码复杂度高。本章主要介绍多元 LDPC 码高阶调制时的标准 BP 译码、基于 FFT 的快速译码、对数域上的最大 BP 算法（MAX－LOG－BP）及扩展最小和译码算法。

5.1　高阶调制多元 LDPC 码的 BP 译码

标准 BP 算法也称概率域上的 BP 译码算法，其消息是以概率表示的。下面介绍高阶调制时多进制 LDPC 码在 GF(q)上的 BP 译码方法。

$\boldsymbol{Y}$ 为接收到的码字向量，即双边图上的变量点。译码的问题是寻找最可能的码字向量 $\boldsymbol{X}$ 满足 $\boldsymbol{HX}=Z$，$\boldsymbol{X}$ 的似然值由信道模型决定。下面定义所使用的符号，$N(m):=\{n:h_{mm}\neq 0\}$ 为参加第 m 个校验方程的变量节点集合，即是校验矩阵 $\boldsymbol{H}_{M\times N}$ 中第 m 行的非零元素的集合。$M(n):=\{m:h_{mn}\neq 0\}$ 为第 n 个变量节点所参加的校验方程的集合，即是校验方程 $\boldsymbol{H}_{M\times N}$ 中第 n 列的非零元素的集合。

对于校验矩阵中的每个非零元素 $a=0,1,\cdots,q-1$，定义两类概率值：R_{mn}^{a} 是在 $\boldsymbol{H}$ 矩阵的第 m 行的第 n 个非零元为 a 的条件下，第 m 个校验方程成立的概率；Q_{mn}^{a} 则是该非零元素在满足除第 m 个校验方程的其他所有校验方程的条件下，该非零元素为 a 的后验概率。注意：所有域元素参与的乘、加运算均是多元域中的运算。迭代译码步骤如下：

1. 解调与初始化

设多元码域的阶数与调制的阶数相同，解调器接收符号的 q 个似然概率密度为

$$P(Y_n|X_a)=\left(\frac{1}{\sqrt{2\pi\sigma}}\right)^2\exp\left[-\frac{d_{Y_n,X_a}^2}{2\sigma^2}\right]\quad a=0,1,\cdots,q-1$$

式中：X_a为星座图上第 a 个点，$X_a=\{x_{aI},x_{aQ}\}$；Y_n为解调器接收的第 n 个符号，$Y_n=\{y_{nI},y_{nQ}\}$；d_{Y_n,X_a}为接收符号 $Y_n\sim X_a$的欧几里德距离，$d_{Y_n,X_a}=\sqrt{(y_{nI}-x_{aI})^2+(y_{nQ}-x_{aQ})^2}$；$\sigma^2$ 为 AWGN 信道的噪声方差。

按照式(5－1)计算各个码元符号的 q 个初始后验概率，记为 g_n^a，其中 $a=0,1,\cdots,q-1$，即

$$g_n^a=P(X_a\mid Y_n)=\frac{p(Y_n\mid X_a)}{\sum_{i=0}^{q-1}p(Y_n\mid X_i)}=\frac{\exp\left[-\frac{d_{Y_n,X_a}^2}{2\sigma^2}\right]}{\sum_{i=0}^{q-1}\exp\left[-\frac{d_{Y_n,X_a}^2}{2\sigma^2}\right]}\tag{5-1}$$

2. 逐行更新 R_{mn}^{a}

$$R_{mn}^{a}=\sum_{X:x_n=a}\delta\Big(\sum_{n'\in N(m)}H_{mn'}x_{n'}=z_m\Big)\prod_{j\in N(m)\backslash n}Q_{mj}^{x_j}\tag{5-2}$$

3. 更新 Q_{mn}^a

$$Q_{mn}^a = a_{mn} g_n^a \prod_{j \in M(n) \setminus m} R_{jn}^a \tag{5-3}$$

归一化因子 a_{mn} 的选择使得 $\sum_{a=0}^{q-1} Q_{mn}^a = 1$。再将 Q_{mn}^a 作为下一次迭代的后验概率用来计算下一次的 R_{mn}^a。

4. 判决码元符号

每次迭代后,计算码元符号的 q 个伪后验概率 $\tilde{Q}_n^a = g_n^a \prod_{j \in M(n)} R_{jn}^a$,选取最大的伪后验概率值所对应的 a 值作为该符号的判决输出,可表示为

$$\tilde{x}_n = \underset{a}{\mathrm{argmax}}\, g_n^a \prod_{j \in M(n)} R_{jn}^a \tag{5-4}$$

如果 $\boldsymbol{H}\tilde{x} = 0$,则迭代结束,译码器将 $\tilde{x}$ 作为码字输出;否则,回到 2. 步进行下一次迭代。如果超过程序设定的最大迭代次数仍找不到满足 $\boldsymbol{H}\tilde{x} = 0$ 的 $\tilde{x}$,则认为译码失败。

5.2 FFT - BP 快速译码

快速 BP 译码对标准 BP 译码的第 2 步骤进行了改进,其他步骤与标准 BP 译码完全相同。由式(5-2)可见,对于 $\boldsymbol{H}_{M \times N}$ 中的每个非零符号,如果要计算某个 $a(a \in \{0,1,\cdots,q-1\})$ 值所对应的 R_{mn}^a,需 $(d_c - 2) \times q^{d_c - 2}$ 次乘法和 $q^{d_c-2} - 1$ 次加法运算。当域的阶数 q 和行重 d_c 较大时,则所需的计算量呈指数增长。故 Davey 提出了一种求 R_{mn}^a 的 FFT 简化算法,依据是将式(5-2)看做是各 $Q_{mj}^{x_j}$ 的卷积,需要注意的是,该概率序列的卷积求解的下标运算属 GF(q)的运算,故作 FFT 运算时,可简化为 p(此时 $2^p = q$)维两点的 FFT 的运算。

已知概率密度函数 $f = pmf(x_i)$ $(i = 1,\cdots,N)$,其中,x_n 可以是任意的 $f_i \in \mathrm{GF}(q)$ $(i = 0,\cdots,q-1)$,求 $F = \mathrm{FFT}(pmf(x_i))$。在 GF(2) 上函数 f 的傅里叶变换公式,即两点 FFT 运算公式为

$$\begin{cases} F^0 = f^0 + f^1 \\ F^1 = f^0 - f^1 \end{cases} \tag{5-5}$$

在 GF(4) 的 FFT 运算可以转换为二维两点 FFT 运算,图 5-1 给出 $q = 4$ 时的 FFT 运算过程。

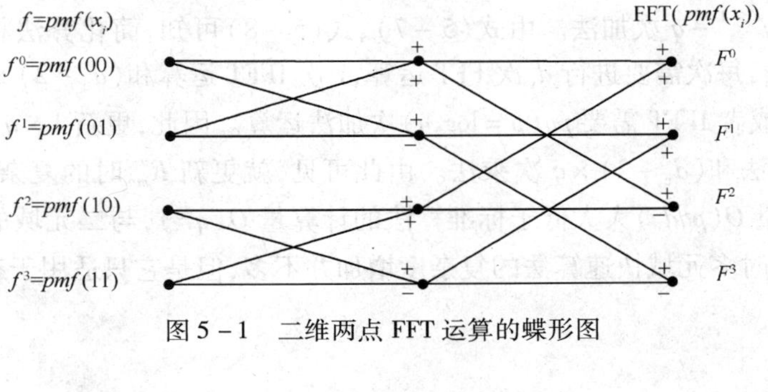

图 5-1 二维两点 FFT 运算的蝶形图

公式表达为

$$\begin{cases}F^0=[f^0+f^1]+[f^2+f^3]\\F^1=[f^0-f^1]+[f^2-f^3]\\F^2=[f^0+f^1]-[f^2+f^3]\\F^3=[f^0-f^1]-[f^2-f^3]\end{cases}\tag{5-6}$$

图 5-2 给出 $q=8$ 时的 FFT 运算过程,也即是三维两点 FFT 运算。

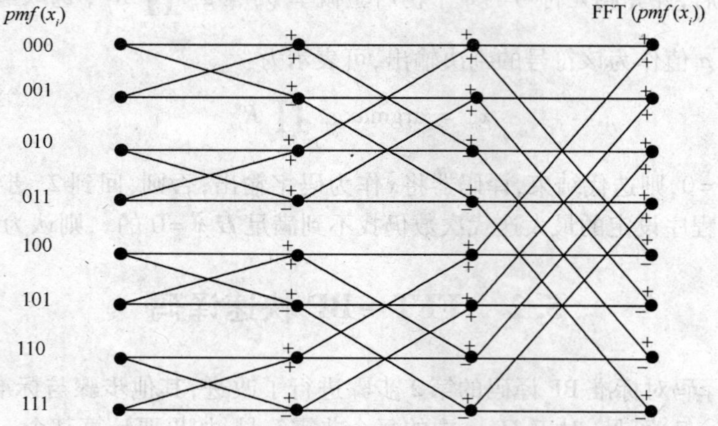

图 5-2 $pmf(x_n)$ 的 FFT 运算($q=8$)

总之,GF(2^p)上的 FFT 运算,可以简化等价为 p 维的两点 FFT 运算。域元素以多项式的形式给出,每一维都在只有一个比特位不同的两个域元素之间进行两点 FFT 运算。

利用 FFT 运算,标准 BP 译码的第 2 步骤可以变换为以下形式。

更新 $\boldsymbol{R}_{mn}^a$的步骤:

(1) 先对 $\boldsymbol{H}_{M\times N}$的一行中各非零符号的 Q_{mj}^a作 FFT,即

$$(\widehat{Q}_{mj}^0,\widehat{Q}_{mj}^1,\cdots,\widehat{Q}_{mj}^{q-1})=\mathrm{FFT}(Q_{mj}^0,Q_{mj}^1,\cdots,Q_{mj}^{q-1})\quad j\in N(m)\tag{5-7}$$

需要注意的是,式(5-7)中的上标 $0,1,\cdots,q-1$ 若记为 $y_{n'}$,则 $y_{n'}=H_{mn'}x_{n'}$,其中,$x_{n'}\in\{0,1,\cdots,q-1\}$。

(2) $$(R_{mn}^0,R_{mn}^1,\cdots,R_{mn}^{q-1})=\mathrm{IFFT}\Big(\prod_{j\in N(m)\setminus n}\widehat{Q}_{mj}^0,\prod_{j\in N(m)\setminus n}\widehat{Q}_{mj}^1,\cdots,\prod_{j\in N(m)\setminus n}\widehat{Q}_{mj}^{q-1}\Big)\tag{5-8}$$

在非简化算法中更新 $\boldsymbol{H}_{M\times N}$的每个非零符号的 $1\times q$ 维的 $\boldsymbol{R}_{mn}^a$ 向量需要$(d_c-2)\times q^{d_c-1}$次乘法和 $q^{d_c-1}-q$ 次加法。由式(5-7)、式(5-8)可知,简化算法将同时更新非零符号的 q 个 $\boldsymbol{R}_{mn}^a$,每次需要进行 d_c次 FFT 运算,1 次 IFFT 运算和$(d_c-2)\times q$ 次乘法,而每进行一次 FFT 或者 IFFT 需要 $pq(p=\log_2 q)$次加法运算。因此,更新 $1\times q$ 维的 R_{mn}^a时需要 $pq(d_c+1)$次加法和$(d_c-2)\times q$ 次乘法。由此可见,就更新 R_{mn}^a时的复杂度而言,快速算法所需的计算量 $O(pqd_c)$大大低于标准算法的计算量 $O(q^{d_c})$,与二元域的复杂度 $O(d_c)$相比,当 q 较小时多元域快速算法的复杂度增加并不多,但是它只适用于有限域 GF(2^p)。

5.3 MAX－LOG－BP 译码算法

多元 LDPC 码的 LOG－BP 译码，引入了对数运算，便于硬件实现。与二元 LDPC 码相同，多元的 LOG－BP 算法也是工作在对数域内。首先定义非零元素集 $GF_0(q)=\{a_1,\cdots,a_{q-1}\}$，则对于每一个变量节点都可以定义一个对数域似然比向量 $\boldsymbol{L}(v)=[L(v=a_1),\cdots,L(v=a_{q-1})]$。这里 $L(v=a_i)=\log\dfrac{P(v=a_i)}{P(v=0)}$，表示变量节点取值为 a_i 时的概率似然值。

在介绍 LOG－BP 算法具体的译码步骤之前，首先看一种运算规则。在上述对数似然比中如果计算两个独立变量 v_1,v_2 的联合似然比的分布，则需要用到田字运算。其运算规则为

$$\begin{aligned}L(A_1v_1+A_2v_2)_i &= \boxplus(L_1,L_2,A_1,A_2)\\ &= \ln\Big(e^{L_1(A_1^{-1}\alpha_i)}+e^{L_2(A_2^{-1}\alpha_i)}+\sum_{x\in GF_0(q)\backslash\{\alpha_iA_1^{-1}\}}e^{L_1(x)+L_2(A_2^{-1}(\alpha_i+xA_1))}\Big)\\ &\quad -\ln\Big(1+\sum_{x\in GF_0(q)}e^{L_1(x)+L_2(A_2^{-1}A_1x)}\Big)\end{aligned} \tag{5-9}$$

具体的推导过程可参考文献[68,69]。

一般的，如果 $A_1=A_2=1$，则式（5－9）可以写为 $L(v_1+v_2)_i=L(v_1)\boxplus L(v_2)$。从式（5－9）可以看出，田字运算的过程相当复杂，因此引入 Jacobi 对数进行简化。Jacobi 对数定义为

$$\max{}^*(x_1,x_2)=\ln(e^{x_1}+e^{x_2}) \tag{5-10}$$

并且 Jacobi 对数可以递归计算。Jacobi 对数还可以写为式（5－11）的形式，即

$$\max{}^*(x_1,x_2)=\max(x_1,x_2)+\ln(1+e^{-|x_1-x_2|}) \tag{5-11}$$

则一次 $\max^*$ 运算由一次比较、两次加法和一次查表运算组成。根据式（5－10）与式（5－11）可以得到

$$\ln(e^{x_1}+e^{x_2})=\max(x_1,x_2)+\ln(1+e^{-|x_1-x_2|})$$

对函数 $\ln(1+e^{-|x|})$ 进行作图分析，其中 x 的取值范围为[－3，＋3]。

由图 5－3 可知，该函数的最大值为 0.7，并且随着 x 的绝对值的变大而迅速下降。在近似运算中可以暂时忽略函数 $\ln(1+e^{-|x|})$，则有 $\ln(e^{x_1}+e^{x_2})=\max(x_1,x_2)$。因此，一次田字运算就由 $2(q-1)^2$ 次加法及 $2(q-1)^2$ 次 $\max^*$ 运算组成。为了节约运算量，可以近似地认为一次田字运算就由 $2(q-1)^2$ 次加法及 $2(q-1)^2$ 次 max 运算组成。

LOG－BP 算法的具体译码过程描述如下。

首先如二元 LOG－BP 算法一样，定义 $\boldsymbol{L}(r_{mn})$ 为校验点传给变量节点关于变量节点取值为 a_i 时校验方程被满足的对数似然信息。$\boldsymbol{L}(q_{mn})$ 为变量节点传给校验节点关于变量节点取值的外信息。这里必须注意：$\boldsymbol{L}(r_{mn})$、$\boldsymbol{L}(q_{mn})$ 都是一个向量，其维数均为 $q-1$。经过 BPSK 调制和 AWGN 信道，与第 n 个符号对应的接收向量 $y_n=(y_{nb},y_{nb+1},\cdots,y_{(n+1)b-1})$。

（1）计算初始信息 $p_n^{\alpha_i}$，即

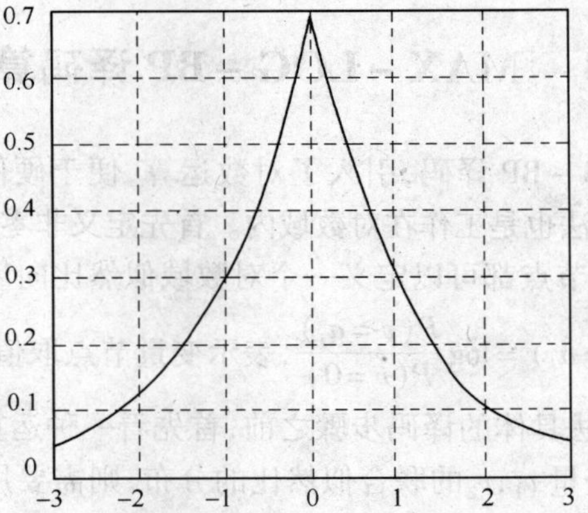

图 5-3　ln 函数取值分析

$$p_n^{\alpha_i} = \sum_{j:\varphi^{-1}(\alpha_i)_j = +1} \frac{2y_{nb+j}}{\sigma^2} \tag{5-12}$$

下面证明式(5-12)：

$$\begin{aligned} p_n^{\alpha_i} &= \ln \frac{P(y_n \mid x_n = a_i)}{P(y_n \mid x_n = \alpha_0)} = \ln \frac{P(y_n \mid \varphi(x_{nb}, x_{nb+1}, \cdots, x_{(n+1)b-1}) = \alpha_i)}{P(y_n \mid \varphi(x_{nb}, x_{nb+1}, \cdots, x_{(n+1)b-1}) = 0)} \\ &= \ln \frac{\prod_j P(y_{nb+j} \mid x_{nb+j} = (\varphi^{-1}(\alpha_i))_j)}{\prod_j P(y_{nb+j} \mid x_{nb+j} = (\varphi^{-1}(0))_j)} \\ &= \ln \prod_{j:\varphi^{-1}(\alpha_i)_j = +1} \frac{P(y_{nb+j} \mid x_{nb+j} = +1)}{P(y_{nb+j} \mid x_{nb+j} = -1)} \\ &= \sum_{j:\varphi^{-1}(\alpha_i)_j = +1} \frac{2y_{nb+j}}{\sigma^2} \end{aligned}$$

这里 $\alpha_i \in \mathrm{GF}_0(q), \mathrm{GF}_0(q) = \mathrm{GF}(q)/\{0\}$。$p_n^{\alpha_i}$是向量 $\boldsymbol{p}_n$ 的一个分量。φ 是比特到符号的映射。

初始化迭代信息 $\boldsymbol{L}(r_{mn}) = \bar{0}, \boldsymbol{L}(q_{mn}) = \boldsymbol{p}_n$。

(2) 校验点计算过程一个校验方程可以表示为

$$\sum_{n \in N(m)} h_{mn} x_n = 0 \tag{5-13}$$

现在考虑这个校验方程中第 i 个变量节点。将式(5-13)中第 i 项移到方程的另一边，则有

$$h_{mi} x_i = \sum_{n' \in N(m)/i} h_{mn'} x_{n'} \tag{5-14}$$

因此，可以预见 $h_{mi}x_i$ 的取值分布与方程右边的取值分布相同。即只要能求出方程右边取值的概率信息就可以得到变量节点 x_i 取值的概率信息。由上述的分析可以得知，$L(r_{mn}) = L(\sum_{n' \in N(m)/i} h_{mn'} x_{n'})$。定义 $\rho_{m,n_m,l} = \sum_{j \leq l} h_{m,n_{m,j}} x_{n_{m,l}}$，则 $L(P_{m,n_m,l})$ 可以用递归的方法

求出，如式(5-15)，即。

$$L(\rho_{m,n'_m,l}) = L(\rho_{m,n_m,l-1} + h_{m,n'_m,l} c_{m,n'_m,l}) \tag{5-15}$$

如果在式中(5-15)取到 $N(m)\backslash n$ 集合中的最后一个点，则式(5-15)递归计算的最后结果就是 $L(r_{mn})$ 的值。递归的过程是除本节点外第一个节点与第二个节点作田字运算后的结果再和第三个节点作田字运算，以此类推，直到最后一个节点。这样就可以求出对应等效节点 c_i 的 $L(r_{mn})$ 信息。

下面用一个例子来说明上面的求解过程。

考虑校验方程 $x_1+x_5+x_6+x_7=0$，这里的节点都是采用等效的节点。考虑四进制的情况，现在要求出 x_1 的概率信息，则其对数似然比信息可以表示为 $L(x_1)=L(x_5+x_6+x_7)$。采用递归求解的思想，首先求 $L(x_5+x_6)$，对 x_5、x_6 作田字运算：$L(x_5+x_6)=$ 田(L_5, L_6, x_5, x_6)。

当 $x_5+x_6=\alpha_i=1$ 时，

$$L(x_5+x_6)_1 = \ln\left(e^{L_5(1)} + e^{L_6(1)} + \sum_{x\in(2,3)} e^{L_5(x)+L_6(1+x)}\right) - \ln\left(1 + \sum_{x\in(1,2,3)} e^{L_5(x)+L_6(x)}\right)$$

当 $x_5+x_6=\alpha_i=2$ 时，

$$L(x_5+x_6)_2 = \ln\left(e^{L_5(2)} + e^{L_6(2)} + \sum_{x\in(1,3)} e^{L_5(x)+L_6(2+x)}\right) - \ln\left(1 + \sum_{x\in(1,2,3)} e^{L_5(x)+L_6(x)}\right)$$

当 $x_5+x_6=\alpha_i=3$ 时，

$$L(x_5+x_6)_3 = \ln\left(e^{L_5(3)} + e^{L_6(3)} + \sum_{x\in(1,2)} e^{L_5(x)+L_6(3+x)}\right) - \ln\left(1 + \sum_{x\in(1,2,3)} e^{L_5(x)+L_6(x)}\right)$$

接着令 $x_5+x_6=\rho$，再对 ρ 及 x_7 作田字运算。这时，ρ 的似然信息 $L(\rho)$ 就是上面求出的结果。

当 $\rho+x_7=1$ 时，

$$L(\rho+x_7)_1 = L(x_5+x_6+x_7)_1 = \ln\left(e^{L_\rho(1)} + e^{L_7(1)} + \sum_{x\in(2,3)} e^{L_\rho(x)+L_7(1+x)}\right) - \ln\left(1 + \sum_{x\in(1,2,3)} e^{L_\rho(x)+L_7(x)}\right)$$

当 $\rho+x_7=2$ 时，

$$L(\rho+x_7)_2 = L(x_5+x_6+x_7)_2 = \ln\left(e^{L_\rho(2)} + e^{L_7(2)} + \sum_{x\in(1,3)} e^{L_\rho(x)+L_7(2+x)}\right) - \ln\left(1 + \sum_{x\in(1,2,3)} e^{L_\rho(x)+L_7(x)}\right)$$

当 $\rho+x_7=3$ 时，

$$L(\rho+x_7)_2 = L(x_5+x_6+x_7)_3 = \ln\left(e^{L_\rho(3)} + e^{L_7(3)} + \sum_{x\in(1,2)} e^{L_\rho(x)+L_7(3+x)}\right) - \ln\left(1 + \sum_{x\in(1,2,3)} e^{L_\rho(x)+L_7(x)}\right)$$

这样就可以求出 $x_5+x_6+x_7$ 的信息量，即是 $L(x_1)$ 的值。上面的每一个对数运算均可以用 Jacobi 对数递归计算得到。

(3) 变量节点计算过程与二进制 LOG-BP 算法一样，$\boldsymbol{L}(q_{mn})$ 的表达式为

$$L(q_{mn}) = p_n + \sum_{m' \in M(n) \backslash m} L(r_{m',n}) L(\rho_{m,n'_{m,l}}) \qquad (5-16)$$

（4）由求变量点的最终后验概率

$$L(q_n) = \boldsymbol{p}_n + \sum_{m \in M(n)} L(r_{m,n}) \qquad (5-17)$$

得到后验概率后，对每一个变量点选择 $L(q_n)$ 的各分量中最大的一个，将其对应的坐标作为该变量节点的最后译码结果。这样就得到了一个新的码字序列 $\boldsymbol{X}$，如果 $X \cdot H^{\mathrm{T}} = 0$，则译码成功，或达到预设最大迭代次数而停止迭代，并输出码字 $\boldsymbol{X}$；否则跳转到步骤（1），开始下一轮的迭代。

LOG－BP 算法的优势在于完全消除了乘除等消耗硬件资源过大的运算过程，取而代之的是加法运算与 max* 运算。其运算复杂度如表 5－1 所列。

表 5－1　q 进制 LOG－BP 算法各步计算量

	加法	max
r_{mn}^a	$m(d_c^2-2d_c)(2q^2-5q+3)$	$m(d_c^2-2d_c)(q^2-q)$
q_{mn}^a	$nd_v^2(q-1)$	无
q_n^a	$nd_v(q-1)$	无

采用 max 近似 max＊的时候的算法称为 MAX－LOG－BP。图 5－4 给出了在有限域 GF(8) 上的 LDPC 码在不同译码算法下的性能。

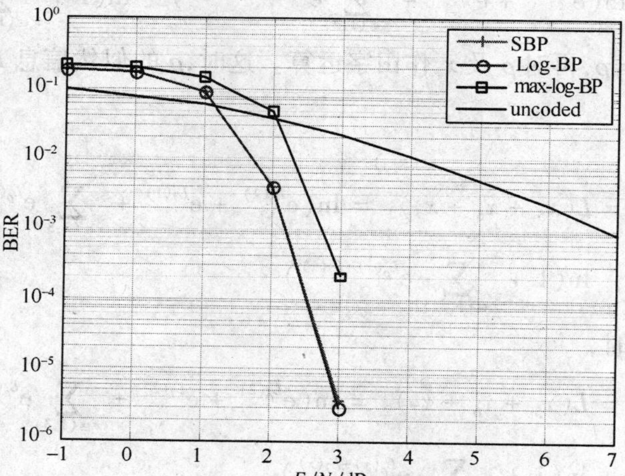

图 5－4　GF(8) 上 LDPC 码的 BER 性能

5.4　扩展最小和(EMS)译码

虽然 MAX－LOG－BP 译码算法将乘法转化成了加法操作，但是复杂度仍然很高。下面介绍一种更低复杂度的多元 LDPC 码的译码方法—扩展最小和(EMS)译码。

5.4.1 二元 LDPC 码的 MS 算法

多元 LDPC 码的最小和算法二元 LDPC 码最小和算法的扩展，因此，在阐述多元 LDPC 码的最小和算法之前，先加顾一下二元 LDPC 码的最小和算法。

在二元 LDPC 码的 SPA 译码算法中，式(2－59)的校验点的信息更新可以改写为

$$\boldsymbol{L}(r_{mn}) = \prod_{m'\in N(n)\backslash m} \operatorname{sign}[\boldsymbol{L}(q_{nm'})] \cdot 2 \cdot \tanh^{-1}\{\prod_{m'\in N(n)/m} \tanh[|\boldsymbol{L}(q_{nm'})|/2]\} \tag{5-18}$$

tanh(x)是一个单调递减函数，且递减速度非常快，所以 $\boldsymbol{L}(r_{mn})$ 主要由最大的 $\tanh[|L(q_{nm'})|/2]$ 来决定，即最小的 $|Q^a_{n',m}(c_{n'})|$ 来决定，因此式(5－18)可近似为

$$\boldsymbol{L}(r_{mn}) \approx \prod_{m'\in N(n)/m} \operatorname{sign}[L(q_{nm'})] \cdot \min_{m'\in N(n)/m} (|\boldsymbol{L}(q_{nm'})|) \tag{5-19}$$

以，高斯信道下二元 LDPC 码的最小和算法如下：

(1) 初始化

$$\boldsymbol{L}(q_{mn}) = L(v_n) = 2y_n/\sigma^2 \tag{5-20}$$

$$\boldsymbol{L}(r_{mn}) = 0$$

(2) 变量节点的消息更新

$$\boldsymbol{L}(q_{mn}) = L(v_n) + \sum_{n'\in N(m)/n} \boldsymbol{L}(r_{mn'}) \tag{5-21}$$

(3) 校验节点的消息更新

$$\boldsymbol{L}(r_{mn}) = \prod_{m'\in N(n)/m} \operatorname{sign}[L(q_{nm'})] \cdot \min_{m'\in N(n)/m} (|L(q_{nm'})|) \tag{5-22}$$

(4) 码元符号判决

$$\boldsymbol{L}(\widehat{v}_n) = L(v_n) + \sum_{n\in N(m)} \boldsymbol{L}(r_{nm}) \tag{5-23}$$

$$\widehat{v}_n = \begin{cases} 0 & L(\widehat{v}_n) > 0 \\ 1 & \text{其他} \end{cases} \tag{5-24}$$

5.4.2 多元 LDPC 码的最小和算法

将式(5－18)和式(5－19)推广到多元 LDPC 码，得

$$R^a_{m,n} = \prod_{n'\in N(m)/n} \operatorname{sign}[Q^a_{n',m}(c_{n'})] \cdot 2 \cdot \tanh^{-1}\{\prod_{n'\in N(m)/n} \tanh[|Q^a_{n',m}(c_{n'})|/2]\} \tag{5-25}$$

式(5－24)可近似为

$$R^a_{m,n} = \prod_{n'\in N(m)/n} \operatorname{sign}[Q^a_{n',m}(c_{n'})] \cdot \min_{n'\in N(m)/n} (|Q^a_{n',m}(c_{n'})|) \tag{5-26}$$

因此，多元 LDPC 码的最小和译码算法归纳如下：

(1) 初始化

$$f_n^a = \ln \frac{p(x_n = a/y_n)}{p(x_n = 0/y_n)}, Q_{n,m}^a(x_n) = f_n^a(x_n), R_{n,m}^a(x_n) = 0$$

(2) 校验节点更新

对校验节点 m 以及变量节点 $n \in N(m)$

$$R_{m,n}^a = \prod_{n' \in N(m)/n} \mathrm{sign}[Q_{n',m}^a(x_{n'})] \cdot \min_{n' \in N(m)/n} (|Q_{n',m}^a(x_{n'})|) \tag{5-27}$$

(3) 变量节点更新

对变量节点 n 以及校验节点 $m \in M(n)$

$$Q_{n,m}^a = f_{n,m}^a(x_n) + \sum_{m' \in N(n)/m} R_{m',n}^a(x_n) \tag{5-28}$$

(4) 判决

$$Q_n^a(x_n) = f_{n,m}^a(x_n) + \sum_{m \in M(n)} R_{m,n}^a(x_n) \tag{5-29}$$

$$\widehat{x}_n = \underset{a}{\mathrm{argmax}} Q_n^a(x_n) \tag{5-30}$$

5.4.3 多元 LDPC 码的扩展最小和算法

最小和算法虽然在计算时做了近似,但其他的计算量仍和 LOG - BP 算法相当,为了进一步降低译码复杂度,D. Declercq 在 2007 年提出了扩展最小和算法(Expanded MS)EMS 算法,大大降低了多元 LDPC 码的译码复杂度。

5.4.3.1 EMS 算法的基本原理

$\{V_{p_iv}\}_{i=\{0,\cdots,d_v-1\}}$ 为度为 d_v 的变量节点的输入消息集合,$\{U_{vp_i}\}_{i=\{0,\cdots,d_v-1\}}$ 为此节点输出的消息集合。下标"pv"表示消息从置换节点传递给变量节点而"vp"表示与之相反的方向。$\{V_{cp_i}\}_{i=\{0,\cdots,d_c-1\}}$ 和 $\{U_{p_ic}\}_{i=\{0,\cdots,d_c-1\}}$ 为一个校验节点的输出和输入消息集合。图 5-5是多元 LDPC 码的一个校验节点的消息传递图。

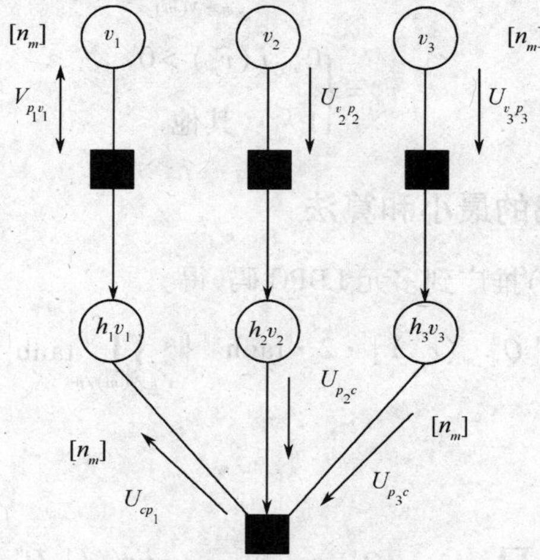

图 5-5　多元 LDPC 码中一个校验节点的信息传递图

为了减少运算量,EMS 算法中的信息向量 $\boldsymbol{V}_{cp}$ 和 $\boldsymbol{U}_{vp}$ 按降序排列存储了原来向量的前 $n_m(<q)$ 个最大的元素。当 n_m 远远小于 q 的时候,复杂度降低非常明显。但是这种直接截短的方式会带来一定的性能损失。下面主要讨论截短处理以及对译码性影响。

为了描述方便,定义两个与消息向量 $\boldsymbol{V}_{cp}$ 和 $\boldsymbol{U}_{vp}$ 对应的向量 $\boldsymbol{\beta}_{cp}$ 和 $\boldsymbol{\beta}_{vp}$,其长度为 n_m,其元素为与这 n_m 个最大置信度对应的 GF(q)上元素 α_k。例如,$\boldsymbol{U}_{vp}[k]$ 是 $\boldsymbol{\beta}_{U_{vp}}[k]\in \mathrm{GF}(q)$ 对应的置信度。设 $\boldsymbol{A}$ 为图模型上要传递的一个消息向量,长度为 q,$\boldsymbol{B}$ 为对 $\boldsymbol{A}$ 中元素截短后的消息向量,其中前 n_m 个元素是 $\boldsymbol{A}$ 中最大的 n_m 个元素的降序排列,第 n_m+1 个元素为修正因子 γ_A,以补偿由于截短带来的性能损失。因此,$\boldsymbol{B}$ 可以表示为 $\boldsymbol{B}=[\boldsymbol{B}[0],\cdots,\boldsymbol{B}[n_m-1],\gamma_A,\cdots,\gamma_A]$。下面讨论这个修正因子的取值。设

$$P_A[k]=P(x=\alpha_k)=P_A[0]\mathrm{e}^{A[k]} \tag{5-31}$$

$$P_B[k]=P(x=\beta_B[k])=P_B[0]\mathrm{e}^{B[k]} \tag{5-32}$$

式中:$k=\{1,\cdots,q-1\}$;β_B是与向量 B 对应的向量。

对于 P_A有

$$\sum_{k=0}^{q-1}P_A[k]=1,\quad \sum_{k=0}^{n_m-1}P_B[k]<1 \tag{5-33}$$

为了减少有用信息的丢失,修正因子 γ_A需满足式(5-34)

$$\sum_{k=0}^{n_m-1}P_B[k]+(q-n_m)P_{\gamma_A}=1 \tag{5-34}$$

式中:P_{γ_A}为 γ_A的概率值,且有 $P_{\gamma_A}=P_A[0]e^{\gamma_A}$,则对式(5-33)变形后得

$$(q-n)P_{\gamma_A}=1-P_A[0]\sum_{k=0}^{n_m-1}e^{B[k]} \tag{5-35}$$

式(5-35)两边同除以 $P_A[0]$后,得

$$\frac{P_{\gamma_A}}{P_A[0]}=\frac{\dfrac{1}{P_A[0]}-\displaystyle\sum_{k=0}^{n_m-1}\mathrm{e}^{B[k]}}{q-n_m}=\frac{\dfrac{\displaystyle\sum_{i=0}^{q-1}P_A[0]\mathrm{e}^{A[i]}}{P_A[0]}-\displaystyle\sum_{k=0}^{n_m-1}\mathrm{e}^{B[k]}}{q-n_m} \tag{5-36}$$

式(5-36)两边同时取对数后,得

$$\ln\frac{P_{\gamma_A}}{P_A[0]}=\ln\Big(\sum_{i=0}^{q-1}\mathrm{e}^{A[i]}-\sum_{k=0}^{n_m-1}\mathrm{e}^{B[k]}\Big)-\ln(q-n_m) \tag{5-37}$$

即

$$\gamma_A=\ln\Big(\sum_{i=0,A[i]\notin B}^{q-1}\mathrm{e}^{A[i]}\Big)-\ln(q-n_m) \tag{5-38}$$

由(5-38)式可知计算修正因子需要对向量 A 中 $q-n_m$ 个忽略的值做处理,而且处理函数是一个非线性函数。这个函数可以通过 $\max^*(x_1,x_2)$ 运算来实现,因此,式(5-38)可以改写为

$$\begin{aligned}\gamma_A&=\max_{i=0,A[i]\notin B}(A[i])-\ln(q-n_m)\approx\max_{i=0,A[i]\notin B}(A[i])-\ln(q-n_m)\\&\approx B[n_m]-\ln(q-n_m)\end{aligned} \tag{5-39}$$

式中:$B[n_m]$是向量 A 中被忽略的 $q-n_m$ 个值中的最大值。

从式(5－39)得到修正因子 γ_A 的近似表达式可以看出，只需要利用向量 A 中 n_m+1 个最大值就可以进行迭代译码。但是式(5－39)的近似处理会带来一定的性能损失，所以引入一个偏移量 offset 进行补偿，式(5－39)重写如下：

$$\gamma_A = \boldsymbol{B}[n_m] - \ln(q-n_m) - \text{offset} = B[n_m] - \text{offset} \tag{5-40}$$

5.4.3.2 多元 LDPC 码的 EMS 译码算法

综上所述，多元 LDPC 码的 EMS 译码算法归纳如下：

(1) 初始化：将根据信道信息计算的 LLR 向量的最大的 n_m 个元素赋值给 $\{U_{vp_i}\}_{i=\{0,\cdots,d_v-1\}}$。

(2) 变量节点信息更新：从变量节点 v 到校验节点 c 的输出消息向量 $\{U_{vp_i}\}\ i=0,\cdots,d_v-1$ 的更新是通过对本节点相连的除校验节点 c 以外所有校验节点的输出信息和信道信息进行运算得到的。

(3) 变量节点输出消息的置换或重排：根据校验矩阵 H 对变量节点的输出信息进行置换或重排，即：

$$\boldsymbol{\beta}_{U_{p_i c}}[k] = h_i \boldsymbol{\beta}_{U_{vp_i}}[k] \quad k=\{0,1,\cdots,n_m-1\} \tag{5-41}$$

式中的乘法运算是基于有限域 GF(q)上进行的。

(4) 校验节点信息更新：每个校验节点的输出信息 $\{V_{cp_i}[k]\}_{i\in\{0,1,\cdots,d_v-1\},k\in\{0,1,\cdots,n_m-1\}}$ 的更新是基于变量节点 v 取值为 $\beta_{V_{pi}}[k]$ 时，满足校验等式约束的置信度。

(5) 校验节点输出信息的置换或重排：根据校验矩阵 $\boldsymbol{H}$ 对校验节点的输出信息进行重新排列，即：

$$\boldsymbol{\beta}_{U_{p_i v}}[k] = h_i^{-1} \boldsymbol{\beta}_{U_{cp_i}}[k] \quad k=\{0,1,\cdots,n_m-1\} \tag{5-42}$$

式中的乘法运算是在有限域 GF(q)上进行的。

图 5－6 所示为不同有限域的 LDPC 码，不同的译码算法的性能仿真图，LDPC 码为(4096,3,6)，信道模型为高斯白噪声信道。从图(5－6)中可以看出对于 GF(64)上的 LDPC 码，选取 $n_m=32$ 时相对 SPA 算法在瀑布区的性能损失只有 0.05dB，而在错误平层域甚至表现出了更好的性能。因此，EMS 算法表现出了优异的性能和低的译码复杂度。

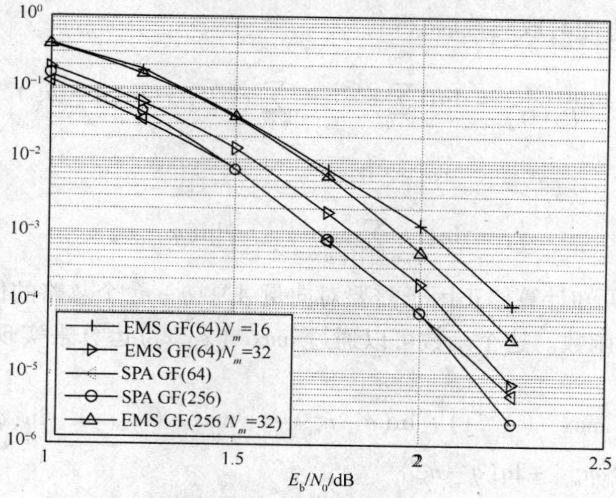

图 5－6 EMS 算法和 SPA 算法性能比较

5.5 本章小结

本章研究了多元 LDPC 码高阶调制译码、FFT - BP 算法、LOG - BP 算法和 EMS 算法。多元 LDPC 码基于图模型的 BP 译码算法各节点之间传递的消息是 q 个概率度量值或 $q-1$ 个对数似然比度量值。每一个校验节点的计算复杂度与 q 值成指数增长，在 $q>16$ 的条件下，译码很难实现。基于有限域 $GF(2^b)$ 的多元 LDPC 码的快速傅里叶变换 FFT - BP 算法可以将译码复杂度降低到 $O(qd_c\log q)$，计算复杂度仍然较高，而且只适用于有限域 $GF(2^b)$。对数域上的 MAX - LOG - MAP 算法，虽然将乘法运算变成了加法运算，用 MAX 操作代替 MAX * 操作，但是复杂度仍然较高。最小和算法虽然适合于任意域，而且只有加法和查表运算，但是其复杂度基本为 $O(q^2d_c)$，因此只适合 q 相对较小时。扩展最小和算法，它的基本思想就是在变量节点和校验节点之间传递的消息向量中只有 $n_m(n_m<q)$ 个值用于迭代更新计算，从而使计算复杂度变为大幅度降低。

第6章 多元LDPC码优化设计与性能分析

本章主要利用密度进化(Density Evolution, DE)、高斯逼近(Gaussian Approximation, GA)和EXIT图(Extrinsic Information Transfer)分析,对多元LDPC码的性能进行分析。

多元码的译码复杂度虽然较高,但是设计自由度大,因此多元LDPC码的研究具有重要意义。字符集的大小与性能的关系不是简单的递增关系,在系统设计的时候有许多自由度有待进一步研究。但是在Davey和MacKay再次发现LDPC码的时候指出,多元LDPC码具有比二元LDPC码更加优越的性能。目前尽管一些多元LDPC码的设计取得了很多进展,但是系统的有效渐进性能分析方法还比较缺乏,原因之一是跟踪多维空间上置信传播译码信息是一件很困难的事情。本章主要就特殊信道下的码字设计进行分析。

6.1 BEC信道下的密度进化

在BEC信道下,采用密度进化可以设计逼近容量限的二进制LDPC码的度分布。本节主要是关于二进制删除信道(BEC)下多元LDPC码的密度进化等式、门限和稳定条件的阐述。

在渐近极限上,迭代译码器的平均性能决定了随机码的性能。采用全零码字时,置信传播译码器的错误概率与其他码字传输时是一样的。因此,BMS(Binary Memoryless Symmetric)信道上传输的EGL(λ,ρ,m)或者EGF(λ,ρ,m)码元,消息传递译码器的条件错误概率与传输码字无关。EGL(λ,ρ,m)表示在一般线性群(General Linear Group)上度分布为(λ,ρ)的LDPC码字集合;EGF(λ,ρ,m)表示在GF(2^m)上度分布为(λ,ρ)的LDPC码字集合。

6.1.1 EGL(λ,ρ,m)的密度进化

为了得到EGL(λ,ρ,m)的密度进化公式,需要找到在置信传播译码器中出现的消息集合。在引理6.1中,描述了出现在置信传播译码器中的所有消息的特征。

引理6-1 (消息空间的特征)BEC信道上传输的全体EGL(λ,ρ,m),置信传播译码器中的消息满足以下特性:

(1)在一条消息Ψ中所有非零元素的总数是相等的。

(2)令$V=\{\alpha\in \mathrm{GF}(2^m):\Psi(\alpha)\neq 0\}$,$V$是GF($2^m$)的子空间。

(3)一条消息的傅里叶变换Φ满足以下特性:

$$\Phi(\alpha)=\begin{cases}1, & \alpha\in V^{\perp}\\ 0, & \text{其他}\end{cases}$$

式中:$V^{\perp}$是V的正交补集,消息的总数目等于$\sum_{i=0}^{m}\begin{bmatrix} m \\ i \end{bmatrix}$。

在所有边和反向边的行为中，所有相同维数的消息具有相同的概率。因此，只需要跟踪一个消息的维度概率就可以了。根据这一结果和引理 6.1，可以将密度进化写成 $m+1$ 维的递归形式。

引理 6－2 （EGL(λ,ρ,m)的密度进化）多元 LDPC 码 EGL(λ,ρ,m)，在一条边上，变量节点的度为 t，随机选择的一条 k 维消息的概率记为 $P_{\mathrm{v}}^{l}(k,t)$。相似的，在反向的边上，连接到度为 r 的校验节点，一条随机选择的 k 维消息的概率记为 $P_{\mathrm{c}}^{l}(k,t)$。校验节点端的不同概率间的递归关系式为

$$P_{\mathrm{c}}^{l}(k,3) = \sum_{i=0}^{k} P_{\mathrm{c}}^{(l)}(i) \sum_{j=k-i}^{k} \frac{\left[{m-i \atop m-k}\right]\left[{i \atop k-j}\right] 2^{(k-i)(k-j)}}{\left[{m \atop m-j}\right]} P_{\mathrm{v}}^{(l)}(j) \tag{6-1}$$

$$P_{\mathrm{c}}^{l}(k,r) = \sum_{i=0}^{k} P_{\mathrm{c}}^{(l)}(i,r-1) \sum_{j=k-i}^{k} \frac{\left[{m-i \atop m-k}\right]\left[{i \atop k-j}\right] 2^{(k-i)(k-j)}}{\left[{m \atop m-j}\right]} P_{\mathrm{v}}^{(l)}(j) \tag{6-2}$$

$$P_{\mathrm{v}}^{(l)}(i) = \sum_{t} \lambda_t P_{\mathrm{v}}^{(l)}(i,t) \tag{6-3}$$

式中：$P_{\mathrm{v}}^{l}(i)$ 为变量节点度分布的平均。

在 $l+1$ 次迭代时变量节点的概率公式为

$$P_{\mathrm{v}}^{(l+1)}(k,2) = \sum_{i=k}^{m} \binom{m}{i} \mathrm{e}^{i}(1-\mathrm{e})^{m-i} \times \sum_{j=k}^{m-i+k} \frac{\left[{i \atop k}\right]\left[{m-i \atop j-k}\right] 2(i-k)(j=k)}{\left[{m \atop j}\right]} P_{\mathrm{c}}^{l}(j) \tag{6-4}$$

$$P_{\mathrm{v}}^{(l+1)}(k,t) = \sum_{i=k}^{m} P_{\mathrm{v}}^{(l+1)}(i,t-1) \times \sum_{j=k}^{m-i+k} \frac{\left[{i \atop k}\right]\left[{m-i \atop j-k}\right] 2(i-k)(j=k)}{\left[{m \atop j}\right]} P_{\mathrm{c}}^{l}(j) \tag{6-5}$$

$$P_{\mathrm{c}}^{l}(j) = \sum_{r} \rho_r P_{\mathrm{c}}^{l}(j,r) \tag{6-6}$$

式中：$P_{\mathrm{c}}^{(l)}(j)$ 为校验节点度分布的平均。

在表 6－1 中，列出了不同 EGL(λ,ρ,m) 对应的不同阈位。对于度分布对为 $\lambda(y)=y$，$\rho(y)=y^2$，阈位随着 m($m<6$)的增加而迅速增长，当 $m=6$ 达到峰值，而后随着 m 继续增大而开始下降。对于度分布对 $\lambda(y)=0.5y+0.5y^4$，$\rho(y)=y^5$，当 m 由 1 变为 2 时，阈位是增长的，但当 $m>2$ 时就开始下降。对于 $\lambda(y)=y^2$，$\rho(y)=y^3$，m 由 2 变到 4 时，阈位下降。对于度分布为其他的码，如果没有度为 2 的变量节点，那么当 m 由 2 变到 4 时，阈位下降。

表 6－1　对于各种度分布下 EGL(λ,ρ,m) 的阈位

$\lambda(y)=y,\rho(y)=y^2,\mathrm{e}^{\mathrm{sh}}\approx 0.6667$	
m	e^{IT}
1	0.5
2	0.5775
3	0.6183
4	0.6369
5	0.6446
6	0.6464
7	0.6453
8	0.6425
15	0.616

$\lambda(y)=0.5y+0.5y^4,\rho(y)=y^5,\mathrm{e}^{\mathrm{sh}}\approx 0.4762$	
m	e^{IT}
1	0.4
2	0.4487
3	0.4353
4	0.4194

$\lambda(y)=y^2,\rho(y)=y^3,\mathrm{e}^{\mathrm{sh}}\approx 0.75$	
m	e^{IT}
1	0.6474
2	0.6348
3	0.6192

6.1.2 EGF(λ,ρ,m)的密度进化

EGF(λ,ρ,m)是 EGL(λ,ρ,m)的子集。引理 6.3 描述了 EGF(λ,ρ,m)的消息集合的特征。

引理 6-3 (EGF(λ,ρ,m)是 EGL(λ,ρ,m)的子集)映射 $f(\alpha)=\omega\alpha,\omega\in$ GF(2^m)且 $\alpha\in$ GF(2^m)等价于映射 $g(b)=Wb,b\in$ GF(2^m)且 $W=$ GF(2^m)。置信传播译码器中的所有消息等价于向量空间 GF(2^m)的子空间。实际上向量空间 GF(2^m)的所有子空间都在置信传播译码器中出现了。

为了得到密度进化的等式,首先看 $m\leqslant 3$ 的情况,在一条边上,相同维数的消息通过相同数量的映射成相同维数的任何其他消息。因此,可以组合相同维数消息的概率,并基于消息的维数做密度进化。如引理 6.2 中给出的一样,对于 $m\leqslant 3$,EGF(λ,ρ,m)和 EGL(λ,ρ,m)的密度进化公式是一样的。然而对于 $m>3$,相同维数的消息不一定被映射成其他任何相同维数的消息。给定维数的消息集合被分成几条轨迹,为了完成密度进化,需要跟踪每一条轨迹,这样就变得很难处理了。同时,我们知道码字的性能通常与编码域的本原元有关,两个同构的域通常不会产生同一等式。准确地说,迭代次数固定的密度进化,两个同构域上的码性能通常是不同的,如 GF(32)上的两个不可约多项式 $1+z^3+z^5$ 和 $1+z+z^2+z^3+z^5$。虽然这两个不可约多项式生成的域差别很小,但是它们的门限数量级相差 10^{-4}。在这个误差下,EGF(λ,ρ,m)和 EGL(λ,ρ,m)的门限值可以看成是相同的。

通常情况下,密度进化分析在理论上是可行的,但实际上很困难。即使是 GF(4)上的码,它的密度在 R^3 中,BP 阈值可用蒙特卡罗法计算。

下面的引理是关于密度进化收敛点的稳定性估计。

引理 6-4 (非二进制的稳定条件)对于 BMS 信道上的 LDPC(λ,ρ,m)码,如果 $\lambda(0)\rho(1)\dfrac{(1+B(a))^m-1}{2^m-1}>1$,$B(a)$为 Battacharya 常数,则预期的收敛点是不稳定的。

6.2 高斯逼近

对于多元 LDPC 码的编码信道,需要将 BSC 信道推广到多元输入信道。高斯假设条件下,此信道的 q 维和积译码的密度进化可以用 $q-1$ 个量来表示。

Richardson 等在文献[75]中提出的密度演化是一种精确的数值方法,这种方法能够确定二进制输入对称性输出信道中以及属于消息传递算法范畴的不同译码算法中的 LDPC 码的阈值或门限。在文献[26]中,Chung 等对密度进化的简化形式进行了改进。假设为 AWGN 信道下,二元 LDPC 和积译码算法的译码器所用到消息的密度为高斯。下面将文献[26]中的内容扩展到非二进制码,研究多元 LDPC 码的高斯近似。

6.2.1 密度进化的高斯逼近

密度进化的高斯逼近分析是基于多进制输入对称输出信道。这种信道在文献[75]中可以视作是对二进制输入对称输出信道的一种推广,也可视作 p 次运用 AWGN 信道传输一个 2^p 维符号的情况。定义信道的输出为 $\boldsymbol{y}=[y_0,y_1,\cdots,y_{q-1}]\in R^q$、输入为 $v\in$ GF

(q),信道的条件概率密度函数满足:对于 $\forall a \in GF(q)$, $P(y|v=a)=P(\boldsymbol{I}[a]\boldsymbol{y}|v=0)$,其中 $\boldsymbol{I}[a]$ 是一个 $q \times q$ 矩阵,第 i 个主对角线元素为 $(-1)^{i \otimes a}$ 而其他元素为 0。

在文献[75]中定义的消息对称性可以扩展到非二进制的情况。多进制输入对称输出信道中,在多进制 LDPC 码和积译码过程中传输的消息(以对数似然比的形式)具有对称性。因此,可证明:若消息 $N_q(m, \sum)$ 服从高斯分布,协方差矩阵可以由平均向量 m 唯一确定,即

$$\sum_{i,j} = m_i + m_j - m_{i,j} \quad i,j \in GF(q) \tag{6-7}$$

虽然 m 是 q 维的,但由于 $m_0=0$,在近似密度进化中只需考虑 $q-1$ 个数量。

一个规则 (d_v, d_c) 多进制 LDPC 码近似密度进化,已知对称信道的初始消息平均向量为 $\boldsymbol{u}_0$。在第 k 次迭代译码中,设信息均值 $v^k/\boldsymbol{u}^k$ 来自每条关联边都等重的校验节点,并且按以下方式更新,即

$$v^k=(d_v-1)\boldsymbol{u}^{k-1}+\boldsymbol{u}_0 \tag{6-8}$$

$$\boldsymbol{u}^k=\varsigma_1^{-1}([F_{q-1}(v^k)]^{d_c-1})\cdot \boldsymbol{I}_q \tag{6-9}$$

式中:$\boldsymbol{I}_q$ 为所有 q 维列向量;$F_{q-1}:\Re^q \mapsto \Re$ 由 $F_{q-1}(m)=\dfrac{1}{q-1}\boldsymbol{I}_q^{\mathrm{T}}\phi_{q-1}(m)$ 确定;$\varsigma_1:R \mapsto \Re$ 由 $\varsigma_1(x)=F_{q-1}(x,\boldsymbol{I}_q)$ 确定。

6.2.2 $\phi_{q-1}(m)$ 估计

上一节介绍了用 $\phi_{q-1}(m)$ 函数估计 q 维联合对称高斯随机变量$(r.v.)$ $\boldsymbol{I}$ 的傅里叶变换函数 F 的期望值,且 $\boldsymbol{I}$ 平均值是 $E[\boldsymbol{I}]=m$,即

$$\varphi_{q-1}(m)=E[F(\boldsymbol{I})] \tag{6-10}$$

用下述 $q=2^p$ 降维法,可将估计 $\phi_{q-1}(m)$ 的 $q-1$ 维积分能简化成为一个一维函数。

对任意一个非零元素 $h \in GF(2^p)$,定义一个合成消息 z,即

$$z_{(j,k)}=In\frac{1+\mathrm{e}^{-l_h}}{\mathrm{e}^{-l_j}+\mathrm{e}^{-l_k}} \quad k=j \oplus h \tag{6-11}$$

由 $E[\boldsymbol{I}]$ 能很容易地得到 $E[z]$,并且假若向量 $\boldsymbol{I}$ 是对称的,那么 z 向量也是对称的。若 z 还是高斯的,那么给定 $E[\boldsymbol{I}]$,可根据定义在 $q/2-1$ 维实空间 $E[z]$ 函数来计算第 i $((-1)^{i \otimes h}=1)$ 个 $\boldsymbol{I}$ 的傅里叶变换的期望值。如此递归下去,即可将 $q-1$ 积分降为一维积分。可用文献[76]中的指数形式对一个对称高斯随机变量的傅里叶变换函数做很好的近似。

6.3 EXIT 分析

6.3.1 规则 LDPC 码的 EXIT 图

LDPC 码译码器可视为一个偶图。偶图中,左边的 n 个变量节点对应传输码字,右边的 m 个校验节点对应奇偶校验。若校验矩阵 $\boldsymbol{H}$ 中的元素 H_i 不为 0,则第 j 个变量节点和

第 i 个校验节点之间有边连接。与变量节点 j 相连的边数记为 d_v^j，与校验节点 i 相连的边数记为 d_c^i。通过计算信道信息来完成译码算法的初始化，然后在变量节点和校验节点之间进行信息的迭代更新和传递，直至找到有效的码字，从而完成译码算法。

变量节点、校验节点的集合分别对应变量节点译码器（VND）、校验节点译码器（CND），如图 6-1 所示。该结构与内码是重复码、外码是单校验位码的串行级联码迭代译码器相似。I_{ch} 表示信道消息的互信息量，I_{av} 和 I_{ev} 分别表示 VND 输入端和输出端的互信息量，I_{ac} 和 I_{ec} 分别表示 CND 输入端和输出端的互信息量。一个 EXIT 图是将 VND 和 CND 的 EXIT 曲线同时叠加在具有相同度量的坐标系的图中，可形象地说明两个译码器间的信息交互。按此方式，不必运行冗长的 BER 仿真就可确定 LDPC 译码器的收敛特性。

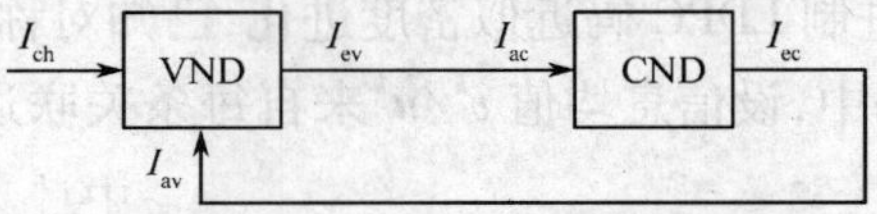

图 6-1　迭代 LDPC 译码器的框图

本节提出一种计算非二进制信息的互信息量的度量方法，提出了关于 VND 和 CND 的译码器模型及分析 EXIT 曲线的公式。评价模型和分析对应的仿真结果的准确性均就 GF(4) 上的 LDPC 而言。而相对于 GF(q) 上的 LDPC 码，模型及分析公式均有效。

1. 互信息量的计算

二元 LDPC 码偶图的每条边上传输单一信息，而多元码需要传输 q 条消息，如 GF(q) 上 LDPC 码计算其互信息量需计算 $q-1$ 维积分，但对于多元 LDPC 码 $q>4$ 的计算量是很大的。这里提出一种新的度量方法来计算多元码的互信息量。

将译码器消息或符号对数似然比（LLRs）转换为逐位比特似然比，并计算逐位比特似然比和相应比特之间的互信息量。这样，$q-1$ 维积分就降为一维积分。非规则码的 EXIT 图就是对其各成员码的 EXIT 图求平均。下面具体描述该度量方法。

L^a 是任意符号的对数似然比（LLR）或译码器消息，其中 $a \in \mathrm{GF}(q)$，定义 $\boldsymbol{L} = [L^0, \cdots, L^{q-1}]$。令 λ 为任意的逐位比特似然比，$\lambda = B(\underline{L})$ 表示从符号 LLRs 到逐位比特似然比的转化。对每个向量的符号 LLRs，计算 p 的逐位比特 LLRsλ_l 对应于 a 的第 l 比特的 LLRs。该转化在文献[79]中针对串行级联卷积码讨论过，计算过程为

$$\lambda_l = \overset{*}{\max_{a:a_l=1}}(L^a) - \overset{*}{\max_{a:a_l=0}}(L^a) \tag{6-12}$$

式中：$\overset{*}{\max}$ 表示对数域的加法。

$$\overset{*}{\max_j}(x_j) = \log_2\left(\sum_{j=1}^{J} e^{x_j}\right) \tag{6-13}$$

可迭代计算式（6-13），设 $\sigma_1 = x_1$，对 $j = \{2, \cdots, J\}$ 有

$$\sigma_j = \max(\sigma_j, \sigma_{j-1}) + \ln[1 + \exp(-|\sigma_j - \sigma_{j-1}|)] \tag{6-14}$$

最后一次迭代得到的 σ_J 就是式（6-13）的解。

概率密度函数 $p(\lambda|X=0)$ 和 $p(\lambda|X=1)$ 由 λ 的柱状图可得。比特 X 和比特宽 LLRs 即 $\lambda = B(\underline{L})$ 之间的互信息量为

$$I(X;B(\underline{L})) = \frac{1}{2} \times \sum_{x=0,1}\int_{-\infty}^{+\infty} p(\lambda \mid X = x)$$

$$\times \log_2 \frac{2p(\lambda \mid X = x)}{p(\lambda \mid X = 0) + p(\lambda \mid X = 1)} d\lambda \qquad (6-15)$$

2. 变量节点译码器的 EXIT 曲线0

1）译码器模型

考虑度为 d_v 的任意变量节点，接收到来自 CND 的 d_v 个消息 $L_{i,iv}^a$ 和来自信道的信息 L_{ch}^a。该变量节点按式(6-16)来计算 d_v 个输出信息，即

$$L_{i,ov}^a = L_{ch}^a + \sum_{k \neq i} L_{k,iv}^a \quad i = \{1,\cdots,d_v\}, a \in GF(q) \qquad (6-16)$$

假设变量节点与符号 $x \in GF(q)$ 相关，且 $x_l \in \{0,1\}$ 是 x 二进制表示时的第 l 个比特，$l = \{1,\cdots,p\}$。每个信道消息 L_{ch}^a 可以从接收信号 $r_1,\cdots,r_p$ 中计算得到

$$L_{ch}^a = \sum_{l:a_l=1} 2r_l/\sigma_n^2 \qquad (6-17)$$

这里，$r_1 = (2x_l - 1) + \eta_l$ 且 a_l 表示 a 二进制表示时的第 l 个比特。式(6-17)更简单地表达为

$$L_{ch}^a = \sum_{l:a_l=1} \mu_{ch} \times (2x_l - 1) + n_{ch,l} \qquad (6-18)$$

式中：$\mu_{ch} = \sigma_{ch}^2/2$，$n_{ch,l}$ 服从高斯分布，均值为0，方差为

$$\sigma_{ch}^2 = 8R\frac{E_b}{N_0} \qquad (6-19)$$

VND 输入端的消息更难模型化，通过仿真仔细研究它们的分布，可获得大量的观察资料：第一，输入信息是独立的；第二，随着迭代次数的增加，消息近似逼近高斯分布，其均值和方差的关系是 $\mu = \sigma^2/2$。针对二进制码，文献[76]、[77]已成功得到这类近似；第三，迭代译码器中，消息 $L_{i,iv}^1,\cdots,L_{i,iv}^{q-1}$ 与 VND 输出信息的归一化是相关的。基于这些观察，可提出 VND 输入信息的模型：

$$L_{i,iv}^a(\sigma) = \begin{cases} 0, & a = 0 \\ \mu + n_i^0 + n_i^a & x = a, a \neq 0 \\ -\mu + n_i^0 + n_i^a & x = 0, a \neq 0 \\ n_i^0 + n_i^a & \text{其他} \end{cases} \qquad (6-20)$$

式中：$\mu = \sigma^2/2$，n_i^0 和 n_i^a 都服从均值为0、方差为 $\sigma^2/2$ 的高斯分布，这保证了 $L_{i,iv}^a(\sigma)$ 的方差为是 σ^2；随机变量 n_i^0 被引用来模拟消息 $L_{i,iv}^1,\cdots,L_{i,iv}^{q-1}$ 之间的相关性。

2）表达式分析

二进制 LDPC 码的信道信息、VND 的输入信息和输出信息可以全部用高斯分布来模拟。而多元 LDPC 码的这些消息是用不同的联合高斯分布来模拟，由式(6-16)、式(6-18)和式(6-20)分别表示。这种情况下，文献[77]中对 EXIT 曲线的分析表达式已不再适合多元 LDPC 码。因此，定义了两个函数：

$$J_v(\sigma)=I[X;B(\underline{L}_{ch}+\underline{L}_{iv}(\sigma))] \tag{6-21}$$

$$J_c(\sigma)=I[X;B(\underline{L}_{iv}(\sigma))] \tag{6-22}$$

这两式与消息互信息量的概率密度函数的标准偏差有关。文献[77]只定义了一个这样的函数,用$J_v(\sigma)$计算信道消息的互信息量,$J_v(0)=I[X;B(\underline{L}_{ch})]$表示信道容量。

由式(6-21)、式(6-22)可得度为d_v的变量节点的EXIT曲线的分析表达式为

$$I_{ev}(I_{av},d_v)=J_v(\sqrt{d_v-1}\times J(I_{av})) \tag{6-23}$$

函数$J_v(\sigma)$和$J^{-1}(I_{av})$的计算机实现可以通过查表或文献[77]所介绍的曲线拟合方法。

3) 仿真结果比较

图6-2给出帧长为1200bit、码率$R=1/2$、$E_b/N_0=2$的GF(4)上的码变量节点的EXIT曲线。与Free-Running仿真结果相比较,该图关于模型式(6-16)和分析式(6-23)EXIT曲线表明模型、分析和仿真之间有很好的一致性。

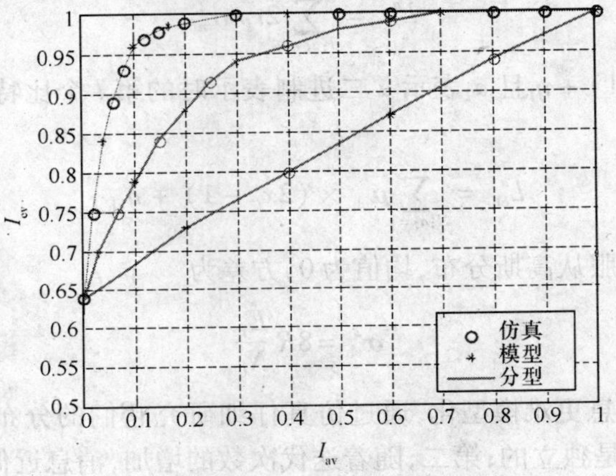

图6-2 变量节点的EXIT曲线

3. 校验节点译码器的EXIT曲线

1) 译码器模型

考虑度为d_c的任意校验节点,接收到来自VND的d_c个消息$L^a_{i,ic}$。定义$\boldsymbol{h}$是与该校验节点关联的奇偶校验的矢量,$\boldsymbol{x}$是满足这些校验的编码符号矢量。这些长为d_c矢量的元素在GF(q)上且满足等式$\boldsymbol{hx}'=0$,其中$\boldsymbol{hx}'=0$为GF(q)上的乘法。

校验节点计算的d_c个输出消息$L^a_{i,oc}(i=\{1,\cdots,d_c\})$且$a\in$ GF(q)分别为

$$\tilde{\boldsymbol{L}}_{i,ic}=F[P_i(\underline{L}_{i,ic})] \tag{6-24}$$

$$\tilde{L}^a_{i,oc}(s)=\prod_{k\neq i}\tilde{L}^a_{k,ic}(s) \tag{6-25}$$

$$\tilde{L}^a_{i,oc}(m)=\sum_{k\neq i}\tilde{L}^a_{k,ic}(m) \tag{6-26}$$

$$\boldsymbol{L}_{i,oc}=P_i^{-1}[F^{-1}(\tilde{L}_{i,oc})] \tag{6-27}$$

式中：$P_i(\underline{L}_{i,\mathrm{ic}})$为根据 h_i将$\boldsymbol{L}_{i,\mathrm{ic}}$进行置换的操作；$F(\boldsymbol{x})$为$\boldsymbol{x}$的傅里叶变换；$\boldsymbol{L}(s)$和 $\boldsymbol{L}(m)$表示 L 的符号和大小。

通过对 CND 输入信息分布的仿真结果，可得出信息是独立的，信息的概率密度函数是信道概率密度函数和 VND 的输入信息概率密度函数的组合。每个 VND 输入信息对应同一个码字符号 $\boldsymbol{x}$，而 CND 输入信息则有可能对应不同的码字符号 x_i。基于此，CND 输入信息的模型为

$$L_{i,\mathrm{ic}}^{a}(\sigma) = L_{i,\mathrm{c}}^{a}(\sigma) + \sum_{l:a_l=1} \mu_{\mathrm{ch}} \times (2x_{i,l} - 1) + n_{\mathrm{ch},i,l} \tag{6-28}$$

$$L_{i,\mathrm{c}}^{a}(\sigma) = \begin{cases} 0, & a=0 \\ \mu + n_i^0 + n_i^a & x=a, a\neq 0 \\ -\mu + n_i^0 + n_i^a & x=0, a\neq 0 \\ n_i^0 + n_i^a & \text{其他} \end{cases} \tag{6-29}$$

式中，$x_{i,l}$是 x_i的第 l 个比特；$\mu=\sigma^2/2$；$n_{\mathrm{ch},i,l}$和 n_i^a为均值为 0、方差分别为 σ_{ch}^2和 $\sigma^2/2$ 的高斯分布。

2）表达式分析

基于对偶特性，文献[77]中 EXIT 曲线是以 VND 的 EXIT 曲线的形式给出的。这种近似不适用于 GF($q>2$)的情况，因为输入信息和输出信息不能由相同的联合高斯分布来描述。然而，度为 d_{c} 的校验节点的 EXIT 曲线可以由式(6－30)近似表示，即

$$I_{\mathrm{ec}}(I_{\mathrm{ac}}, d_{\mathrm{c}}) = I_{\mathrm{ac}}^{\alpha(d_{\mathrm{c}}) \times I_{\mathrm{ac}} + (\beta d_{\mathrm{c}})} \tag{6-30}$$

式中：$\alpha(d_{\mathrm{c}})$和$\beta(d_{\mathrm{c}})$依赖于校验节点的度、域大小和 SNR。这些常数可以通过将式(6－30)和 CND 的 EXIT 曲线相匹配而得到。

3）仿真结果比较

图 6－3 给出码率 $R=1/2$，$E_{\mathrm{b}}/N_0=2\mathrm{dB}$ 在 GF(4)上的码校验节点度的 EXIT 曲线。与相同参数的 VND EXIT 曲线相比，该图关于模型式(6－24)、式(6－25)、式(6－26)、式(6－27)和分析式(6－30)的 EXIT 曲线表明模型、分析和仿真是相符的。

6.3.2 非规则 LDPC 码的 EXIT 图

对于二元 LDPC 码，非规则码的 EXIT 曲线是各成员码 EXIT 曲线的简单平均。若使用前面所提出的度量方法，这同样适用于多元 LDPC 码。

由于边携带了译码器消息，对部分边求平均，而不是对部分节点求平均。令 $\lambda_i(\rho_i)$表示度为 i 的变量（校验）节点所占的比例，$\lambda_i^e(\rho_i^e)$表示与度为 i 的变量（校验）节点的关联边所占的比例。从节点部分到边部分之间的转换表示为 $\lambda_i^e = \dfrac{i\lambda_i}{\sum_i i\lambda_i}$和$\rho_i^e = \dfrac{i\rho_i}{\sum_i i\rho_i}$。非规则 LDPC 码 VND 和 CND 的 EXIT 曲线的计算公式为

$$I_{\mathrm{ev}}(I_{\mathrm{av}}) = \sum_i \lambda_i^e \times I_{\mathrm{ev}}(I_{\mathrm{av}}, i) \tag{6-31}$$

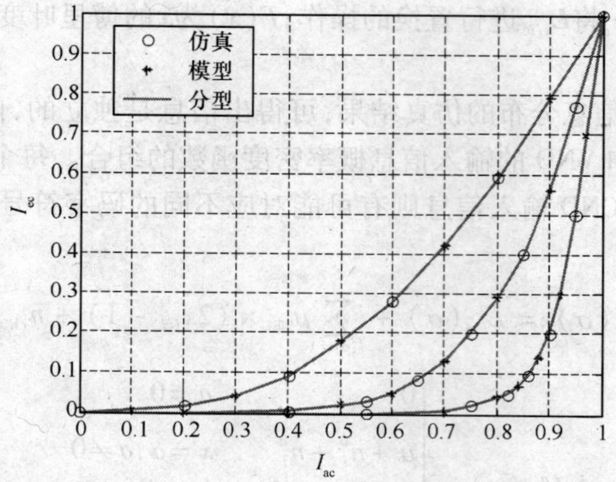

图 6-3　校验节点度不同时的 EXIT 曲线

$$I_{ec}(I_{ac}) = \sum_i \rho_i^e \times I_{ec}(I_{ac}, i) \tag{6-32}$$

图 6-4 所示是将解析 EXIT 曲线与 CND EXIT 曲线坐标轴互换得到的平均译码轨迹相比较。GF(4)上非规则码由以下参数描述：$\rho_7 = 0.341$，$\rho_8 = 0.659$，$\lambda_2 = 0.478633$，$\lambda_3 = 0.4085$，$\lambda_8 = 0.000067$，$\lambda_{11} = 0.045233$，$\lambda_{17} = 0.067567$。轨迹仿真环境为平均 20 帧，$N = 12000$bit 和 $E_b/N_0 = 2$。结果表明，分析得到的曲线能够很好地逼近译码轨迹。

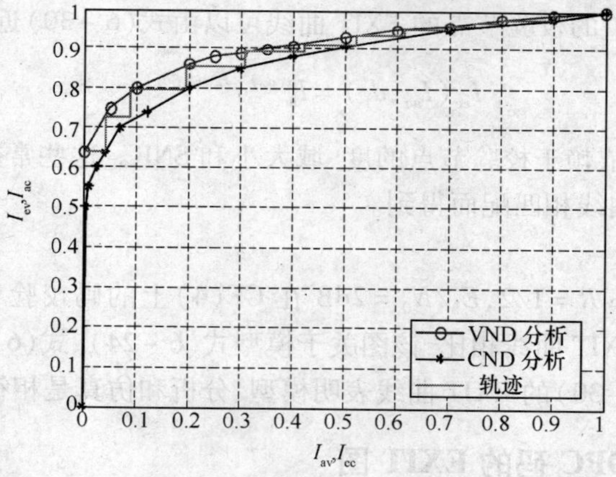

图 6-4　非规则码的 EXIT 曲线

6.4　本章小结

本章给出了 3 种多元 LDPC 码的设计分析方法，包括密度进化、高斯逼近和 EXIT 图分析。密度进化是一种比较精确的设计分析方法，但是实现困难；高斯逼近是一种近似的密度进化，实现复杂度低，但是这种方法是在高斯假设下得到的分析结果；EXIT 图是通过分析变量节点和校验节点的输入与输出互信息得到的 EXIT 图，从而得到多元 LDPC 码的优化度分布，实现简单，是一种迭代系统较为常见的分析设计方法。

第7章　多元LDPC码的速率兼容与高阶调制设计

速率兼容和编码调制是多元LDPC码应用到无线通信系统中时，遇到的两个重要问题。本章主要讨论多元LDPC码的速率兼容设计、多元LDPC码的CPM调制和多元LDPC码的高阶调制。

7.1　多元LDPC码的速率兼容设计

自适应编码只需要一对编、译码器即可灵活实现码率变化的速率兼容（Rate－Compatible，RC），是无线通信系统中必不可少的关键技术。对二元RC－LDPC码的设计，人们已经进行了深入的研究，得到了许多方法，这些方法同样也适用于多元LDPC码的速率兼容设计。也就是说设计一个码率适中的母码，只需要一对编译码器就可以实现从低码率到高码率的任意变化，在保证满足系统性能的目标下，几乎不增加系统的复杂度。常见的LDPC码的速率兼容设计是缩短与打孔。

缩短操作又称为删信，是通过减少码字中信息位的长度，从而降低码率，并使实际参与传输的码字长度变短。在接收端，由于缩短信息位的位置已知，所以可以给这些缩短的信息位置赋值无限大的可靠度，从而恢复母码的原始码长，依据母码的校验矩阵实现一系列低码率缩短RC－LDPC码的译码。多元码的缩短包括符号级和比特级。符号级缩短对整个符号进行删除，不参与信道传输，对于二元LDPC码，符号级操作等价于比特操作。对于多元LDPC码，一个符号包括多个比特，因此可以选择一个符号中任意多个比特进行删除操作，提高缩短操作的自由度。

打孔的含义是通过对部分校验位作删余处理，从而提高码率，并使参与传输的码字长度变短。打孔位置即删除冗余位的位置（又称打孔图案）的选择比较复杂且直接影响打孔后的码字性能。对于码长较长的LDPC码进行打孔操作，基于密度进化和高斯逼近等方法获得优化的打孔方案比较准确；对于中短长度的LDPC码，可以应用基于置信传播设计的思想，选择恢复信息需要的迭代次数最少的变量节点进行打孔删除等。

由于二元LDPC码的速率兼容方案，可以推广到多元LDPC码的速率兼容设计，因此，相关内容可以参考有关文献。

7.2　多元LDPC码的CPM调制

连续相位调制信号（Continuous Phase Modulation，CPM），带宽和功率利用率高，特别适合发射功率和信道带宽都受限的无线通信系统。由于CPM是调制信号的恒包络性，对功放的非线性特性不敏感,功率放大器可以工作在饱和状态,所以功率利用率高;又由于 CPM 的相位连续性,使得其带外辐射小,产生的邻道干扰小,所以频谱效率高。另外,与 PSK 调制相比,由于相位编码器中引入的记忆特性,所以在译码过程中,CPM 信号可以利用与卷积码类似的网格图来表示可能的传输信号,采用最大似然序列检测等解调方式,获得一定的编码增益。多元 LDPC 码的多进制 CPM 系统通过多元 LDPC 码与 CPM 的串行级联和优化设计可以获得一定的编码增益。

7.2.1 CPM 的基本原理

CPM 的发送信号表示为

$$s(t,\alpha) = \sqrt{2E/T}\cos(2\pi f_0 t + \varphi(t,\alpha) + \varphi_0) \quad nT \leqslant t \leqslant (n+1)T \tag{7-1}$$

式中:$\alpha = (\alpha_0, \alpha_1, \cdots)$ 为发送的 M 进制信息序列,$\alpha_i \in \{\pm 1, \pm 3, \cdots, \pm(M-1)\}$,$E$ 为符号能量,T 为符号间隔,f_0 为载波频率,φ_0 是初始相位(通常假设 $\varphi_0 = 0$),携带信息的相位为

$$\varphi(t,\alpha) = 2\pi h \sum_{i=0}^{n} \alpha_i f(t - iT) \qquad nT \leqslant t \leqslant (n+1)T \tag{7-2}$$

式中:$h = K/P$(K,P 为互质整数)称作调制指数,函数 $f(t)$ 称为相位脉冲,它是一个连续单调函数,规定

$$f(t) = \begin{cases} 0, & t \leqslant 0 \\ 1/2, & t \geqslant LT \end{cases} \tag{7-3}$$

由式(7-2)、式(7-3)可以得出

$$\begin{aligned} \varphi(t,\alpha) &= \pi h \sum_{i=0}^{n-L} \alpha_i + 2\pi h \sum_{i=n-L+1}^{n} \alpha_i f(t - iT) \\ &= \theta_n + \theta(t; \boldsymbol{C}_n; \alpha_i) \end{aligned} \tag{7-4}$$

式中:θ_n 为相位状态,$\boldsymbol{C}_n$ 为关联状态,其物理含义如下:

相位状态:

$$\theta_n = (\pi h \sum_{i=0}^{n-L} \alpha_i) \bmod 2\pi \tag{7-5}$$

式中:h 一般是一个有理数,令 $h = m/q$,可得:

$$\theta_n \in \left\{0, \frac{2\pi}{q}, \frac{4\pi}{q}, \cdots, \frac{(q-1)2\pi}{q}\right\}, m \text{ 为偶数} \tag{7-6}$$

$$\theta_n \in \left\{0, \frac{\pi}{q}, \frac{3\pi}{q}, \cdots, \frac{(2q-1)\pi}{q}\right\}, m \text{ 为奇数} \tag{7-7}$$

对应相位状态个数 N_θ 为

$$N_\theta = \begin{cases} q & (m \text{ 为偶数}) \\ 2q & (m \text{ 为奇数}) \end{cases} \tag{7-8}$$

令 $P = \begin{cases} q & (m \text{ 为偶数}) \\ 2q & (m \text{ 为奇数}) \end{cases}$,则相位状态 θ_n 可表示为

$$\theta_n \in \left\{0, \frac{2\pi}{p}, \frac{4\pi}{p}, \frac{6\pi}{p}, \cdots, \frac{(p-1)2\pi}{p}\right\} \tag{7-9}$$

关联状态:

$$\theta(t;C_n;\alpha_i) = 2\pi h\sum_{i=n-L+1}^{n}\alpha_i f(t-iT)$$

$$= 2\pi h\sum_{i=n-L+1}^{n-1}\alpha_i f(t-iT) + \pi h\alpha_n, nT \leqslant t \leqslant (n+1)T \quad (7-10)$$

式(7－10)右边第一项与序列 $C_n = \{\alpha_{n-1},\alpha_{n-2},\cdots,\alpha_{n-L+1}\}$ 有关，称之为关联状态；第二项则只与当前时刻的输入符号 α_n 有关。因此，对于采用长度为 $LT(L>1)$ 的部分响应信号脉冲的 CPM 信号，其在 $t=nT$ 时刻的状态由相位状态和关联状态共同决定，可以表示为

$$S_n = \{\theta_n,\alpha_{n-1},\alpha_{n-2},\cdots,\alpha_{n-L+1}\} \quad (7-11)$$

当 $t=(n+1)T$ 时刻 CPM 信号状态改变为 S_{n+1}：

$$S_{n+1} = \{\theta_{n+1},\alpha_n,\alpha_{n-1},\cdots,\alpha_{n-L+2}\} \quad (7-12)$$

式中：$\theta_{n+1}=\theta_n+\pi h\alpha_{n-L+1}$。显然，$(n+1)T$ 时刻（下一时刻）状态 S_{n+1} 是 nT 时刻（当前时刻）状态 S_n 和当前输入 α_n 的函数：

$$S_{n+1} = \rho(S_n,\alpha_n) \quad (7-13)$$

式中：ρ 为状态转移函数。CPM 信号的状态转移过程可以用一个齐次马尔可夫过程来描述，同时由上可知 CPM 信号状态 S_n 的个数 N_s 为

$$N_s = PM^{L-1} \quad (7-14)$$

式中：P 为状态个数，M 为进制数，L 为关联长度。

7.2.2 CPM 的工作过程

对于 CPM 调制，信息码元是由相位状态转移决定的，这不同于 PSK 调制中信息码元由相位值决定。把式 (7－1) 中的 CPM 调制信号的波形表达式展开成以下形式：

$$s(t,\alpha) = \sqrt{\frac{2E}{T}}\left\{\cos\left[\pi h\sum_{i=-\infty}^{n-L}\alpha_i + 2\pi h\sum_{i=n-L+1}^{n}\alpha_i f(t-KT) + \varphi_0\right]\cos(2\pi f_c t) - \sin\left[\pi h\sum_{i=-\infty}^{n-L}\alpha_i + 2\pi h\sum_{i=n-L+1}^{n}\alpha_i f(t-KT) + \varphi_0\right]\sin(2\pi f_c t)\right\} \quad (7-15)$$

CPM 调制过程图如图 7－1 所示。首先，对二进制信息比特流进行串并转换，转换为 M 进制码元 α_i，其取值范围为 $\alpha_i\in\{\pm1,\pm3,\cdots,\pm(M-1)\}$。然后，根据公式 $\pi h\sum_{i=-\infty}^{n-L}\alpha_i + 2\pi h\sum_{i=n-L+1}^{n}\alpha_i f(t-KT)+\varphi_0$ 得到相位值。再对这个相位取 cos(·)和 sin(·)得到两路正交低通分量。最后对两路低通分量进行正交调制，乘上相应的幅度值，就得到了 CPM 射频信号。

CPM 解调过程如图 7－2 所示，首先对接收进来的中频信号 $r(t)$ 进行带通滤波，滤除带外噪声，提取出有用信号。然后用两路正交载频分别对滤波之后的信号进行差频，再经过低通滤波器就得到两路正交的低通信号分量。基于这两路正交分量通过 Viterbi 译码算法或 MAP 检测输出信息码元，再进行一次并串变换可以得到需要的信息比特流。

改变调制指数 h 可以改变 CPM 系统的性能，随着 h 的增加，性能逐渐改善。因为调制指数 h 的增加导致每个符号引起的相位变化幅度的增大，便于接收机更加对不同信号

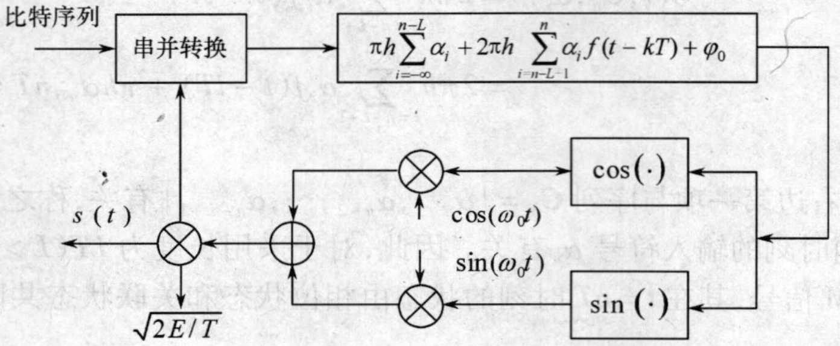

图 7-1　CPM 调制过程

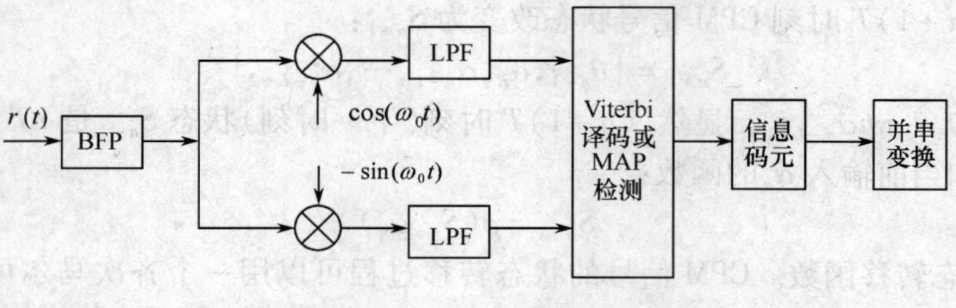

图 7-2　CPM 解调过程

的区分,与此同时也增加了带宽。但是与 M-PSK 和 M-QAM 调制改变编码方案的码率适应信道环境相比,CPM 为系统提供了更大的灵活性。

7.2.3　多元 LDPC 码的 CPM 系统

采用 LDPC 码的比特交织编码调制(BICM)方案中,LDPC 码内在的随机交织特性使得它与信号星座进行串行级联构成 BICM 码时,可以省略掉它们之间的交织器,从而降低译码时延。但是,在 BICM 方案中,接收端如果采用基于比特似然值的译码算法,则需要在符号似然值与比特似然值之间进行转换,从而导致性能损失;并且即使采用联合迭代检测/译码策略,在比特交织编码调制迭代译码(BICM-ID)接收机中的迭代检测/译码是也次佳的。多元 LDPC 码的 CPM 串行级联编码调制系统可以很好地解决上述问题。GF(q)上的多元 LDPC 码与 q 元 CPM 调制器构成的串行级联系统中,接收机可以采用基于符号的后验概率(APP)的最佳的非迭代检测技术。与 BICM-ID 相比,由于最佳检测所获得的性能增益能够弥补衰落信道中非比特交织造成的时间分集损失,使得能这种方案具有较低的检测时延而不失最佳性。而且,q 元 LDPC 码的汉明距离直接对应于信号序列之间的汉明距离,有利于设计具有好的乘积距离的编码调制系统。

图 7-14 是 q 元 LDPC 码作为外码,CPM 作为内码的串行级联编码调制系统的结构模型,它是一种省略交织器并采用非迭代译码的简化结构。在每一时刻,信源将符号信息送到码率为 K/N 的 q 元 LDPC 码编码器,编码输出序列 $\mathbf{c}=(c_1,c_2,\cdots,c_{N+1})$ 直接送到 CPM 调制器进行信号调制。设 $\mathbf{s}=(s_1,s_2,\cdots,s_{N+1})$ 为调制后的传输序列,通过信道后的接收信号表示成 $\mathbf{r}=(r_1,r_2,\cdots,r_{N+1})$,其中 $r_k=(r_{k,1},r_{k,2})=h_k s_k+n_k$,$h_k$是信道衰减因子,且在每个调制信号间隔是固定不变的;n_k是均值为 0,方差为 $N_0/2$ 的高斯信号。

接收部分采用非迭代检测方式,即信道接收序列送入 CPM 的 BCJR 软输出解调器得

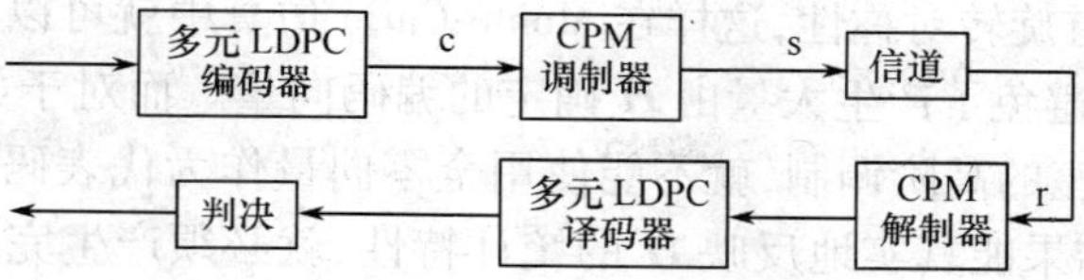

图 7-3　多元 LDPC 码的 CPM 串行级联系统

到基于符号的似然比(LLR)信息,再经 q 元 LDPC 译码器采用快速傅里叶变换的和积译码算法进行 P 次迭代译码后直接做出判决。整个信息传递过程作串行输入输出,编译码时延小,系统结构简单,易于实现。

研究显示,AWGN 下,低信噪比时,高进制的 CPM 作为内码的级联系统性能好于用相同进制的 QAM 调制的编码系统。中短码长情况下,当采用基于定义在 GF(q)上的非二进制 LDPC 码的串行级联编码调制系统时,调制方式或内码应选择高阶调制或多元内码;若外码采用二进制 LDPC 码,则选用二进制调制方式或二进制内码与之级联。也就是说,外码与内码应相互匹配,信息在传递过程中要么都是基于比特运算,要么都是基于符号运算,尽可能避免转换过程中信息量减少带来的性能损失。详细内容,参见本书后面的有关参考文献。

7.3　多元 LDPC 码的高阶调制技术

随着对高速数据传输的需求不断增加,类似 M 进制 QAM 和 PSK 等的高阶调制技术成为目前的研究热点之一。如何将 LDPC 编码技术与高阶调制技术有机地结合起来,在传输的可靠性和频谱使用的有效性间获得一个很好的平衡就成为一个重要的研究课题。在无线通信系统中由于带宽和信道特性的限制,可靠性和有效性兼顾的问题就显得尤为突出。虽然 CPM 的带宽和频谱利用率高,但是解调的复杂度也高,本节主要讨论多元 LDPC 码与高阶 QAM 的联合设计。

7.3.1　基于计算机仿真的编码调制的联合优化

以 Davey(1998)提出的 Monte-Carlo 方法为基础的、适用于二进制 PSK 调制的二进制 LDPC(Low Density Parity Check,低密度奇偶校验)码的最优化理论已经在相关文献中得到了验证。但由于 q 进制星座没有旋转对称性,因而限制了 Davey 方法的应用。但是应用在准正规编码类型上的有效的 Davey 型蒙特卡罗(Monte-Carlo)最优化编码设计方法,可直接将 GF(q)上的最优 LDPC 编码和任意的 q 进制调制结合起来,获得很高的带宽效率。

LDPC 编码由稀疏奇偶校验矩阵 $\boldsymbol{H}$ 唯一地确定,编码相对比较简单。根据校验矩阵的行和列的特性,LDPC 编码可以分为两大类:规则 LDPC 编码和非规则 LDPC 编码。前者要求矩阵所有的行和列具有相同的重量,但后来也允许有不同形式的行重分布 r 和列重分布 c。设有编码参数 $\Theta=(r,c)$,基于该参数可以定义一组稀疏校验矩阵:$\boldsymbol{H}(\Theta)=\{H:\Theta\}$。从本质上来讲,编码设计的任务就是寻找编码对应的最优的 $\boldsymbol{H}$,使进行可靠传输所需的平均信噪比最小。Monte-Carlo 方法已经在 PSK 调制的 LDPC 编码设计中得到了论证。PSK 星座具有旋转对称性,这样在 Monte-Carlo 仿真中就可以选择全零向量作为 LDPC 代表码字,从而避免了产生大量由 $\boldsymbol{H}$ 确定的编码向量。而对于如 M - QAM 这样使用没有旋转对称性星座的高阶调制,就不能使用全零向量作为代表码字。对于一般的调制方法,为了使仿真结果能真实地反映 $\boldsymbol{H}$ 的统计特性,就必须产生完整反映星座几何特性的编码符号序列。由于计算的复杂程度太高,实际上这种 Monte-Carlo 编码设计方法在其星座没有旋转对称性的调制方法中是不可行的。

LDPC 码由其奇偶校验矩阵 $\boldsymbol{H}$ 确定,$\boldsymbol{H}$ 一般采用非系统形式。为了生成确定 Monte-Carlo 优化所需码字矢量的生成矩阵,需要将 $\boldsymbol{H}$ 改写为系统形式,这可采用高斯消元法等方法来实现。用于设计阶段的 $\boldsymbol{H}$ 的维数通常很大,同时运算又是在 GF(q)上进行,这使得计算量非常大。在给定一组矩阵行和列性质的情况下,更是需要确定数百个这样的生成矩阵。因此,为编码参数优化直接生成大量的 LDPC 编码序列显然是不现实的。如果能找到易于生成的等价测试序列来替换这些 LDPC 编码序列,则可以大大降低编码设计的复杂度和运算量。

由于噪声信道的影响,在很多情况下 LDPC 译码器处理的不是 LDPC 的编码码字,而是叠加了错误的矢量。LDPC 译码器的工作就是确定这些错误,从接收到的错误序列中恢复出可能性最大的传输码字。受到这个现象的启发,出现了一种改进的 Monte-Carlo 方法。这种方法中,采用任意矢量和一些附加信息来进行 LDPC 编码的设计,不需要产生 LDPC 编码符号序列。另外,改进的 Monte-Carlo 方法还克服了在将二进制 LDPC 编码应用于高阶调制时的一个缺点:在发送方进行调制时需要进行比特—符号转换,而在接收方,在概率译码前需要进行符号—比特概率转换。改进的方法不需要进行这样的转换,可以直接设计用于 q 进制调制的 GF(q)上 LDPC 编码符号。

LDPC 码的校验矩阵有两个层次上的功能。首先,当收到符号向量 $\boldsymbol{x}$ 时,用校验方程 $\boldsymbol{Hx}=0$ 来检查 $\boldsymbol{x}$ 是否是码字。通常情况下,$\boldsymbol{x}$ 由码字 $\boldsymbol{s}$ 加差错向量 $\boldsymbol{e}$(由信道噪声引起)组成,这样 $\boldsymbol{Hx}$ 的结果将不为零,记这个结果为 $\boldsymbol{a}$,即 $\boldsymbol{Hx}=\boldsymbol{He}=\boldsymbol{a}$。其次,LDPC 矩阵还要确定最稀疏差错向量 $\boldsymbol{e}$,使发送码字能正确地从接收符号中恢复出来。现假设发送向量为任意向量 $\boldsymbol{y}$,$\boldsymbol{Hy}=\boldsymbol{z}$,$\boldsymbol{y}$ 不要求是码字。如果噪声信道产生差错向量 $\boldsymbol{e}$,则 $\boldsymbol{H}(\boldsymbol{y}+\boldsymbol{e})=\boldsymbol{Hy}+\boldsymbol{He}=\boldsymbol{z}+\boldsymbol{b}$,$\boldsymbol{He}=\boldsymbol{b}$,$\boldsymbol{b}$ 为非零向量。那么在接收端计算 $\boldsymbol{H}(\boldsymbol{y}+\boldsymbol{e})-\boldsymbol{z}=\boldsymbol{b}$ 与采用真正的 LDPC 码字计算 $\boldsymbol{He}=\boldsymbol{a}$ 在研究 $\boldsymbol{H}$ 的性能上是等效的。LDPC 矩阵设计的关键问题在于其识别差错向量的能力(性能),在设计阶段没有必要要求使用真正的码字,($\boldsymbol{y}$,$\boldsymbol{z}$)形式的向量也可以用来进行 LDPC 编码设计。当 $\boldsymbol{z}=0$ 时,$\boldsymbol{y}$ 就是编码向量 $\boldsymbol{s}$,因此($\boldsymbol{y}$,$\boldsymbol{z}$)是传统的编码向量($\boldsymbol{s}$,0)的一般形式。使用向量($\boldsymbol{y}$,$\boldsymbol{z}$)就可以避免设计阶段耗时的码字产生过程。

所有符合给定行和列性质的 LDPC 码的校验矩阵形成一个矩阵集合。以这种方式定义的非正规奇偶校验矩阵集合规模很大,以致在仿真的基础上估计其统计特性变得十分困难。为了在实际应用中可行,希望减小由行和列性质定义的参数空间 Θ,只要求获得次优的 LDPC 编码。可以将研究限制在准正规码的范围内,特别地,考虑只有两个参数构成的参数空间:平均列重 $\bar{w}_c$ 和码率 R。通过采用(y,z)形式的向量和参数空间 $\Theta=(\bar{w}_c, R)$ 进行 LDPC 编码设计,使改进的 Monte-Carlo 方法运算量和复杂度大大减小,成为可行的方法。

考虑将 GF(q)上的 LDPC 与 q 进制调制相结合的情况。设编码长度 $L=10^5$,码率

$R=0.5$，$q=4$、8 和 16，对应的带宽效率分别为 $B=R\log_2(q)=1$、1.5、2。对应 $q=4$、8、16 的生成伽罗华域 GF(q)的本原多项式分别为 $p(x)=x^2+x+1$、$p(x)=x^3+x+1$ 和 $p(x)=x^4+x+1$。为简单起见，这里仅考虑准规则 LDPC 编码，$\bar{w}_c$ 的优化采用前面提到的算法。

阈值 SNR 随 $\bar{w}_c$ 变化的情况如图 7-4 所示。从图 7-4 中可以看出，对于每个不同的 q 值，确实存在一个最优的平均列重。从直觉上来看，似乎 $\bar{w}_c$ 越大，门限 SNR 就越小，这与图中存在一个最优的 $\bar{w}_c$ 值的情况不符。实际上，增大 $\bar{w}_c$，意味着对每一个符号将关联更多的校验方程，因而可获得更多的外信息。但在给定的编码率 R 下，增大 $\bar{w}_c$ 也意味着增大 $\bar{w}_r$（平均列重，$\bar{w}_r=\bar{w}_c/(1-R)$）。增大 $\bar{w}_r$ 将使之在一个校验方程中涉及更多的符号。这样，每个符号分享的信息量也就越少，从而导致译码性能的下降。所以，对于给定的 R 值，$\bar{w}_c$ 有一个最优的折中值。

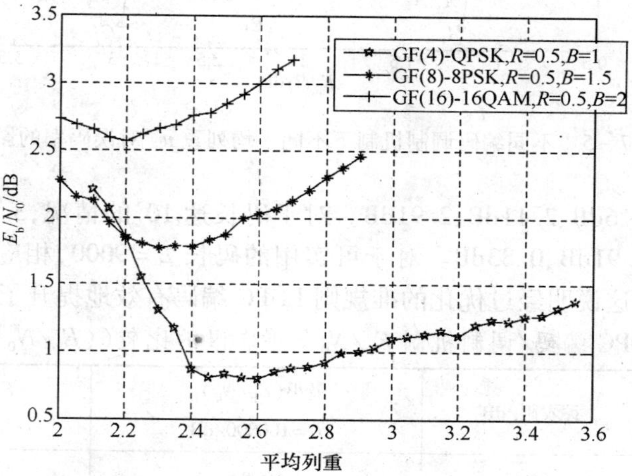

图 7-4　不同编码调制机制下 E_b/N_0 与平均列重 $\bar{w}_c$ 的关系

选择码长 $L=9000$，$R=0.5$，为每个 q 值选择 3 个 $\bar{w}_c$ 值。对于 $q=4$，选择 $\bar{w}_c=2.55$、2.75、2.95。其中，第 1 个值 2.55 是最优值，另外两个值较最优值大。同样，$q=8$，选择 $\bar{w}_c=2.35$、2.55、2.75，其中 2.35 是最优值；$q=16$，选择 $\bar{w}_c=2.2$、2.4、2.6，其中 2.2 是最优值。然后构造校验矩阵 $\boldsymbol{H}$ 和相应的编码生成矩阵。据此可通过计算机仿真得到每个编码调制方法下的误码性能，结果绘制在图 7-5 中。正如所期望的那样，最优值能获得最优的误码性能。3 种编码调制方式 GF(4)/QPSK、GF(8)/8PSK 和 GF(16)/16QAM 均是如此。

在取最优的 $\bar{w}_c$ 值的情况下，研究 GF(4)/QPSK、GF(8)/8PSK 和 GF(16)/16QAM 在不同的 E_b/N_0下能获得的信道容量是有意义的。3 种机制的带宽效率分别为 1、1.5、2，香农限为 $E_b/N_0=0$dB、0.86dB、1.76dB。当编码长度 $L=10^5$时，3 种机制可获得的最小 E_b/N_0分别为 0.8dB、1.77dB、2.59dB。表 7-1 中列出了这些值以便比较。一旦获得了每种机制下的最优 $\bar{w}_c$ 值，就可以构造出实用的码长为 9000 的 LDPC 编码，并通过仿真计算出相应的误码率，如图 7-15 所示。图中，A、B、C 族曲线分别对应 3 种调制机制 GF(4)/QPSK，GF(8)/8PSK 和 GF(16)/16QAM，曲线上方的数据为平均列重，其中每族曲线的最左边一条为最优列重的误码率曲线。从图中可以看出，当误码率为 10^{-5}时，3 种机制要求

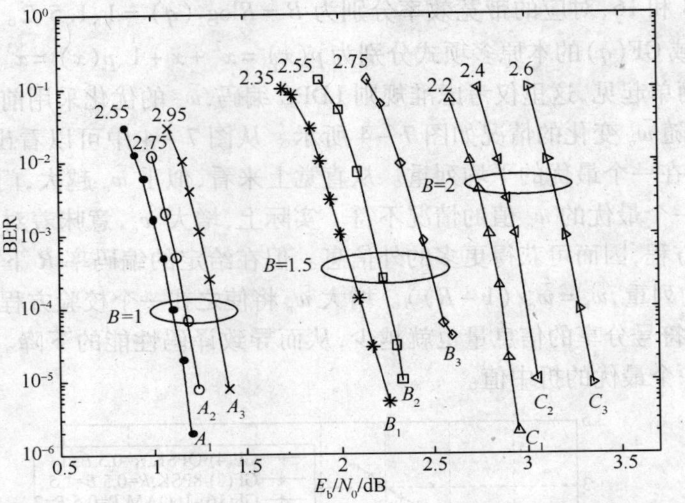

图 7－5 不同编码调制机制下不同平均列重 w_c 对误码率的影响

的 E_b/N_0 分别为 1.16dB、2.11dB、2.91dB。对于码长达 10^5 的情况，3 种机制的性能较香农限相差 0.8dB、0.91dB、0.83dB。对于可实用的码长 $L=9000$，相应的差值为 1.16dB、1.25dB、1.15 dB。这说明经过优化的准规则 LDPC 编码有效地提升了系统性能。

表 7－1 3 种 LDPC 编码/调制机制 E_b/N_0 与香农限的比较（$(E_b/N_0)_{th}$ 表示阈值 SNR）

带宽效率	香农限/dB	最小 $(E_b/N_0)_{th}$ $L=100000$/dB	E_b/N_0 BER $=10^{-5}$, $L=9000$/dB
$B=1.0$	0	0.8	1.16
$B=1.5$	0.86	1.77	2.11
$B=2.0$	1.76	2.59	2.91

7.3.2 基于线性规划的编码调制的联合优化

联合 GF(q) 上的非规则 LDPC 码和 q 阶调制来实现 AWGN 信道上的带宽有效传输并考虑码的最佳化。为了寻找 GF(q) 上好的 LDPC 码，基于之前 Davey 的研究成果，可以选择一个行重，并最小化一个对应于一系列关于校验矩阵列重的线性限制的非线性目标函数。这种方法的主要缺陷在于平均列重，这样一个重要的参数，由于在行重给出之时就已经被决定，从而没有参与到最佳化过程。放宽 Davey 的关于行重固定的限制，而使用所有关于行重、列重和平均列重的限制，并引入一种复合方式来解决这个非线性规划问题。这保证了校验矩阵的平均列重参与到了优化过程之中。

考虑 AWGN 信道上非规则多元 LDPC 码的带宽有效传输，联合一个 GF(q) 上的码率为 R 的 LDPC 码和 q 阶的调制来获得一个带宽效率为 $B=Rb$ 的系统，这里 $q=2^b$ 且 b 是一个正整数。对于一个固定的 B，可以选择不同的参数对 (R,b)。当 q 很大时，计算复杂度会很高。可以使用快速哈达玛转换来高效地升级译码过程中校验节点送往变量节点的信息。在码率 R 固定下，在联合的系统中寻找 GF(q) 上一个好的 LDPC 码的问题转化成最小化一个对应于一系列关于校验矩阵的一系列参数(行重、列重、平均列重)的线性限制下的非线性目标函数的问题。

考虑 GF(q)上的 LDPC 码与 q 阶调制的联合,在带宽效率为 1bps/Hz 时,q 分别取 4、8、16 的情况,如图 7-6 所示。GF(4)、GF(8)和 GF(16)分别使用简单多项式 $p(x)=x^2+x+1$、$p(x)=x^3+x+1$ 和 $p(x)=x^4+x+1$ 来建立。

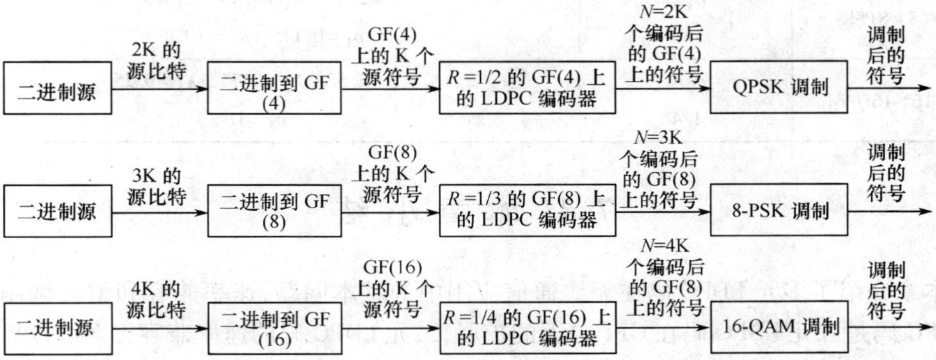

图 7-6　3 种联合的系统

对于图 7-6 所示的联合,使用表 7-2 所给出的基于建议的方法的码,并使用 Monte Carlo 方法计算比特错误概率。所有码长均为 $N=3000$。每种联合的带宽效率都是 1bps/Hz。

图 7-7 给出了使用表 7-2 码字的 GF(4)/QPSK、GF(8)/8PSK 和 GF(16)/16QAM 系统在不同 E_b/N_0 下的 BER 性能。可以看出,在低信噪比时,GF(16)/16QAM 胜过 GF(8)/8PSK,而 GF(8)/8PSK 胜过 GF(4)/QPSK。但是,当信噪比比较大时,GF(16)/16QAM 和 GF(8)/8PSK 的曲线出现平层。由研究指出,奇偶校验矩阵的去小环对错误平层影响很小。错误平层出现的原因是最佳平均列重小于 3。因此,一种可能的解决方案是改进码的设计来消除低重错误事件。

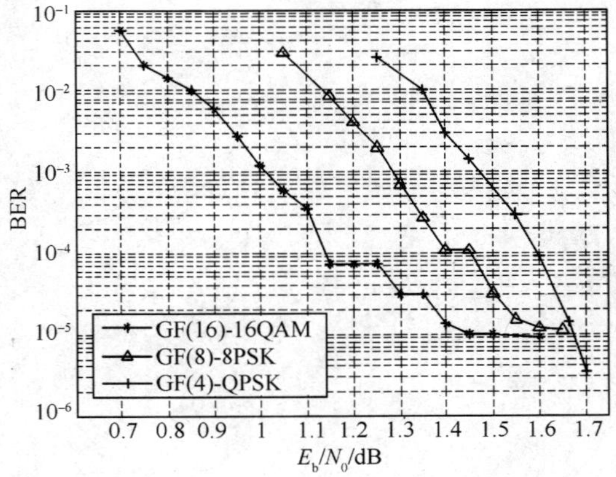

图 7-7　带宽效率为 1 时的 GF(4)/QPSK、GF(8)/8PSK 和 GF(16)/16QAM 系统下的比特错误率(对于自由调制,香农限为 $E_b/N_0=0$dB)

表 7-2 用于带宽有效传输的几种码

GF(4)-QPSK	码率 1/2	$\bar{c}_w = 3.06845 \quad \lambda_3 = 0.93155$ $\lambda_4 = 0.06845 \quad \rho_6 = 0.8631$ $\rho_7 = 0.1369$
GF(8)-8PSK	码率 1/3	$\bar{c}_w = 2.55 \quad \lambda_2 = 0.45 \quad \lambda_3 = 0.55$ $\rho_3 = 0.175 \quad \rho_4 = 0.825$
GF(16)-16QAM	码率 1/4	$\bar{c}_w = 2.55 \quad \lambda_2 = 0.75 \quad \lambda_3 = 0.25$ $\rho_3 = 1$

7.4 本章小结

本章介绍了多元 LDPC 码在无线通信应用中的基本问题，速率兼容和编码调制。多元 LDPC 码是二元 LDPC 码在 GF(q)上的扩展，二元 LDPC 码的速率兼容方案可以扩展到多元 LDPC 码的速率兼容设计；多元 LDPC 码与多进制 PCM 级联，与高阶调制联合应用时，表现出了明显的优势。

第 8 章　多元 LDPC 码的 SSD 系统

分集技术就是研究如何利用多径信号来改善系统的性能，主要是用来改善在衰落信道上传输信息时可靠性。分集技术主要包括时间分集、频率分集和空间分集，这些技术分别需要在时间、频率或者是空间上增加冗余。对比其他的分集技术，信号空间分集（SSD）并不会带来功率或者是带宽上的额外开销。信号空间分集的主要思想是将一个 N 维的信号集通过多维映射到星座图上，然后通过设计合适的旋转矩阵对多维星座进行处理，来实现两点间距离的最大化。而使用这种技术，需要付出的代价就是接收端更大的译码复杂度。

多元 LDPC 码与 SSD 的联合设计，目的是通过译码器和解调器之间的软信息交换进一步提高系统的性能，通过旋转矩阵的合理设计，来实现 LDPC 码和 SSD 的最佳结合，实现整个系统性能的最优化。

8.1　SSD 的基本原理

信道模型在很大程度上影响编码调制方案。在无线信道中，非线性、多普勒频移、衰落、阴影效应和其他用户的干扰，使得无线信道不能用简单的加性高斯白噪声信道来建模。在无线信道模型中，最常用的模型是平坦独立衰落信道（在一个符号间隔内信号衰减被认为是一个常量，符号间彼此独立）、块衰落信道（在由 N 个符号组成的块内衰落是一个常数，块间衰落独立变化）和处于干扰受限模式的信道。

图 8－1 显示了在 4PSK 下的 SSD 实现。在图 8－1（a）中，假设信号会在纵坐标上衰减，那样经过了衰减信道的传输后，实际的传递信息可能会坍塌到一个相当近的距离，则在噪声的干扰下很容易造成接收端信号无法正确译出。而图 8－1（b）中那样的星座旋转能够在噪声中提供更可靠的性能，因为即使经过了衰减和加噪声的过程，仍然能够很好地译出传递信息。这样成对的结构需要假设每个信号上受到的是独立的衰减。这种简单的处理，使得传统的 4PSK 性能得到了 8dB 的提升。下面将介绍经过旋转的信号集的优势。

1. 信号空间分集系统模型

这种多维调制信息在衰减信道上本身具有同编码效能类似的性能，能够为衰减信道上传递的已编码信息提供额外的性能增益，而且由于不会引入任何冗余比特流，信息位被分组后直接点对点映射到对应的星座点上，不会带来额外的功率或是带宽开销，仅仅是增加了解调的复杂度，这时需要执行连续符号解调。在选择最优矩阵的过程中，假设采用瑞利衰减信道模型，在接收端能有完整的相位恢复和 CSI，系统没有符号间干扰。设接收到的向量为

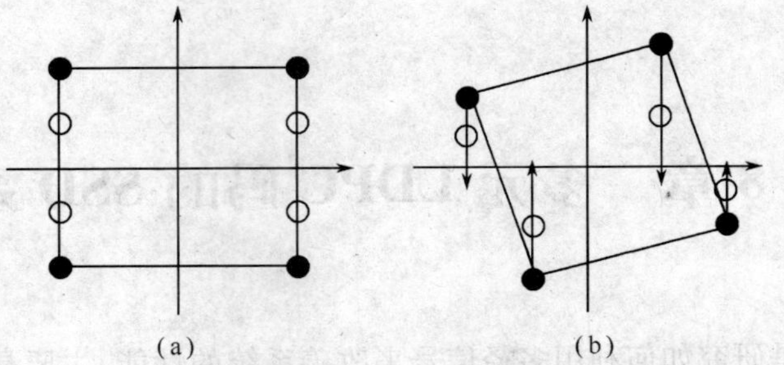

图 8-1　增加分集度

(a) $L=1$；(b) $L=2$。

$$\boldsymbol{r} = \boldsymbol{\alpha} \cdot \boldsymbol{x} + n \tag{8-1}$$

式中：$\boldsymbol{n} = (n_1, n_2, \cdots, n_n)$为噪声向量，它的实部$n_i$是均值为0，方差为$N_0$独立高斯随机变量；$\boldsymbol{\alpha} = (\alpha_1, \alpha_2, \cdots, \alpha_n)$为随机的衰减系数；·为逐符号乘积。

信号解调是相干解调，相位消除后，衰减系数可以看成一服从瑞利分布的均方值为1的实数变量。衰落的独立性可以通过传输点的成员间的充分交织得到。系统模型如图8-2所示。

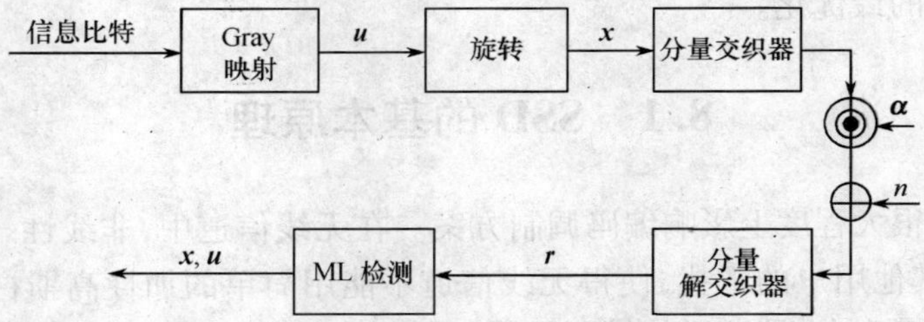

图 8-2　系统模型

在接收端，应用最大似然 ML 检测准则和完整的 CSI 信息，采用下面的最小化准则，即

$$m(\boldsymbol{x} \mid \boldsymbol{r}, \boldsymbol{\alpha}) = \sum_{i=1}^{n} | r_i - \alpha_i x_i |^2 \tag{8-2}$$

运用这个准则，可以获得译码输出和相应的成员信息估计。但是，随着点数的增加（n 的增大），这种最小化计算非常复杂。在衰减信道下，应用通用格译码（Universal Lattice Decoder）进行格星座的 ML 检测是一种有效的方法。

根据 Chernoff 界，降低多维信号集的点错误概率主要考虑以下 4 个方面。

(1) 最小化每个星座点的平均能量。

(2) 最大化分集 L。

(3) 最大化星座中任意两点 x、y 最小 L 乘积距离 $d_{p,\min}^{(L)} = \prod_{x_i \neq y_i}^{(L)} | x_i - y_i |$。

(4) 最小化乘积距离是 L 的点的数量 τ_p。

2. 信号空间分集将瑞利信道转化为高斯信道

事实上，当调制分集的阶 L 很大时，多维 QAM 星座对衰落已经不再敏感。这就意味

着星座点的误码率在有无衰减的时候都相差无几。下面通过对成对信号的差错概率 $P(x \to y)$ 的分析来说明这一点。成对差错概率就是假设发送 x 的情况下，接收信号 r 与 y 的距离小于 r 与 x 的距离的概率。当 $m(x|r,\alpha) \leqslant m(y|r,\alpha)$ 时，译码器会选择 y 作为输出信号，而成对错误的条件概率为

$$P(x \to y \mid \alpha) = P\left(\sum_{i=1}^{n} | r_i - \alpha_i y_i | \leqslant \sum_{i=1}^{n} | r_i - \alpha_i x_i |\right) \tag{8-3}$$

式中：$X = \sum_{i=1}^{n} \alpha_i (y_i - x_i) n_i$ 是一个高斯变量，$A = \frac{1}{2} \sum_{i=1}^{n} \alpha_i^2 (y_i - x_i)^2$ 是一个常量。X 的均值是 0，方差 $\sigma_x^2 = 2N_0 A$。

成对信号的错误概率可以表示为 $P(x \to y|\alpha) = Q(A/\sigma_X)$，能够得到

$$P(x \to y \mid \alpha) = Q\left(\sqrt{\frac{\sum_{i=1}^{n} \alpha_i^2 (x_i - y_i)^2}{4N_0}}\right) \tag{8-4}$$

高斯误差函数为

$$Q(x) = (2\pi)^{-1/2} \int_x^{\infty} \exp(-t^2/2)\,\mathrm{d}t \tag{8-5}$$

对衰减系数 α_i 上的各式取平均，得到成对差错概率 $P(x \to y|\alpha)$ 的表达式为

$$P(x \to y) = \int P(x \to y \mid \alpha) f(\alpha)\,\mathrm{d}\alpha \tag{8-6}$$

式中：$f(\alpha)$ 为衰减系数的功率谱密度。x 和 y 之间的最小汉明距离是 L，L 是空间信号分集度。

不失一般性，假设信号点的前 L 部分 $|x_i - y_i| = 1$，而对于后 $n-L$ 部分 $|x_i - y_i| = 0$。因此由式(8-6)给出的成对错误概率可以简化成为

$$P(x \to y \mid \alpha) = Q\left(\sqrt{\frac{\sum_{i=1}^{L} \alpha_i^2}{4N_0}}\right) \tag{8-7}$$

在高斯信道上，式(8-7)可以简化成为

$$P(x \to y \mid \alpha) = Q\left(\sqrt{\frac{L}{4N_0}}\right) = Q\left(\frac{d_{\mathrm{E}}(x,y)}{2\sigma}\right) \tag{8-8}$$

式中：$d_{\mathrm{E}}(x,y) = L$，是 x 和 y 之间的平方欧几里德距离；$\sigma_x^2 = N_0$ 是噪声方差。

当 L 趋向无穷大时，有

$$E\left[\sum_{i=1}^{L} \alpha_i^2\right] = L \tag{8-9}$$

因此当 L 很大时式(8-7)逼近式(8-8)衰落的影响可以忽略。

下面通过大数定理说明这个问题。重写成对错误的条件概率为

$$P(x \to y \mid \alpha) = Q\left(\sqrt{\frac{L(1+Y)}{4N_0}}\right) \tag{8-10}$$

式中

$$Y = \left[\sum_{i=1}^{L}(\alpha_i^2 - 1)\right] \Big/ L = \sum_{i=1}^{L} Y_i \tag{8-11}$$

随机变量 $Y_i = (\alpha_i^2 - 1)/L$ 呈自由度为 2 的 χ^2 分布，因为 $\alpha_i^2 = a_i^2 + b_i^2$，其中 a_i 和 b_i 是两个独立同分布的高斯变量，对于变量 Y_i，其均值为 0，均方根为 $1/L^2$。理所当然，对于独立变量 Y_i，其总和 Y 是一个 χ^2 分布的变量，满足自由度为 $2L$，其均值为 0，均方根为 $1/L$。Y 的功率谱密度为

$$f_Y(y) = \frac{L^L}{(L-1)!}(y+1)^{L-1}\exp(-L(y+1)) \quad y \geqslant 1 \tag{8-12}$$

$f_Y(y)$ 在 L 趋近无穷大时，趋向狄拉克冲击 $\delta(y)$。也就是说，当 L 趋近无穷大，对于 $C^\infty(-\infty, +\infty)$ 上的任意函数 g 函数有

$$\int_{-\infty}^{+\infty} f_Y(y) g(y) \mathrm{d}y \rightarrow g(0) \tag{8-13}$$

根据狄拉克分布的定义，$f_Y(y) \rightarrow \delta(y)$。因此，成对差错率为

$$P(x \rightarrow y) = \int Q\left(\sqrt{\frac{L(1+Y)}{4N_0}}\right) f_Y(y) \mathrm{d}y \tag{8-14}$$

趋近于高斯信道的成对差错率 $Q(\sqrt{L/4N_0})$。通过联合式(8－10)和式(8－12)得到 $P(x \rightarrow y)$ 作为信噪比 $\mathrm{SNR} = L/N_0$ 的准确表达式，即

$$P(x \rightarrow y) = \left(\frac{1-\mu}{2}\right)^L \times \sum_{k=0}^{L-1}\binom{L+k-1}{k}\left(\frac{1+\mu}{2}\right)^k \tag{8-15}$$

式中：μ 为

$$\mu = \sqrt{\frac{\frac{\mathrm{SNR}}{8L}}{1 + \frac{\mathrm{SNR}}{8L}}} \tag{8-16}$$

8.2 旋转矩阵的设计

根据最大似然检测，信号空间分集的设计就是多维星座的设计，也就是旋转矩阵的设计，下面主要介绍 3 种设计方法。

8.2.1 最大化最小乘积距离

分集度 L 的大小是影响信号空间分集性能的主要因素之一，这个因素可以通过旋转 Z^n 格实现。另外一个重要因素就是星座图上任意两点间的最小乘积距离。下面在假设每个星座点的平均功率固定，分集度 L 给定的情况下研究最大化最小乘积距离设计旋转矩阵的方法。首先研究二维和三维旋转矩阵，然后将其扩展到 $2^{e_1}3^{e_2}$ $(e_1, e_2 = 0, 1, 2, \cdots)$ 的维数。在下面关于最小乘积距离最优化的讨论中，星座点的大小为 4bit/符号。除了三维情况外，其他所有情况最小乘积距离 $d_{p,\min}$ 不依赖于星座图的大小。

1. 二维情况

所有的两维正交矩阵都有以下结构，即

$$M = \begin{pmatrix} a & b \\ -b & a \end{pmatrix} \tag{8-17}$$

式中：$a^2 + b^2 = 1$。

将该正交矩阵化成关于 λ 的表达式，即

$$a = \frac{1}{\sqrt{1+\lambda^2}} \quad b = \lambda a \tag{8-18}$$

$\boldsymbol{M}$ 矩阵的每一行都是标准正交矩阵的一个向量。图 8-3 展示了由 $\boldsymbol{M}$ 产生的旋转矩阵中，λ 取各值时最小乘积距离的值。为了穷举各种最小乘积距离，λ 的补偿尽可能小（如 0.005）。$d_{p,\min}$ 上界表达式为

$$d_{p,\min} \leqslant \begin{cases} |ab| & (1,0) \\ |a^2 - b^2| & (1,1) \\ |(2a-b)(a-2b)| & (2,1) \\ |(a-2b)(2a+b)| & (1,2) \end{cases} \tag{8-19}$$

是原点到公式右边点的乘积距离。理论上，式（8-19）的所有界的最小值就可以作为最小乘积距离的曲线。从图 8-2 中可以显而易见，最高峰值是可以在两种情况下取得，即

$$\lambda_{0,2} = \frac{1 \pm \sqrt{5}}{2}, \quad d_{p,\min}^{0,2} = \frac{\sqrt{5}}{5} < 0.5 \tag{8-20}$$

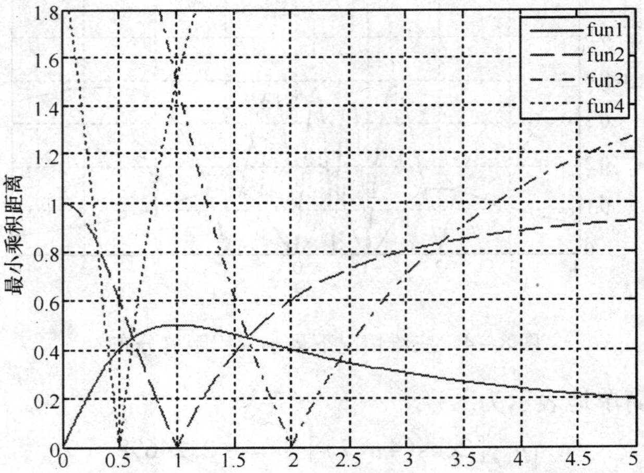

图 8-3　二维情况下最小乘积距离分布

2. 三维情况

三维正交矩阵为

$$M = \begin{pmatrix} a & b & c \\ b & c & a \\ -c & -a & -b \end{pmatrix} \tag{8-21}$$

式中：$a^2 + b^2 + c^2 = 1$，$ab + bc + ca = 0$。

将正交矩阵中的各个元素转换成为关于 λ 的表达式为

$$a = \frac{1+\lambda}{1+\lambda+\lambda^2} \quad b = \lambda a \quad c = \frac{-\lambda}{1+\lambda} a \tag{8-22}$$

与前面讨论的情况一样，$\boldsymbol{M}$ 的每一行都是旋转矩阵 $\boldsymbol{Z}^3$ 标准正交向量。

从 $\boldsymbol{M}$ 中可以得出的以 λ 为自变量的因变量 $d_{p,\min}$ 的值也是通过 λ 的极小步长穷举得出的。在这种情形下，λ 的取值范围内限定于区间$(-4,4)$，因为 $d_{p,\min}$ 的值在该区间外消减得极快。在三维情况下，$d_{p,\min}$ 的上界为

$$d_{p,\min} \leqslant \begin{cases} |abc| & (1,0,0) \\ |(a-b)(b-c)(c-a)| & (1,0,1) \\ |(a+b-c)(b+c-a)(c+a-b)| & (1,1,1) \end{cases} \tag{8-23}$$

从图 8-4 可以看出，式(8-23)中一式和二式交点的最高峰值，即下面两多项式的根值，为

$$\begin{cases} p_1(\lambda) = \lambda^3 + 2\lambda^2 - \lambda - 1 \\ p_2(\lambda) = \lambda^3 + \lambda^2 - 2\lambda - 1 \end{cases} \tag{8-24}$$

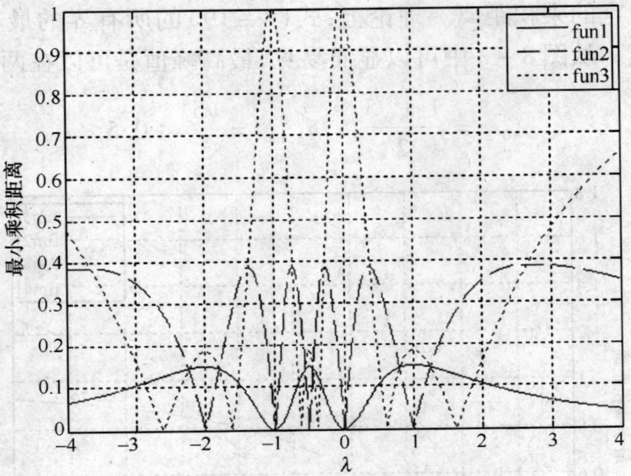

图 8-4　三维情况下最小乘积距离分布

根值 $\lambda_{0,3}$ 可以简单地表示为

$$\begin{cases} p_1: [2\cos(4\pi/7)]^{-1} = -2.24698 \\ \quad\ [2\cos(6\pi/7)]^{-1} = -0.55496 \\ \quad\ [2\cos(2\pi/7)]^{-1} = 0.80194 \\ p_2: 2\cos(4\pi/7) = -1.810194 \\ \quad\ 2\cos(6\pi/7) = -0.44504 \\ \quad\ 2\cos(2\pi/7) = 1.24698 \end{cases} \tag{8-25}$$

$a(\lambda_{0,3})$、$b(\lambda_{0,3})$、$c(\lambda_{0,3})$的值可以直接通过式(8-22)计算，也可以通过式(8-26)方法计算，即

$$a(\lambda_{0,3}) = \left[\frac{1+\lambda}{1+\lambda+\lambda^2} \bmod p_i(\lambda)\right]_{\lambda=\lambda_{0,3}} = \frac{1}{7}(5 + \lambda_{0,3} - \lambda_{0,3}^2)$$

$$b(\lambda_{0,3}) = \left[\frac{\lambda+\lambda^2}{1+\lambda+\lambda^2}\bmod p_i(\lambda)\right]_{\lambda=\lambda_{0,3}} = \frac{1}{7}(-1+4\lambda_{0,3}+3\lambda_{0,3}^2)$$

$$c(\lambda_{0,3}) = \left[\frac{-\lambda}{1+\lambda+\lambda^2}\bmod p_i(\lambda)\right]_{\lambda=\lambda_{0,3}}$$

$$= \frac{1}{7}(3-5\lambda_{0,3}-2\lambda_{0,3}^2) \tag{8-26}$$

类似地，能计算出相应的最优化 $d_{p,\min}$ 的值，即

$$d_{p,\min}^{0,3} = [\,|abc|\bmod p_i(\lambda)\,]_{\lambda=\lambda_{0,3}}$$

$$= \left[\frac{\lambda^2(1+\lambda)^2}{(1+\lambda+\lambda^2)^3}\bmod p_i(\lambda)\right]_{\lambda=\lambda_{0,3}} \tag{8-27}$$

$$= \frac{1}{7} < \frac{1}{3}$$

3. 构建更高维数情况

与 Hadamard 矩阵类似构建 4 维矩阵，而 6、8、12 维矩阵的构建可以重复同样的步骤。4 维的正交矩阵族构造为

$$\boldsymbol{M} = \begin{pmatrix} \boldsymbol{a} & \boldsymbol{b} & -\boldsymbol{c} & -\boldsymbol{d} \\ -\boldsymbol{b} & \boldsymbol{a} & \boldsymbol{d} & -\boldsymbol{c} \\ \boldsymbol{c} & \boldsymbol{d} & \boldsymbol{a} & \boldsymbol{b} \\ -\boldsymbol{d} & \boldsymbol{c} & -\boldsymbol{b} & \boldsymbol{a} \end{pmatrix} = \begin{pmatrix} \boldsymbol{M}_1 & -\boldsymbol{M}_2 \\ \boldsymbol{M}_2 & \boldsymbol{M}_1 \end{pmatrix} \tag{8-28}$$

2×2 是归一化因子，如果 2×2 的子矩阵 $\boldsymbol{M}_1$ 符合一个二维的最优矩阵，则正交约束减少到 $ad-bc=0$。另外一个 2×2 矩阵 $\boldsymbol{M}_2$ 主要依赖于 λ。最终用 U 来进行归一化基向量为

$$\begin{cases} \boldsymbol{a} = 1/(U\times\sqrt{1+\lambda_{0,2}^2}) \\ \boldsymbol{b} = \lambda_{0,2}/(U\times\sqrt{1+\lambda_{0,2}^2}) \\ \boldsymbol{c} = \lambda/(U\times\lambda_{0,2}) \\ \boldsymbol{d} = \lambda/U \end{cases} \tag{8-29}$$

而 $U=\sqrt{\lambda_{0,2}^2+\lambda^2+(\lambda_{0,2}\lambda)^2}/\lambda_{0,2}$。

从 $\boldsymbol{M}$ 中得出的以 λ 为自变量的因变量 $d_{p,\min}$ 的值也是通过 λ 的极小步长穷举得出的。使用步长 0.005，区间 (0,3)，在 4 维的情况下，$d_{p,\min}$ 的上界由式 (8-30) 给出，即

$$d_{p,\min} \leqslant \begin{cases} |abcd| & (1,0,0,0) \\ |(a^2-c^2)(b^2-d^2)| & (1,0,1,0) \\ |(a-d)^2(b+c)^2| & (1,0,0,1) \\ |(a+d)^2(b-c)^2| & (0,1,1,0) \\ |(-b+c-d)(a+d+c)(d+a-b)(-c+b+a)| & (0,1,1,1) \end{cases} \tag{8-30}$$

表 8-1 将给出 6、8、12 维矩阵的第一行。完整的矩阵构造方法和 4 维使用的方法类似。

表 8-1　6、8、12 维矩阵的第一行

N	索引					$d_{p,\min}$
6	1~3 4~6	-0.3199 -0.0590	0.7189 0.1326	0.5765 0.1654		1.825×10^{-3}
8	1~4 5~8	-0.0583 0.1926	-0.0943 -0.3116	0.1407 0.4649	-0.2277 -0.7522	3.685×10^{-6}
12	1~4 5~8 9~12	-0.1517 -0.2107 0.0333	0.3409 0.1690 -0.0869	-0.2734 0.2751 0.2317	0.0938 0.4721 0.5860	1.528×10^{-10}

在前面所有的情况中都能为旋转矩阵建立一个完整的表达式。但是如果进一步增大维数，约束条件将呈非线性，且给出 λ 值的多项式的度将远大于 4，从而限制了逼近方法的使用。

在这样的情况下需要采用纯数值方法来寻找 $d_{p,\min}$ 的峰值。但是，这样无法保证所找到旋转矩阵是绝对最优的。

8.2.2　最小错误概率获取最优矩阵法

在高等代数以及线性代数中，矩阵是一个重要的内容，经常利用矩阵来描述线性变换。正交矩阵和酉矩阵是较常用的矩阵，它们分别对应正交变换和酉变换。欧氏空间是定义在实数域上的一种向量空间，而酉空间是欧氏空间向复数域上的推广。在欧氏空间理论中，正交矩阵起着非常重要的作用，具有很多良好的性质。酉矩阵对应于欧氏空间理论中的正交矩阵，在酉空间理论中也起着非常重要的作用。

1. 酉矩阵的定义

下面先介绍酉矩阵的定义，$\boldsymbol{U}$ 的共轭转置记为 $\boldsymbol{U}_1$。

定义 8-1　若 n 阶复方阵 $\boldsymbol{U}$ 满足 $\boldsymbol{U}_1\times\boldsymbol{U}=\boldsymbol{E}$，则称 $\boldsymbol{U}$ 为酉矩阵。

定义 8-2　若 n 阶复方阵 $\boldsymbol{U}$ 满足 $\boldsymbol{U}\times\boldsymbol{U}_1=\boldsymbol{E}$，则称 $\boldsymbol{U}$ 为酉矩阵。

定义 8-3　若 n 阶复方阵 $\boldsymbol{U}$ 满足 $\boldsymbol{U}_1$ 等于 $\boldsymbol{U}$ 的逆矩阵，则称 $\boldsymbol{U}$ 为酉矩阵。

定义 8-4　若 n 阶复方阵 $\boldsymbol{U}$ 的 n 个行(列)向量是两两正交的单位向量，则称 $\boldsymbol{U}$ 为酉矩阵。

易知定义 8-1 至定义 8-4 是相互等价的。从定义 8-1 或定义 8-2 或定义 8-3 知，酉矩阵是可逆矩阵。根据定义 8-4 可得，n 阶酉矩阵 $\boldsymbol{U}$ 的 n 个行(列)向量构成 $\boldsymbol{U}$ 的一组标准正交基。

2. 酉矩阵的一些性质

定理 8-1　设 $\boldsymbol{U}$ 是酉矩阵，则其行列式的模为 1，即 $|\det\boldsymbol{U}|=1$，其中 $\det\boldsymbol{U}$ 表示 $\boldsymbol{U}$ 的行列式。

定理 8-2　设 $\boldsymbol{U}$ 为酉矩阵，则 $\boldsymbol{U}$ 的转置、共轭及其逆矩阵都是酉矩阵。

定理 8-3　设 $\boldsymbol{U}$ 为酉矩阵，则 $\boldsymbol{U}$ 的伴随矩阵也是酉矩阵。

定理 8-4　设 $\boldsymbol{U}$ 和 $\boldsymbol{V}$ 都是酉矩阵，则其相互组合的 $\boldsymbol{UV}$、$\boldsymbol{VU}$ 也都是酉矩阵。

推论 8-1　设 $\boldsymbol{U}$ 为酉矩阵，则 $\boldsymbol{U}$ 的 k 次方矩阵也为酉矩阵。

推论 8-2 设 $\boldsymbol{U}$ 和 $\boldsymbol{V}$ 都是酉矩阵，则它们之间任意一个的伴随矩阵与另一个矩阵相乘仍然是酉矩阵。

推论 8-3 设 $\boldsymbol{U}$ 和 $\boldsymbol{V}$ 都是酉矩阵，则它们分别做 k 和 m 次方运算后，进行相乘，得到的结果仍然是酉矩阵。

定理 8-5 设 $\boldsymbol{U}$ 和 $\boldsymbol{V}$ 都是酉矩阵，则$\begin{pmatrix}\boldsymbol{U} & 0\\ 0 & \boldsymbol{V}\end{pmatrix}$和$\dfrac{1}{\sqrt{2}}\begin{pmatrix}\boldsymbol{U} & \boldsymbol{U}\\ -\boldsymbol{U} & \boldsymbol{U}\end{pmatrix}$也都是酉矩阵。

定理 8-6 设 $\boldsymbol{U}$ 和 $\boldsymbol{V}$ 分别是 m 阶、n 阶酉矩阵，则 $\boldsymbol{UV}$ 也是酉矩阵，其中 $\boldsymbol{UV}$ 表示 $\boldsymbol{U}$ 与 $\boldsymbol{V}$ 的 Kronecker 积。

定理 8-7 设 $\boldsymbol{U}$ 和 $\boldsymbol{V}$ 是酉矩阵，$\boldsymbol{X}$ 是 $\boldsymbol{U}$ 的转置，若 $\boldsymbol{XV}+1/2\boldsymbol{E}$ 是反 Hermite 矩阵，则 $\boldsymbol{U}+\boldsymbol{V}$ 也是酉矩阵。

注：定理 8-7 表明，酉矩阵的和未必是酉矩阵。

定理 8-8 设 $\boldsymbol{U}$ 是酉矩阵，则对 $\boldsymbol{U}$ 的任一行（列）乘以模为 1 的数或任两行（列）互换，所得矩阵仍为酉矩阵。

定理 8-9 设 $\boldsymbol{U}$ 为上（下）三角的酉矩阵，则 $\boldsymbol{U}$ 必为对角矩阵，且主对角线上元素的模等于 1。

定理 8-10 设 $\boldsymbol{U}$ 是酉矩阵，则 $\boldsymbol{U}$ 的特征值的模为 1，即分布在复平面的单位圆上。

定理 8-11 设 $\boldsymbol{U}$ 为酉矩阵，λ 是 $\boldsymbol{U}$ 的特征值，则其倒数是 $\boldsymbol{U}$ 共轭转置矩阵的特征值，而其共轭的倒数是 $\boldsymbol{U}$ 的特征值。

定理 8-12 设 $\boldsymbol{U}$ 是酉矩阵，则属于 $\boldsymbol{U}$ 的不同特征值的特征向量正交。

定理 8-13 设 $\boldsymbol{U}$ 是酉矩阵，且为 Hermite 矩阵，则 $\boldsymbol{U}$ 必为对合矩阵（即 $\boldsymbol{U}$ 的平方等于 $\boldsymbol{E}$ 阵），从而 $\boldsymbol{U}$ 的特征值等于 1 或 -1。

3. 旋转矩阵与最小错误概率

考虑采用信号空间分集的 BICM-ID，如果编码用码率为 k_c/n_c 的卷积码，在一个 N 维的复数星座图 ψ 之下，而映射规则为 ξ，则比特错误概率的一致性的公式为

$$P_b \leqslant \frac{1}{k}\sum_{d=d_H}^{\infty} c_d f(d,\psi,\xi) \tag{8-31}$$

式中：c_d 为在所有错误事件都发生在汉明距离为 d 的全信息码重；d_H 为该码的自由汉明距离；函数 $f(d,\psi,\xi)$ 表示依赖于汉明距离 d，星座图 ψ 和映射规则 ξ 情况的成对错误概率，其是通过计算两个码字的成对错误概率而得到的。

使用 $\boldsymbol{c}$ 和 $\breve{\boldsymbol{c}}$ 来分别表示实际输入和估值序列，它们之间的汉明距离为 d。这些二进制信息分别对应着 N 维星座图 ψ 中的符号 $\boldsymbol{s}$ 和 $\breve{\boldsymbol{s}}$。不失一般性，假设 $\boldsymbol{c}$ 和 $\breve{\boldsymbol{c}}$ 在前 d 个比特是不同的。因此，$\boldsymbol{s}$ 和 $\breve{\boldsymbol{s}}$ 可以重新被定义为 d 个复数 N 维星座的符号序列，其形式分别为 $\boldsymbol{s}=[s_1,\cdots,s_d]$ 和 $\breve{\boldsymbol{s}}=[\breve{s}_1,\cdots,\breve{s}_d]$。同样，令矩阵 $\boldsymbol{H}=[H_1,\cdots,H_d]$，其中 $\boldsymbol{H}_e=\mathrm{diag}(h_{e,1},\cdots,h_{e,N})$ $(1\leqslant e\leqslant d)$ 表示影响传输符号 $\boldsymbol{s}_e$ 的信道增益。这两个 N 维星座点符号 $\boldsymbol{s}$ 和 $\breve{\boldsymbol{s}}$ 相对应的旋转符号为 $\boldsymbol{x}_e$ 和 $\breve{\boldsymbol{x}}_e$，且 $\boldsymbol{x}_e^{\mathrm{T}}=G\boldsymbol{s}_e^{\mathrm{T}}$ 和 $\breve{\boldsymbol{x}}_e^{\mathrm{T}}=\boldsymbol{G}\,\breve{\boldsymbol{s}}_e^{\mathrm{T}}$。那么在 $\boldsymbol{H}$ 为条件下的成对错误概率就可以用式（8-32）计算，即

$$P(\boldsymbol{s}\rightarrow\breve{\boldsymbol{s}}\mid\boldsymbol{H}) = Q\left(\sqrt{\frac{1}{2N_0}\sum_{e=1}^{d} d^2(\boldsymbol{x},\breve{\boldsymbol{x}}\mid\boldsymbol{H}_e)}\right) \tag{8-32}$$

式中：$d^2(\boldsymbol{x},\breve{\boldsymbol{x}}|\boldsymbol{H}_e)$是在$\boldsymbol{H}_e$条件下，$\boldsymbol{x}$和$\breve{\boldsymbol{x}}$在通过加性高斯白噪声信道后的接收信号之间的欧几里德距离的平方值，可以通过式(8-33)给出，即

$$\begin{aligned}d^2(\boldsymbol{x},\breve{\boldsymbol{x}}\mid\boldsymbol{H}_e) &= \|\boldsymbol{H}_e\boldsymbol{G}(\boldsymbol{s}-\breve{\boldsymbol{s}})^{\mathrm{T}}\|^2 \\ &= \sum_{i=1}^{N} h_{e,i}^2\|G_i(\boldsymbol{s}-\breve{\boldsymbol{s}})^{\mathrm{T}}\|^2\end{aligned} \tag{8-33}$$

式中：G_i是$\boldsymbol{G}$矩阵的第i行。

使用高斯错误概率积分的Q函数$Q(\gamma)=\dfrac{1}{\pi}\displaystyle\int_0^{\pi/2}\exp\left(-\frac{\gamma^2}{2\sin^2\theta}\right)\mathrm{d}\theta$，并且在式(8-32)基础上对$\boldsymbol{H}$求平均，可以得到

$$P(\boldsymbol{s}\to\breve{\boldsymbol{s}}) = \frac{1}{\pi}\int_0^{\pi/2}\left(\prod_{e=1}^{d}\Delta e\right)\mathrm{d}\theta \tag{8-34}$$

式中：$\Delta e=\displaystyle\prod_{i=1}^{N}\left(1+\frac{\|G_i(\boldsymbol{s}-\breve{\boldsymbol{s}})T\|^2}{4N_0\sin^2\theta}\right)$。

这里假设交织是完美的，那么BICM-ID中的$f(d,\psi,\xi)$可以写成

$$f(d,\psi,\xi) \leqslant \frac{1}{\pi}\int_0^{\pi/2}\Bigg[\underbrace{\varepsilon_{s,p}\left\{\prod_{i=1}^{N}\left(1+\frac{\|G_i(\boldsymbol{s}-\boldsymbol{p})^{\mathrm{T}}\|^2}{4N_0\sin^2\theta}\right)\right\}}_{\gamma(\psi,\xi)}\Bigg]^d\mathrm{d}\theta \tag{8-35}$$

其中期望是在星座图ψ下的所有只有1bit不同的成对信号符号$\boldsymbol{s}$和$\boldsymbol{p}$之间进行。对式(8-35)进行期望的结果为

$$\gamma(\psi,\xi) = \frac{1}{Nm2^{Nm}}\sum_{s\in\psi}\sum_{k=1}^{Nm}\prod_{i=1}^{N}\left(1+\frac{\|G_i(\boldsymbol{s}-\boldsymbol{p})^{\mathrm{T}}\|^2}{4N_0\sin^2\theta}\right)^{-1} \tag{8-36}$$

式中：$\boldsymbol{p}$在星座图ψ下的标记和$\boldsymbol{s}$只有在位置k上有1bit的不同。

对于很大的Nm的取值，由于星座图ψ的星座点将会很大，式(8-36)的计算将会变得很复杂。为了简化问题，考虑映射规则ξ对二维星座图上的每个信号分量的操作是独立的和相同的，记为Ω。那么首先，交换式(8-36)的求和顺序，$\gamma(\psi,\xi)$就可以写作N个子项的和，即

$$\gamma(\psi,\xi) = \frac{1}{N}\sum_{u=1}^{N}\gamma_u(\psi,\xi) \tag{8-37}$$

式中：$\gamma_u(\psi,\xi)=\dfrac{1}{m2^{Nm}}\displaystyle\sum_{k=(u-1)m+1}^{um}\sum_{s\in\psi}\prod_{i=1}^{N}\left(1+\frac{\|G_i(\boldsymbol{s}-\boldsymbol{p})^{\mathrm{T}}\|^2}{4N_0\sin^2\theta}\right)^{-1}$必须使从位置$k=(u-1)m+1$到位置$k=um$的所有只有一位不同的信号符号对$\boldsymbol{s}$和$\boldsymbol{p}$求期望得到。

注意到当N和m很大时，计算出式(8-37)的内积仍然是件几乎不可能的事情。但是幸运的是，通过对每部分信号的独立映射，可以证明在$\boldsymbol{s}$和$\boldsymbol{p}$之间在位置u存在唯一的不同分量。因此，对于给定的u，能够得到

$$\|G_i(\boldsymbol{s}-\boldsymbol{p})^{\mathrm{T}}\|^2 = \|g_{i,u}(\boldsymbol{s}_u-\boldsymbol{p}_u)\|^2 \tag{8-38}$$

式中：s_u和p_u分别为$\boldsymbol{s}$和$\boldsymbol{p}$在位置u上的分量。

接下来可得到

$$\gamma_u(\psi,\xi) = \frac{1}{m2^{Nm}} \sum_{k=(u-1)m+1}^{um} \sum_{s\in\psi} \prod_{i=1}^{N} \left(1 + \frac{\| g_{i,u}(s_u - p_u) \|^2}{4N_0 \sin^2\theta}\right)^{-1} \tag{8-39}$$

通过观察能够知道,s_u能够表示二维星座空间 Ω 中的任何一个信号点,而 p_u则表示在位置 $j=(k-(u-1)m)$ 和 s_u只相差一个比特的信号点。因此,可以通过计算当 $s_u \in \Omega$ 时的 $m2^m$ 个值的期望来代替 $\boldsymbol{s} \in \psi$ 时的 $m2^{Nm}$ 个值的期望来计算 $\gamma_u(\psi,\xi)$。因此,当去掉下标 u 时,$\gamma_u(\psi,\xi)$ 可以用式(8-40)计算,即

$$\gamma_u(\psi,\xi) = \frac{1}{m2^m} \sum_{s\in\Omega} \sum_{j=1}^{m} \prod_{i=1}^{N} \left(1 + \frac{\| g_{i,u}(\boldsymbol{s}-\boldsymbol{p}) \|^2}{4N_0 \sin^2\theta}\right)^{-1} \tag{8-40}$$

式中:$\boldsymbol{s}$ 和 $\boldsymbol{p}$ 是在 Ω 中两个在 j 位置取值不同的信号点。因此,能够以更简单的复杂度来计算下列式子,即

$$\gamma(\psi,\xi) = \frac{1}{N} \cdot \frac{1}{m2^m} \sum_{u=1}^{N} \sum_{s\in\Omega} \sum_{j=1}^{m} \prod_{i=1}^{N} \left(1 + \frac{\| g_{i,u}(\boldsymbol{s}-\boldsymbol{p}) \|^2}{4N_0 \sin^2\theta}\right)^{-1} \tag{8-41}$$

应用式(8-41)到式(8-35)可以通过一次积分有效并且精确地计算出 $f(d,\psi,\xi)$。

为了给出怎样设计一个旋转矩阵和更优秀的星座映射方案,使用不等式 $Q(\sqrt{2\gamma}) < \frac{1}{2}\exp(-\gamma)$ 来渐渐逼近 $f(d,\psi,\xi)=f(d,\Omega,\xi)$ 如下

$$f(d,\psi,\xi) \approx \frac{1}{2}\delta^d(\boldsymbol{G},\Omega,\xi) \tag{8-42}$$

式中

$$\delta(\boldsymbol{G},\Omega,\xi) = \frac{1}{N} \cdot \frac{1}{m2^m} \sum_{u=1}^{N} \sum_{s\in\Omega} \sum_{j=1}^{m} \prod_{i=1}^{N} \left(1 + \frac{\| g_{i,u}(\boldsymbol{s}-\boldsymbol{p}) \|^2}{4N_0 \sin^2\theta}\right)^{-1} \tag{8-43}$$

参数 $\delta(\boldsymbol{G},\Omega,\xi)$ 能够被用来描述旋转矩阵 $\boldsymbol{G}$,星座图 Ω 和映射法则 ξ 对于基于信号空间分集的 BICM-ID 系统的比特错误率所带来的影响。特别的,对于给定的星座图 Ω 和映射法则 ξ,更倾向于选择使 $\delta(\boldsymbol{G},\Omega,\xi)$ 更小的旋转矩阵 $\boldsymbol{G}$。下面将给出一些旋转矩阵 $\boldsymbol{G}$ 选取的讨论细节。

4. 最优旋转矩阵 $\boldsymbol{G}$ 的选取

这一部分将着重考虑如何在给定星座图和映射规则的情况下选取最优旋转矩阵的这个设计问题。对式(8-43)交换求和顺序,$\delta(\boldsymbol{G},\Omega,\xi)$ 可以写成

$$\delta(\boldsymbol{G},\psi,\xi) = \frac{1}{N} \cdot \frac{1}{m2^m} \sum_{s\in\Omega} \sum_{j=1}^{m} \sum_{u=1}^{N} \prod_{i=1}^{N} \left(1 + \frac{\| g_{i,u}(\boldsymbol{s}-\boldsymbol{p}) \|^2}{4N_0 \sin^2\theta}\right)^{-1} \tag{8-44}$$

接下来要针对每对仅在 j 位置,其中 $1 \leqslant j \leqslant m$,存在 1bit 不同的成对信号点 $\boldsymbol{s}$ 和 $\boldsymbol{p}$,定义这样一个参数 $\alpha(\boldsymbol{s},\boldsymbol{p},j)$ 为

$$\alpha(\boldsymbol{s},\boldsymbol{p},j) = \sum_{u=1}^{N} \prod_{i=1}^{N} \frac{1}{4N_0 + \| g_{i,u}(\boldsymbol{s}-\boldsymbol{p}) \|^2} \tag{8-45}$$

出于功率限制的缘由,很显然为了适应 N_0,我们需要满足式(8-46),即

$$\sum_{i=1}^{N} \sum_{u=1}^{N} (4N_0 + \| g_{i,u} | (\boldsymbol{s}-\boldsymbol{p}) | \|^2) = N(4NN_0 + \| \boldsymbol{s}-\boldsymbol{p} \|^2) \tag{8-46}$$

使用柯西不等式能够得到对于所有的 u 和 i,当 $\| g_{i,u} \| = 1/\sqrt{N}$时，$\alpha(\boldsymbol{s},\boldsymbol{p},j)$ 能够取得最小值。这意味着对于基于 SSD 的 BICM－ID 来说,能到达渐近最优差错性能的旋转矩阵 $\boldsymbol{G}$ 一定会满足其所有元素点的模值都是相等的。可以得出一类的 $\boldsymbol{G}$ 矩阵作为最优旋转矩阵。

上面给出的一类旋转矩阵仅仅是在系统的渐近性能下是最优的,另外,研究一次迭代下的最优旋转矩阵也是有意义的,因为它影响了 BICM－ID 系统的收敛特性。因此需要将旋转后的星座图 ψ_r 也考虑进来。设 $d_{\min}$ 是旋转后的星座图的最小欧几里德距离。下面总结了两个与 BICM－ID 性能相关的两个参数。

首先是 $N_{\min}$,表示距离是最小欧几里德距离 $d_{\min}$ 的平均信号点个数。这个参数影响着低信噪比情况下系统的性能,其表达式为

$$N_{\min} = \frac{1}{Nm \cdot 2^{Nm}} \sum_{x \in \psi_r} \sum_{k=1}^{Nm} N_{\min}(x,k) \tag{8-47}$$

式中:$N_{\min}(x,k)$ 为在欧几里德距离为 $d_{\min}$、在位置 k 和位置 x 不同的信号点的数目。而参数$N_{\min}(x,k)$ 依赖于特定的映射方式,并且需要保障其尽量地小。

然后考虑距离参数 $\gamma(\psi_r,\xi)$,其主要会影响高信噪比下系统的性能,即

$$\gamma(\psi_r,\xi) = \frac{1}{Nm \cdot 2^{Nm}} \sum_{x \in \psi_r} \sum_{k=1}^{Nm} \prod_{i=1}^{N} \left(1 + \frac{\| x - y \|^2}{4N_0}\right)^{-1} \tag{8-48}$$

式中:y 是距离 x 最近的点,且它们只在位置 k 处有 1bit 不同。该参数值越小,系统所能获取的性能就越好。

不幸的是,当 N 和 m 逐渐增加时,优化 BICM 系统的这两个参数将由于变量数目的增加而变得难以处理。因此关注一类以酉矩阵作为旋转矩阵的情况。使用这一类最优旋转矩阵 $\boldsymbol{G}$,就是由于其星座点 ψ 之间的欧几里德距离和旋转后的星座图 ψ_r 是一样的。而如果用非酉变换的话,一些星座点之间的距离在旋转后会变小。

通过使用酉变换,不难看出参数 $N_{\min}$ 和一个二维星座图中的 $N_{\min}$ 是相同的。这要求最优矩阵 $\boldsymbol{G}$ 的选取应该是酉矩阵,并且所有元素$\{g_{i,u}\}$的模值都要相等的。这种矩阵是在 SSD 调制下最优的旋转矩阵,而且这个矩阵能保证 $\gamma(\psi_r,\xi)$ 的取值达到最小。

很自然会问到对于任意的 N 值,是否满足以上条件的最优旋转矩阵 $\boldsymbol{G}$ 存在。幸运的是,由于数论的发展,这类矩阵在很多文献中都有研究。对于 $N=2^q$ 的情况,能够选取适合以上条件的一系列酉矩阵,即

$$\boldsymbol{G} = \frac{1}{\sqrt{N}} \begin{pmatrix} 1 & \alpha_1 & \cdots & \alpha_1^{N-1} \\ 1 & \alpha_2 & \cdots & \alpha_2^{N-1} \\ \vdots & \vdots & & \vdots \\ 1 & \alpha_N & \cdots & \alpha_N^{N-1} \end{pmatrix} \tag{8-49}$$

式中:$\alpha_1 = \alpha = \exp\left(\mathrm{j}\,\frac{2\pi}{2^{q+2}}\right)$,而 $\alpha_1 = \alpha = \exp\left(\mathrm{j}\,\frac{2\pi(i-1)}{2^q}\right)$。

更一般的情况,对于任意的 N,能够从快速傅里叶逆变换中得到最优矩阵的表达式,即

$$G = F_N^{\mathrm{T}}\mathrm{diag}(1,\varphi,\cdots,\varphi^{N-1}) \quad \varphi = \exp\left(\mathrm{j}\frac{2\pi}{Q}\right) \tag{8-50}$$

式中：Q 为一个任意整数；F_N 为一个 N 点的快速傅里叶逆变换矩阵，其中的第(i,u)的值为$\frac{1}{\sqrt{N}}\exp\left(\mathrm{j}\frac{2\pi(i-1)(u-1)}{N}\right)$。

8.2.3 随机生成旋转矩阵 G

和上述两种生成最优旋转矩阵的方法不同，本方法随机产生多个旋转矩阵，通过性能对比，选择一个最优的矩阵用于通信系统设计。如在随机产生的多个矩阵中，选出 LDPC 编码信号空间分集技术的最优旋转矩阵。这种方法的复杂度高，得到的矩阵不一定是最优的，但是它提供了一种选择旋转矩阵的方法。

8.3 多元 LDPC 编码的 SSD 系统

多元 LDPC 码和 SSD 联合编码调制的系统模型如图 8-5 所示。

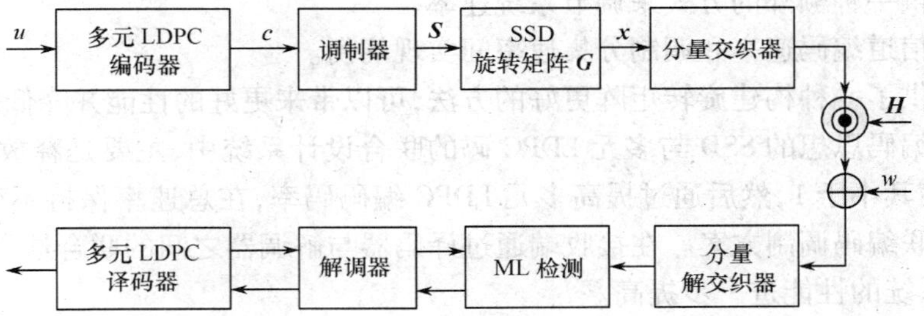

图 8-5　系统模型

由于 LDPC 码本身具有随机化的作用，因此在系统中没有增加交织器。在接收端 SSD 解调之后，经过解映射，得到 LDPC 码的软输出。如果译码不成功，则将译码输出的软信息经过映射之后反馈给 SSD 解调器，完成一次大迭代，经过几次迭代后，输出最后的译码结果，则把这种结构称为 BPCM - SSD - ID。原始信息序列 $\boldsymbol{U}$ 通过 LDPC 编码器进行处理，产生一个编码序列 $\boldsymbol{c}$。$\boldsymbol{c}$ 经过调制之后生成序列 $\boldsymbol{s}$，$\boldsymbol{s}$ 序列又经过分组与旋转矩阵相乘，得到旋转之后的信息 $\boldsymbol{x}$。

经过编码、调制、SSD 处理及交织处理后的信息，在传输过程中会受到独立的瑞利信道衰减和加性高斯白噪声的影响，接收到的信道依次经过解交织、SSD 解调、正交相位键控解调及低密度奇偶校验码译码，输出最终的解码信息。

研究表明，经过一次解调和译码后，通过最大化最小乘积距离的所获取的最优矩阵在经过译码后的误比特率参数都要优于通过最小错误概率方法获取的最优矩阵，而通过随机方法获取的旋转矩阵将获取较差的性能。

经过 2 次或多次大迭代，不同旋转矩阵的 BPCM - SSD - ID 系统性能都有所改进，但是可以明显地看出，最小错误概率法得出的旋转矩阵所受到改进幅度较大，而且信噪比越高变化越明显。这是由于最大化最小乘积距离获取的最优矩阵方法，最初的候选矩阵就已经拥有了最大的可能分集度,通过选取合适的 λ 使得最小乘积距离也能取得最大值,可以满足多维信号的出错概率的约束条件,因此获取的最优矩阵是以上几种方法中性能最佳的。但是最大化最小乘积距离和分集度的旋转矩阵的设计难度较大,寻找到满足要求的旋转矩阵复杂度很高。而通过最小化错误概率得到的旋转矩阵,随着迭代次数的增加性能改进幅度很大,也就是说,通过迭代也能获得满意的结果。因此在实际应用时,可以根据复杂度和相关参数要求选择合适的方法得到优化的旋转矩阵。

8.4 基于编码思想的 SSD 与多元 LDPC 码的联合设计

信号空间分集(SSD),它的观点是利用一个旋转矩阵使 N 维网格星座图中的不同点有最大化的分集度 L 和最小的乘积距离。对于大的网格星座图,一个未编码的 SSD 系统的误码率会变得对衰落不敏感,实现分集度就像在 AWGN 信道下一样。标准 SSD 的旋转矩阵都是方阵,只是重排星座图中的点的几何位置,不改变系统的速率。但是从编码理论的角度看,将内部码码率限定为 1 是不必要的。这里给出释放 SSD 的码率限制,其好处主要表现在以下 3 个方面。

(1) 提供一种额外的方式来调节系统速率。

(2) 在信道编码速率和调制分集速率间实现均衡。

(3) 提供了一种构建旋转矩阵更好的方法,可以带来更好的性能并降低复杂度。

在基于编码思想的 SSD 与多元 LDPC 码的联合设计系统中,主要是释放 SSD 编码码率的约束,使其小于 1,然后通过提高多元 LDPC 编码码率,在总速率保持不变的情况下,设计一种级联编码调制方案。在接收端通过译码器与解调器之间的联合迭代和外信息交换,使通信系统的性能进一步提高。

码率小于 1 的编码 SSD 的设计主要就是旋转矩阵 $\boldsymbol{G}$ 的设计,这种设计可以借鉴码率为 1 的旋转矩阵设计,如新的编码 SSD 的 $\boldsymbol{G}$ 矩阵可以由两个小矩阵 $\boldsymbol{G}_1$、$\boldsymbol{G}_2$ 组成(图 8-6),$\boldsymbol{G}_1$ 使用维数 N 的单位阵,$\boldsymbol{G}_2$ 使用 J. Boutros 和 E. Viterbo 提出的方法设计的最优矩阵。其中 $\alpha_1=\alpha=\exp\left(\mathrm{j}\,\dfrac{2\pi}{2^{d+2}}\right)$,$\alpha_i=\alpha\exp\left(\mathrm{j}\,\dfrac{2\pi(i-1)}{2^{d+2}}\right)$,并且 $N=2^{d+2}$,$d\in Z$。

$$\boldsymbol{G}=\begin{bmatrix}1 & 0 & \cdots & 0\\ 0 & 1 & \cdots & \vdots\\ \vdots & \vdots & \ddots & 0\\ 0 & 0 & \cdots & 1\\ 1/\sqrt{N} & \alpha_1/\sqrt{N} & \cdots & \alpha_1^{N-L-1}/\sqrt{N}\\ 1/\sqrt{N} & \alpha_2/\sqrt{N} & \cdots & \alpha_2^{N-L-1}/\sqrt{N}\\ \vdots & \vdots & \vdots & \vdots\\ 1/\sqrt{N} & \alpha_{N-L}/\sqrt{N} & \cdots & \alpha_{N-L}^{N-L-1}/\sqrt{N}\end{bmatrix}=\begin{bmatrix}\boldsymbol{G}_1\\ \boldsymbol{G}_2\end{bmatrix}$$

图 8-6 编码 SSD 的 $\boldsymbol{G}$ 矩阵的设计图

N 维接收序列 $\boldsymbol{y}=[y_1,\cdots,y_N]$ 可以写成

$$\boldsymbol{y}=\boldsymbol{HGs}+\boldsymbol{w}' \tag{8-51}$$

式中:$\boldsymbol{H}=\mathrm{diag}(h_1,\cdots,h_N)$ 是信道衰减系数矩阵,每一个 h_n 是具有单位能量的瑞利分布。

与 SSD 一样，假设接收机已知 $\boldsymbol{H}$，每个 h_n 是独立的，$\boldsymbol{w}=[w_1,\cdots,w_N]$是均值为0、方差为 $\sigma^2/\sqrt{2}$复高斯噪声，则最大似然(ML)检测方法如下：

假设 L 个调制符号同时被 SSD 编码产生 L 个信道符号，则在接收端每个符号的后验概率为 $\Pr(s_1=s^k|\boldsymbol{y})$，$(s^k\in S,i=1:\ L)$。下面假设 $L=2,N=2^2$，S 是 QPSK 调制符号集合，集合大小为4(k、$n=0,1,2,3$)，则对于第一个符号可以计算其后验概率，即

$$\Pr(s_1=s^k\mid \boldsymbol{y})=\sum_{i=1}^{3}\Pr(s_1=s^k,s_2=s^n\mid \boldsymbol{y})s^k,s^n\in S \tag{8-52}$$

根据 Bayes 公式

$$\Pr(s_1=s^k,s_2=s^n\mid \boldsymbol{y})=\frac{\Pr(\boldsymbol{y}\mid s_1=s^k,s_2=s^n)\times\Pr(s_1=s^k,s_2=s^n)}{\Pr(\boldsymbol{y})} \tag{8-53}$$

则在 AWGN 信道下

$$\Pr(\boldsymbol{y}\mid s_1=s^k,s_2=s^n)=\frac{1}{\sqrt{2\pi\sigma^2}}\exp\left(-\frac{|\boldsymbol{y}-\boldsymbol{HGs}|^2}{2\sigma^2}\right) \tag{8-54}$$

假设调制符号等概率传输，$\Pr(\boldsymbol{y})$为常数，将式(8-53)和式(8-54)代入式(8-52)，得

$$\Pr(s_1=s^k\mid \boldsymbol{y})=\frac{1}{q^2\cdot\Pr(\boldsymbol{y})}\cdot\frac{1}{\sqrt{2\pi\sigma^2}}\sum_{s:s_1=s^k}\mathrm{e}^{\frac{|\boldsymbol{y}-\boldsymbol{HGs}'|^2}{2\sigma^2}} \tag{8-55}$$

则

$$\Pr(s_1=s^k\mid \boldsymbol{y})=\frac{1}{\sqrt{2\pi\sigma^2}}\sum_{s:s_1=s^k}\mathrm{e}^{\frac{|\boldsymbol{y}-\boldsymbol{HGs}'|^2}{2\sigma^2}} \tag{8-56}$$

根据调制的解映射规则，可以得到多元 LDPC 码元符号的软信息。同理，可以计算第二个编码符号的输入软信息。

在式(8-56)中，假设传输符号的先验概率是等概率的且为 $1/q^2$，而这种假设对于解调来说是不准确的，并且是有性能损失的。如果采用多元 LDPC 译码之后的软信息对解调能够进行修正，则将进一步地提高性能，这种方法称为 Turbo 解调。因此，采用译码器的输出修正解调器的计算可以表示为

$$\Pr(s_1=s^k\mid \boldsymbol{y})=\frac{1}{\sqrt{2\pi\sigma^2}}\sum_{n=1}^{q}\Pr(s_2=s^n)\mathrm{e}^{-\frac{|\boldsymbol{y}-\boldsymbol{Hs}|^2}{2\sigma^2}} \tag{8-57}$$

式中：$\boldsymbol{s}=[s_1=s^k,s_2=s^n]$，$\Pr(s_2=s^n)=\Pr(x_{n'}=a)$，$\Pr(x_{n'}=a)=f_{n'}^{a}\prod_{j\in M(n')}r_{jn'}^{a}$ 是多元 LDPC 码的软输出。

这种设计方法的好处是为两个部分的级联提供了很大的灵活性。虽然 LDPC 码具有逼近香农限的性能，但是在实际应用中，设计一个复杂度约束内的有限码长 LDPC 码，难度很大。而在这个级联系统中降低了码字的约束，可以选用多元 LDPC 码性能最好的码率与 SSD 进行匹配，以便整个系统的性能最优。下面用 EXIT 图优化多元 LDPC 码与 SSD 之间的码率匹配。

衰减信道下多元 LDPC 码与 SSD 联合编码调制的收敛性可以用外部信息交换图(EXIT Chart)来分析。分别用 I_{A1} 和 I_{E1} 表示解调器输入端和输出端编码比特的先验信息

和外部信息的互信息量。

把 I_{E1} 看作 I_{A1} 和 E_b/N_0 的函数，SSD 的 EXIT 特性函数定义为

$$I_{E1} = T_1(I_{A1}, E_b/N_0)$$

$$I_{A1} = \frac{1}{2}\sum_{x_1=-1,1}\int_{-\infty}^{\infty} p_{A1}(\varsigma \mid X_1 = x_1) \times ld \frac{2P_{A1}(\varsigma \mid X_1 = x_1)}{p_{A1}(\varsigma \mid X_1 = -1) + p_{A1}(\varsigma \mid X_1 = 1)} d\varsigma \tag{8-58}$$

$$I_{E1} = \frac{1}{2}\sum_{x_1=-1,1}\int_{-\infty}^{\infty} p_{A1}(\varsigma \mid X_1 = x_1) \times ld \frac{2P_{E1}(\varsigma \mid X_1 = x_1)}{p_{E1}(\varsigma \mid X_1 = -1) + p_{E1}(\varsigma \mid X_1 = 1)} d\varsigma \tag{8-59}$$

A_1 和 E_1 条件概率分布 p_{A1} 和 p_{E1} 可以通过仿真得到。不同的 p_{E1} 有不同的 I_{A1} 和 E_b/N_0 值。I_{A1} 与 I_{E1} 的紧密关系使得解调特性函数可以用一个 I_{A1}，I_{E1} 图来画出。

类似地，分别用 I_{A1} 和 I_{E1} 表示软输入软输出（SISO）LDPC 译码器输入端和输出端编码比特的先验信息和外部信息的互信息量，其同样可以用上面的式子计算。解调器的外部输出成为译码器的先验输入，即 $I_{A2} = I_{E1}$。译码器的外部信息成为解调器的先验信息，即 $I_{A1} = I_{E2}$。

图 8-7 描述了在衰减信道下，该联合调制方法在系统码率为 1/6 时的 EXIT 图及在多元 LDPC 码和 SSD 间不同码率的分配。在图 8-7(a) 中，采用码率为 1/3 的多元 LDPC 码与码率为 1/2 的 SSD 的级联，其中 E_d/N_0 设定为 3.5dB。从译码曲线可看出，需要 3 次迭代实现迭代译码的收敛。

作为对比，图 8-7(b) 分别画出了在 E_b/N_0 = 3.5dB、4.5dB、5.0dB 时，码率为 1/6 的 LDPC 码与码率为 1 的 SSD 级联的 EXIT 图。从译码曲线可看出，它渐近收敛于 E_b/N_0 = 5.0dB 时的性能曲线。对于 1/6 的联合调制系统码率，图 8-7(a) 比图 8-7(b) 有较低的收敛门限，因此图 8-7(a) 中的码率分配是一个好的选择。

图 8-8 是系统码率为 1/6 的不同设计方案的误码率仿真曲线，图 8-7 中 $\boldsymbol{G}_2$ 表示编码码率为 1 的 SSD 旋转矩阵，$\boldsymbol{G}_{42}$ 表示码率是 1/2 的 SSD 旋转矩阵。仿真结果表明，通过 EXIT 图分析，能够得到一个理想的多元 LDPC 码和 SSD 之间的码率匹配。

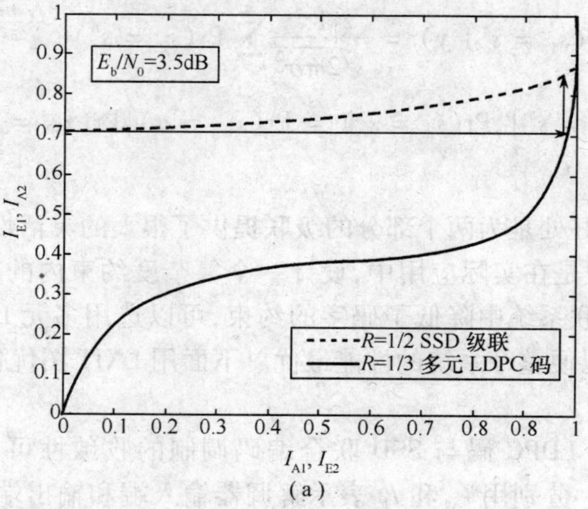

(a)

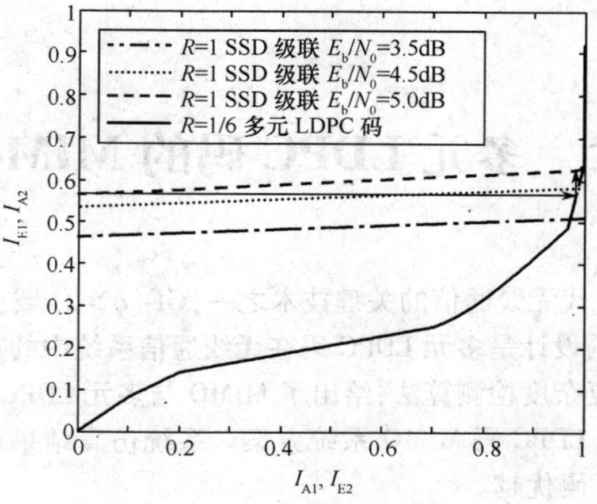

(b)

图 8-7　EXIT 图

(a) $R_{LDPC}=1/3$ 和 $R_{MD}=1/2$；(b) $R_{LDPC}=1/3$ 和 $R_{MD}=1/3$。

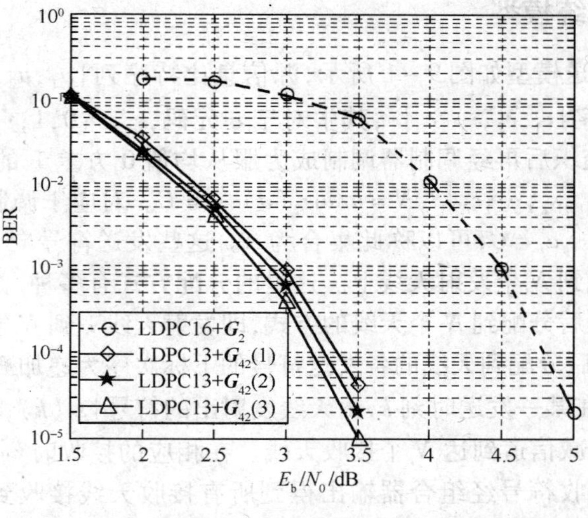

图 8-8　多元 LDPC 编码 SSD 联合设计方案的误码率曲线

8.5　本章小结

本章介绍了信号空间分集 SSD 的基本原理，给出了 3 种 SSD 旋转矩阵的设计方法，它们分别是最大化最小乘积距离设计方法、最小化误码率设计方法及随机矩阵产生方法，并分析了 3 种方法的性能。为了使 SSD 能够更好地与多元 LDPC 码灵活匹配，还给出了一种基于编码思想的 SSD 的设计方案。通过将 SSD 看成一种编码码率为 1 的内码，从编码理论角度给出了一种码率小于 1 的 SSD 设计方案，并通过 EXIT 图给出了多元 LDPC 码与 SSD 联合迭代 BPCM-SSD-ID 的速率匹配方案。

第 9 章　多元 LDPC 码的 MIMO 系统

MIMO 技术是下一代无线通信的关键技术之一，GF($q>2$)域上的低密度奇偶校验码在 MIMO 衰减信道下的设计是多元 LDPC 码在无线通信系统中的重要应用之一。本章介绍了 MIMO 信道及低复杂度检测算法；给出了 MIMO 与多元 LDPC 码的联合设计方法，以及基于 EXIT 图的多元 LDPC 码 MIMO 系统方案。系统仿真结果显示多元 LDPC 码在性能上比最佳二元 LDPC 码优越。

9.1　MIMO 信道

9.1.1　MIMO 系统模型

MIMO 系统的发送模型如图 9－1 所示，源信息比特序列$\{u_1,u_2,\cdots,u_m\}$，$u_i\in\{0,1\}$经编码器后，输出码字$\{c_1,c_2,\cdots,c_n\}$，其中对于 q 元码，$c_i\in\{0,1,\cdots,q-1\}$。码字$\{c_1,c_2,\cdots,c_n\}$经交织器交织后再经调制器调制成为服从均值 0 方差 1 的(复)高斯分布的可以发送的符号向量$\{s_1,s_2,\cdots,s_N\}$，$N=n/\log_2(d)$，$s_i\in C$。对应于调制阶数 d，s_i的可能取值有$\{a_1,a_2,\cdots\cdots,a_d\}$，$a_i\in C$，可以称此集合为 A。这些发送符号向量 $\boldsymbol{S}=\{s_1,s_2,\cdots,s_N\}$经过一个映射器分配到 N_t个发射天线上。这里的分配方式有多种，为了方便可以采用按符号下标顺序依次先后分配到 N_t个天线的方式，即发射天线 1 到 N_t发送的第一个符号分别为 $s_1,s_2,\cdots,s_{N_t}$，之后分配到天线的各发送符号的下标次序为递加 N_t后的。分配器的结构如图 9－2 所示。在某一发送时刻 k，由天线发射出的符号$\{s_1(k),s_2(k),\cdots,s_{N_t}(k)\}$经过频率选择性瑞利衰减信道到达 N_r个接收天线。在相应的接收时刻，这些经历了衰减和接收机噪声干扰的接收符号经组合器输出得到所有接收天线接收到的符号向量 $\boldsymbol{r}(k)$：$\{r_1(k),r_2(k),\cdots,r_{N_r}(k)\}$。检测器对其进行检测再经解调器和解交织器后得到原始码

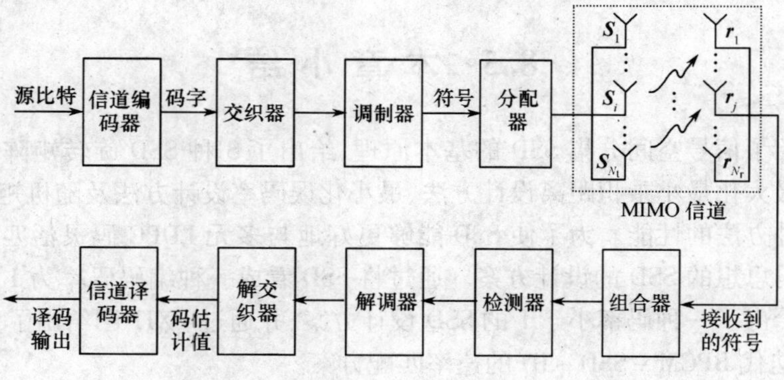

图 9－1　MIMO 结构框图

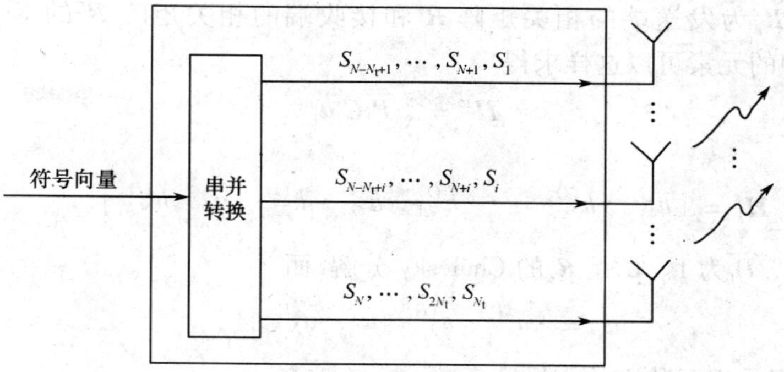

图 9-2　分配器结构示意图

字的估计，经译码器译码后接收端最终得到源比特信息。

9.1.2　空间相关的频选信道(SCFS)

由于 MIMO 系统是一个多天线系统，在实际环境中，由于天线间距离和天线周围散射体分布的局限，使得 MIMO 信道的多径之间还存在一定的空间相关性。这反映在信道衰减系数之间的相关度比较高。比如，信道常会呈现出各个子信道的衰减系数都很低或者都很高的情形，这就和空间选择性信道不同，不适于优先找到一个相对准确的信号再进行干扰消除这种检测思想。

根据实际情况，可假定角度信息与时域衰减信息互不相关。下面给出一种矢量信道建模方法：

$$y(t) = s(t) \cdot \frac{1}{\sqrt{P}}\sum_{p=1}^{P} a(w,\theta_p)\beta_p(t) = \boldsymbol{s}(t) \cdot \boldsymbol{v}(t) = \boldsymbol{R}^{1/2}\boldsymbol{g}(t) \cdot \boldsymbol{s}(t) \qquad (9-1)$$

式中：$\boldsymbol{R}^{1/2}(\boldsymbol{R}^{1/2})^{\mathrm{T}} = R_{ss}$，$R_{ss}$ 为 $\boldsymbol{v}(t)$ 的自相关的反应空间相关的部分，$\boldsymbol{g}(t)$ 表示时域衰减（如瑞利衰减）。

对于空间相关性频率选择性信道，假设可分辨的多径是相互独立的。对于一发多收(SIMO)情形，信道响应的等效基带表示为

$$h(t,\tau) = \sum_{l=0}^{L-1}\delta(\tau - \tau_l)\boldsymbol{v}_l(t) \qquad (9-2)$$

式中：L 为多径数；$\boldsymbol{v}_l(t)$ 表示信道向量（长度为 N_r 的列向量，N_r 为接收天线数），这样可以得到接收信号为

$$r(t) = \boldsymbol{s}(t) * h(t,\tau) = \sum_{l=0}^{L-1} s(t-\tau_l)v_l(t) + n(t) \qquad (9-3)$$

式中：$\boldsymbol{s}(t)$ 为发送的符号；$n(t)$ 为噪声信号，服从 $(0,\sigma^2)$ 的复高斯分布。

若考虑到多天线的情形(MIMO)，则 $\boldsymbol{v}_l(t)$ 可表示成

$$\boldsymbol{H}_l = \begin{bmatrix} h_{11}^{(l)} & h_{12}^{(l)} & \cdots & h_{1N_t}^{(l)} \\ h_{21}^{(l)} & h_{22}^{(l)} & \cdots & h_{2N_t}^{(l)} \\ \vdots & \vdots & \cdots & \vdots \\ h_{N_r1}^{(l)} & h_{N_r2}^{(l)} & \cdots & h_{N_rN_t}^{(l)} \end{bmatrix} \qquad (9-4)$$

信道相关矩阵 $\boldsymbol{R}_v$ 为发送端的相关矩阵 $\boldsymbol{R}^t$ 和接收端的相关矩阵 $\boldsymbol{R}^r$ 的 Kronecker 积，由式(9-1)，$\boldsymbol{H}_l$ 中的元素可以这样求得

$$\widehat{\boldsymbol{H}}_l = \sqrt{P_l}\boldsymbol{C}_l\boldsymbol{a}_l \tag{9-5}$$

式中

$$\widehat{\boldsymbol{H}}_l = [h_{11}^{(l)} \quad h_{21}^{(l)} \quad \cdots \quad h_{N_r1}^{(l)} \quad h_{12}^{(l)} \quad h_{22}^{(l)} \quad \cdots \quad h_{N_rN_t}^{(l)}]_{N_rN_t\times 1}^{\mathrm{T}} \tag{9-6}$$

归一化期间，令 $\sqrt{P_l}$ 为 1。$\boldsymbol{C}_l$ 是 $\boldsymbol{R}_v$ 的 Cholesky 分解，而

$$\boldsymbol{a}_l = [a_1^{(l)} \quad a_2^{(l)} \quad \cdots \quad a_{N_rN_t}^{(l)}]_{N_rN_t\times 1}^{\mathrm{T}} \tag{9-7}$$

它的每个元素都是相互独立的小尺度衰减。

这样，根据 $\widehat{\boldsymbol{H}}_l$ 得到了 $\boldsymbol{H}_l$，便可实现空间相关性频率选择信道的建模（N_t 发 N_r 收）：

$$\boldsymbol{r}(t) = [\boldsymbol{H}_0 \quad \cdots \quad \boldsymbol{H}_{L-1}]\boldsymbol{s}(t) + \boldsymbol{n}(t) \tag{9-8}$$

式中

$$\boldsymbol{s}(t) = [s_1(t) \quad \cdots \quad s_{N_t}(t) \quad \cdots \quad \cdots \quad s_1(t-L+1) \quad \cdots \quad s_{N_t}(t-L+1)]^{\mathrm{T}} \tag{9-9}$$

式中：$s_i(t)$ 表示第 i 个发送天线上的发送符号；$\boldsymbol{r}(t)$ 表示 t 时刻的接收向量，长度为 N_r；$\boldsymbol{n}(t)$ 为接收向量 $\boldsymbol{r}(t)$ 对应的高斯噪声向量。易知，此时信道矩阵为

$$\boldsymbol{H} = [\boldsymbol{H}_0 \quad \cdots \quad \boldsymbol{H}_{L-1}] \tag{9-10}$$

表 9-1 给出了 SCFS 信道矩阵的构造方法。

表 9-1 SCFS 信道矩阵的构造方法

第 1 步	得到初始化的信道参数，N_t、N_r、多径数 L 及相关系数
第 2 步	根据相关系数生成相关矩阵 $\boldsymbol{R}_v$，然后得到其 Cholesky 分解 $\boldsymbol{C}_l$
第 3 步	生成 L 个长度为 N_tN_r 的向量 $\boldsymbol{a}_l$，其元素服从归一化的复高斯分布
第 4 步	按照 l 从 1 到 L 的大小顺序计算 $\boldsymbol{C}_l\boldsymbol{a}_l$ 的值，这样得到 L 个 $\boldsymbol{H}_l$
第 5 步	将 $\boldsymbol{H}_l$ 的元素重新组合得到 $\boldsymbol{H}_l$，进而将 L 个 $\boldsymbol{H}_l$ 按照 l 从 1 到 L 的大小

9.2 MIMO 的检测算法

9.2.1 常见的检测算法

1. ZF(迫零)检测

这是一种硬判决方式，也是一种线性检测。一般是针对 BPSK 调制后的发送信号或者发送信号具有明显的分界点时；否则不易实施此种检测方式。其思想是在接收信号 $\boldsymbol{Y}$ 的左端乘以 $\boldsymbol{H}^{-1}$，然后通过判断信号落在分界点的哪一边，来判定接收到的信号对应的是哪个发送信号。ZF 检测具有复杂度低的特点。

2. MMSE(最小均方误差)检测

这也是一种硬判决方式和一种线性检测。这种检测方式的思维是，假定存在这样一个矩阵 $\boldsymbol{W}$，在将 $\boldsymbol{W}$ 乘以 $\boldsymbol{Y}$ 后，使得 $E\{\|\boldsymbol{WY}-\boldsymbol{S}\|^2\}$ 最小。这里 $\boldsymbol{S}$ 表示发送符号矢量。

MMSE 的性能要好于 ZF。运算复杂度也不高(线性检测),所以应用较多。

3. ML(最大似然)检测

这是一种软判决方式,非线性检测。其思想是在所有可能发送信号(集合)中取先验概率 $p(y|s)$ 最大的发送信号点。当采用序列 ML 检测时,表 9-2 给出根据序列的概率求解符号的概率一种方法。

表 9-2　ML 中符号先验概率的计算

第一步	得到初始参数:发送符号的集合 $\boldsymbol{A}=\{\boldsymbol{S}_i,i=1,\cdots,p^{N_t}\}$,其中,$\boldsymbol{S}_i=\{s_i^j,j=1,\cdots,N_t\}$; 信道矩阵 $\boldsymbol{H}$;接收序列 $\boldsymbol{Y}=\{r_i,i=1,\cdots,N_r\}$
第二步	计算 $\boldsymbol{P}\{\boldsymbol{Y}\|\boldsymbol{S}_i\}\quad(i=1,\cdots,p^{N_t})$
第三步	计算 $\boldsymbol{P}\{\boldsymbol{Y}\|s_{n,j}\}\quad(j=1,\cdots,p,n=1,\cdots,N_t)$,即 $\boldsymbol{P}\{\boldsymbol{Y}\| s_{n,j}z\}=\sum_{S_k:S_{k,n}=s_j}\boldsymbol{P}\{\boldsymbol{Y}\| \boldsymbol{S}_i\},j=1,\cdots,p$

4. MAP(最大后验概率)检测

这也是一种软判决、非线性检测。顾名思义,其思想是选取后验概率 $p(s|y)$ 最大的发送信号点。

当发送信号的先验概率 $p(s)$ 已知且相等时,ML 检测等价于 MAP 检测。

5. V-BLAST 检测

V-BLAST 是一种迭代干扰消除的检测方案,适用于平坦信道下的检测。下面以 V-BLAST下的 MMSE 迭代为例来说明,如表 9-3 所列。

表 9-3　V-BLAST 步骤

初始化		$\boldsymbol{W}_i=\frac{\rho}{M}\boldsymbol{H}_i^{\dagger}(\frac{\rho}{M}\boldsymbol{H}_i\boldsymbol{H}_i^{\dagger}+N_0\boldsymbol{I}_N)\quad(i=1)$
迭代检测	①	$k_i=\underset{j\notin\{k_1,\cdots,k_{i-1}\}}{\operatorname{argmin}}\ \|\boldsymbol{W}_{j,\cdot}\|^2$
	②	$y_{k_i}=\boldsymbol{W}_{k_i,\cdot}\boldsymbol{Y}$
	③	$\widehat{a}_{k_i}=Q(y_{k_i})$
	④	$\boldsymbol{Y}=\boldsymbol{Y}-\widehat{a}_{k_i}\boldsymbol{H}_{\cdot,k_i}$
	⑤	$\boldsymbol{W}_{i+1}=\frac{\rho}{M}\boldsymbol{H}_{\overline{k}_i}^{\dagger}\left(\frac{\rho}{M}\boldsymbol{H}_{\overline{k}_i}\boldsymbol{H}_{\overline{k}_i}^{\dagger}+N_0\boldsymbol{I}_N\right)$
	⑥	$i=i+1$,并返回①

表 9-3 中,$\boldsymbol{H}^{\dagger}$为矩阵 $\boldsymbol{H}$ 的 Hermit 转置;$\boldsymbol{H}_{\overline{k}_i}$为矩阵 $\boldsymbol{H}$ 的 $k_1,k_2,\cdots,k_i$列被全 0 代替;$\boldsymbol{H}^+$为矩阵 $\boldsymbol{H}$ 的广义逆矩阵。

V-BLAST 检测的思想是分层检测。通过逐步找出准确性最高的发送符号,消除此符号对后续符号的干扰。这种方法可以充分地利用了接收信息和信道信息,并达到一定的干扰消除的效果。虽然带来了一定程度的复杂度的上升,但是由于复杂度是线性增加的,因此是可以接受的。

6. 基于 MAP 准则的 V－BLAST－MMSE 迭代检测

此方案的流程如表 9－4 所列。

表 9－4 V－BLAST－MMSE 迭代检测

初始化		$\boldsymbol{W}_i = \dfrac{\rho}{M}\boldsymbol{H}_i^{\dagger}\left(\dfrac{\rho}{M}\boldsymbol{H}_i\boldsymbol{H}_i^{\dagger} + N_0\boldsymbol{I}_N\right) \quad (i=1)$
迭代检测	①	$y_i = \boldsymbol{W}_i r_i$
	②	$s_i = Q(y_i)$
	③	$p_{ij} = \dfrac{f_{ij}(y_{ij} \mid s_{ij})}{\sum\limits_{s' \in A} f_{ij}(y_{ij} \mid s')} \quad j \notin \{k_1,\cdots,k_{i-1}\}$
	④	$k_i = \underset{j \notin \{k_1,\cdots,k_{i-1}\}}{\operatorname{argmax}} \{p_{ij}\}$
	⑤	$\hat{a}_{k_i} = \boldsymbol{s}_{ik_i}$
	⑥	$\boldsymbol{r}_{i+1} = \boldsymbol{r}_i - \hat{a}_{k_i}(\boldsymbol{H}_i)_{k_i}$
	⑦	$\boldsymbol{W}_{i+1} = \dfrac{\rho}{M}\boldsymbol{H}_{\bar{k}_i}^{\dagger}\left(\dfrac{\rho}{M}\boldsymbol{H}_{\bar{k}_i}\boldsymbol{H}_{\bar{k}_i}^{\dagger} + N_0\boldsymbol{I}_N\right)$
	⑧	$i = i+1$

这里在分层检测时，是根据其后验概率大小来选择符号检测优先级，不再是依据输出噪声的大小。另外一点不同是，利用一次性估算出所有发送符号的方法取代逐符号的估计。由于每次为了估计一个准确的符号，都需要将所有的符号估计一次并且有大量的概率计算，所以复杂度有了较大的增加。

9.2.2 频选信道下的迭代均衡技术

在频选信道下，ISI 是由于在多径环境下，多径时延长短不一导致了前面时刻的发送符号与后面时刻的发送符号在接收端相互叠加造成的。因此，如果在接收端能够在检测当前时刻的符号值时，滤除在接收向量中之前符号影响的话，会达到消除 ISI 的效果。由此，滑动窗口模型得以引入到接收端均衡器。

图 9－3 给出了 MIMO 迭代均衡系统的结构。与图 9－1 相比，只是在接收端有所改

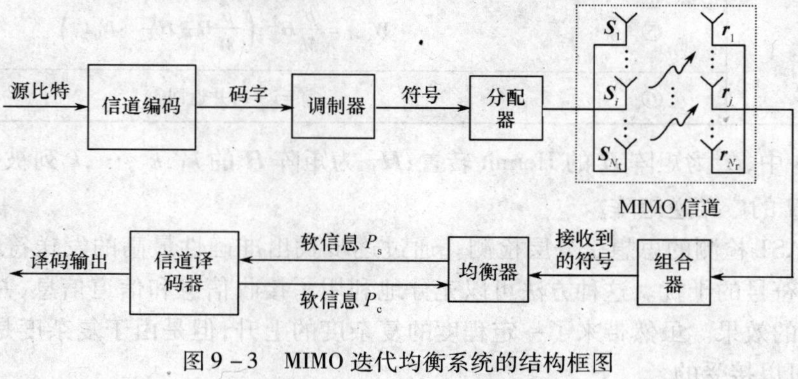

图 9－3 MIMO 迭代均衡系统的结构框图

变。在接收端，当所有的发送符号均已接收到，并由组合器输出后，接收到的符号首先经过均衡器得到符号的先验概率 P_s。这些先验概率被送到 LDPC 译码器用于译码，然后译码器输出码字的软信息 P_c，并将 P_c 返回均衡器进行下一轮的迭代过程。经若干次迭代后，在 LDPC 译码器输出端将进行硬判决，硬判决输出的多元符号将再被还原到所估计到的信息位序列。

迭代的优势在于：通过软信息的传递、更新来逼近最佳输出结果。但是前提是迭代必须是收敛的。迭代的收敛性可以通过 EXIT 图来验证。

1. 逐天线检测的迭代均衡技术（ABA MMSE）

ABA MMSE 技术是一种逐符号估计方案。对于每个发送符号进行单独的估计。这样显得精确，容易理解。事实证明，在非空间相关信道下，其性能是比较好的。

当所有发送信号经过信道到达接收端后，接收端的均衡器使用一个滑窗模型对接收信号进行干扰消除，然后执行最小均方误差（MMSE）检测，其结构参见图 9－4。

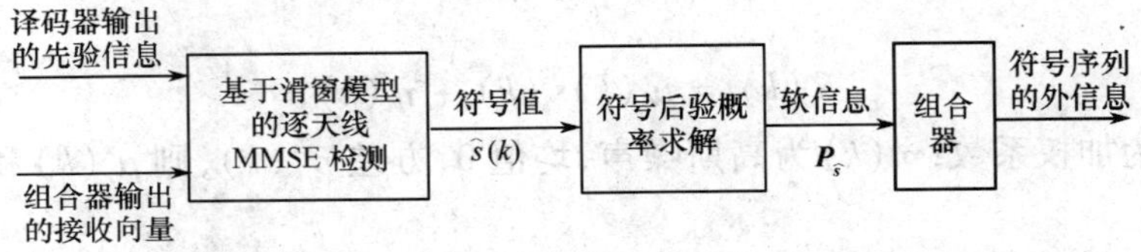

图 9－4　ABA MMSE 均衡器

滑窗模型主要用于减弱 ISI 对信号检测的影响。当对 $s_i(k)$ 检测时，在得到组合器输出的所有时刻接收符号组成的接收向量后，使用当前时刻 k 及其相邻 $2(L-1)$ 个时刻的符号信息，对应的接收向量组合为

$$\boldsymbol{r}'(k) = [r_1(k+L-1)\cdots r_{N_r}(k+L-1)\cdots r_1(k)r_{N_r}(k)]^{\mathrm{T}} \tag{9-11}$$

这样，相应的滑窗矩阵为

$$\begin{bmatrix} \boldsymbol{H} & & 0 \\ & \boldsymbol{H} & \\ & & \ddots & \\ 0 & & & \boldsymbol{H} \end{bmatrix}_{N_r L \times N_t(2L-1)}$$

在 $\boldsymbol{H}(\boldsymbol{k})$ 中，每换一次行，$\boldsymbol{H}$ 的位置向右移动 N_t 列，其余位置都补零。而相应的发送符号组合为

$$\begin{aligned}&[s_1(k+L-1) \quad \cdots \quad s_{N_t}(k+L-1) \quad \cdots \quad s_1(k) \\ &\cdots \quad s_{N_t}(k) \quad \cdots \quad s_1(k-L+1) \quad \cdots \quad s_{N_t}(k-L+1)]^{\mathrm{T}}\end{aligned} \tag{9-12}$$

利用前面提出的滑窗模型，采用 MMSE 检测估计出符号，符号的估计为

$$\hat{s}_i(k) = \boldsymbol{e}_i^{\mathrm{T}}\boldsymbol{H}^{\mathrm{H}}(k)[\boldsymbol{H}(k)\boldsymbol{R}_i\boldsymbol{H}^{\mathrm{H}}(k)+\sigma^2\boldsymbol{I}]^{-1}[\boldsymbol{r}'(k)-\boldsymbol{H}(k)\,\bar{\boldsymbol{s}}(k)] \tag{9-13}$$

式中：$i\in\{1,2,\cdots,N_t\}$；$(\ast)^{\mathrm{H}}$ 是共轭转置运算；$(\ast)^{-1}$ 是对矩阵的求逆运算；$\boldsymbol{e}_i$ 是一个长为 $N_t(2L-1)$ 的向量，除了第 $N_t(L-1)+i$ 个元素外，其余元素全为 0；$\bar{\boldsymbol{s}}(\boldsymbol{k})$ 是一个包含待估符号及其周围 $N_t(2L-1)-1$ 个符号平均值的向量，即

$$[s_1(k+L-1)\quad\cdots\quad s_{N_t}(k+L-1)\quad\cdots\quad s_1(k)\quad\cdots$$
$$0\quad\cdots\quad s_{N_t}(k)\quad\cdots\quad s_1(k-L+1)\quad\cdots\quad s_{N_t}(k-L+1)]^{\mathrm{T}}$$

$\overline{\boldsymbol{s}}(\boldsymbol{k})$中平均值的求解为

$$\overline{s}_i(k) = E\{s_i(k)\} = \sum_{s_i(k)\in A} s_i(k)P_c(s_i(k)) \tag{9-14}$$

式中：$\overline{s}_i(k)$为k时刻第i个发射天线发出的符号；A为调制后的发送符号的可能取值集合；$P_c(s_i(k))$为上一次迭代后译码器输出的k时刻第i个发射天线发出的符号的软信息概率。$\boldsymbol{R}_i$是一个对角线元素为待估符号及其周围$N_t(2L-1)-1$个符号方差的对角阵，即

$$\mathrm{diag}(1-\overline{s}_1^2(k+L-1)\quad\cdots\quad 1-\overline{s}_{N_t}^2(k+L-1)\quad\cdots\quad 1-\overline{s}_1^2(k)\cdots$$
$$1\cdots 1-\overline{s}_{N_t}^2(k)\quad\cdots\quad 1-\overline{s}_1^2(k-L+1)\quad\cdots\quad 1-\overline{s}_{N_t}^2(k-L+1))$$

然后，将此均衡器的检测输出$\widehat{s}_i(k)$等效为符号$s_i(k)$经过平坦信道的输出，可以这样表述为

$$\widehat{s}_i(k) = \mu_i(k)s_i(k) + \eta_i(k) \tag{9-15}$$

式中：$\mu_i(k)$为加权系数；$\eta_i(k)$为高斯噪声，均值0，方差$\sigma_i^2(k)$，则$\mu_i(k)$和$\sigma_i^2(k)$的求解为

$$\mu_i(k) = \boldsymbol{e}_i^{\mathrm{T}}\boldsymbol{H}^{\mathrm{H}}(k)[\boldsymbol{H}(k)\boldsymbol{R}_i\boldsymbol{H}^{\mathrm{H}}(k) + \sigma^2\boldsymbol{I}]^{-1}\boldsymbol{H}(k)\boldsymbol{e}_i,\quad \sigma_i(k) = \mu_i(k) - \mu_i(k) \tag{9-16}$$

那么就可以计算近似的符号概率，即

$$P_s(s_i(k)) = P(\widehat{s}_i(k)\mid s_i(k)) = \frac{1}{\sigma_i^2(k)\pi}\exp\left[-\frac{|\widehat{s}_i(k)-\mu_i(k)s_i(k)|^2}{\sigma_i^2(k)}\right] \tag{9-17}$$

由式(9-17)可以进一步得到所有接收符号的软信息值，再传送到译码器，译码器根据此软信息译码，输出各码元符号的软信息$P_c(s_i(j))$到检测器以作为检测器的输入先验信息来进行下一次迭代检测过程。当迭代次数到达设定的次数后，便根据译码器输出的码字的概率信息来判决码字，并计算误码率。

注意：在这里发送天线数和接收天线数的关系是有限定的，即必须满足$N_rL\geqslant N_t(2L-1)$，即$N_r\geqslant|2N_t-N_t/L|$，这样矩阵$\boldsymbol{H}(\boldsymbol{k})$才是列满秩的，对应的方程才有解。对于这种限制，可以通过在接收端的对接收信号的过采样方法来避免。

对于ABA MMSE，当发送码元为二阶时，有一些简化的改进。符号平均值可以这样求解：

$$\overline{s}_i(k) = \tanh\left(\frac{\lambda_a}{2}\right) \tag{9-18}$$

λ_a为检测器输入的先验似然比信息。另外，检测器的输出外信息可以这样求解，即

$$\lambda_p = \frac{4\mathscr{R}\{\widehat{s}_i(k)\}}{1-\mu_i(k)} \tag{9-19}$$

2. 联合天线检测的迭代均衡技术(JAD MMSE)

逐天线检测的方案在空间非相关的频选信道下可以取得比较好的性能，但是在空间

相关信道下就由于衰减系数的相关性的影响而难以很好地消除空间相关性带来的干扰，而难以给出准确率较高的检测结果。其均衡器的内部构造如图 9－5 所示。具体原理如下。

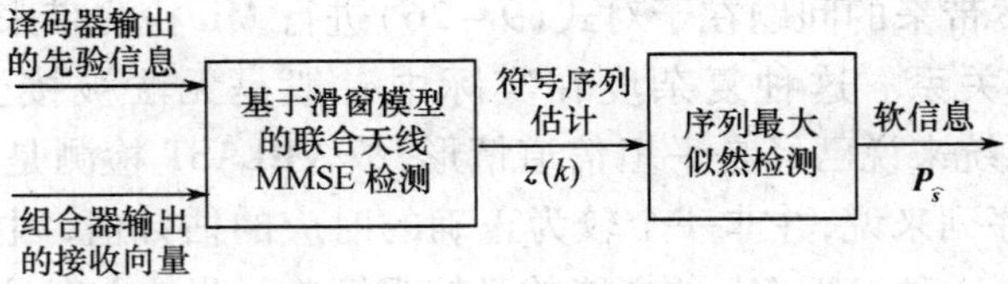

图 9－5　JAD MMSE 均衡器的内部构造

使用与前面的迭代系统相同的信道模型，只是$\bar{\boldsymbol{s}}(\boldsymbol{k})$变为

$$[\,\bar{s}_1(k+L-1)\ \cdots\ \bar{s}_{N_t}(k+L-1)\ \cdots\ \bar{s}_1(k-1)\ \cdots\ \bar{s}_{N_t}(k-1)0_{1\times N_t}$$
$$\bar{s}_1(k+1)\ \cdots\ \bar{s}_{N_t}(k+1)\ \cdots\ \bar{s}_1(k-L+1)\ \cdots\ \bar{s}_{N_t}(k-L+1)\,]$$

它的元素值是通过译码器输出的先验信息求解的。这样可以得到软干扰消除的接收信号，即

$$\hat{\boldsymbol{r}}(k)=\boldsymbol{r}'(k)-\boldsymbol{H}(k)\bar{\boldsymbol{s}}(k) \tag{9-20}$$

式中：$\boldsymbol{r}'(k)$是从组合器输出的接收向量中得到。

然后可以得到最小均方差（MMSE）滤波器的表达式，即

$$\boldsymbol{W}(k)=\underset{\boldsymbol{W}}{\operatorname{argmin}}\|\boldsymbol{W}^{\mathrm{H}}\hat{\boldsymbol{r}}(k)-\boldsymbol{s}(k)\|^2 \tag{9-21}$$

矩阵 $\boldsymbol{W}(k)\in C^{LN_r\times N_t}$由式（9－22）定义，即

$$\boldsymbol{W}(k)=[\boldsymbol{w}^{(1)}(k),\cdots,\boldsymbol{w}^{(N_t)}(k)] \tag{9-22}$$

而向量 $\boldsymbol{s}(k)$前已定义。这样可以得到加权矩阵 $\boldsymbol{W}(k)$的列向量 $\boldsymbol{w}^{(m)}(k)\in C^{LN_r\times 1}$，即

$$\boldsymbol{w}^{(m)}(k)=\boldsymbol{M}(k)^{-1}\boldsymbol{h}^{(m)} \tag{9-23}$$

式中：

$$\begin{aligned}\boldsymbol{M}(k)&=\boldsymbol{H}(k)\boldsymbol{\Lambda}(k)\boldsymbol{H}(k)^{\mathrm{H}}+\sigma^2\boldsymbol{I}-\sum_{m=1}^{N_t}\boldsymbol{h}^{(m)}\boldsymbol{h}^{(m)\mathrm{H}}\\&=\boldsymbol{R}_{\mathrm{cov}}-\sum_{m=1}^{N_t}\boldsymbol{h}^{(m)}\boldsymbol{h}^{(m)\mathrm{H}}\end{aligned} \tag{9-24}$$

$\boldsymbol{h}^{(m)}$是矩阵 $\boldsymbol{H}(k)$的第[$(L-1)N_t+m$]列向量，$R_{\mathrm{cov}}=\boldsymbol{H}(k)\boldsymbol{\Lambda}(k)\boldsymbol{H}(k)^{\mathrm{H}}+\sigma^2\boldsymbol{I}$。而

$$\begin{aligned}\boldsymbol{\Lambda}(k)=\operatorname{diag}(&1-\bar{s}_1^2(k+L-1)\cdots1-\bar{s}_{N_t}^2(k+L-1)\cdots1_{1\times N_t}\\&\cdots1-\bar{s}_1^2(k-L+1)\cdots1-\bar{s}_{N_t}^2(k-L+1))\end{aligned} \tag{9-25}$$

另外，$\boldsymbol{W}(k)$也可以表述为

$$\boldsymbol{W}(k)=(\boldsymbol{H}(k)\boldsymbol{\Lambda}(k)\boldsymbol{H}(k)^{\mathrm{H}}+\sigma^2\boldsymbol{I})^{-1}\boldsymbol{H}(k)$$

假定滤波器的输出 $z(k)\in C^{N_t\times 1}$能近似为等效高斯噪声信道，可写为

$$\boldsymbol{z}(k)=\boldsymbol{W}^{\mathrm{H}}(k)\hat{\boldsymbol{y}}(k)=\boldsymbol{H}_{\mathrm{e}}(k)\boldsymbol{s}(k)+\boldsymbol{\psi}_{\mathrm{e}}(k) \tag{9-26}$$

式中：矩阵 $\boldsymbol{H}_{\mathrm{e}}(k)\in C^{N_r\times N_t}$为等效平坦衰减信道增益，它的求解可由式（9－27）得到

$$\boldsymbol{H}_{\mathrm{e}}(k)=E\{\boldsymbol{z}(k)\boldsymbol{s}^{\mathrm{H}}(k)\}=\boldsymbol{W}^{\mathrm{H}}(k)\boldsymbol{H}_{ML} \tag{9-27}$$

这里 $\boldsymbol{H}_{ML}=[\boldsymbol{h}^{(1)},\cdots,\boldsymbol{h}^{(N_t)}]$，矢量 $\boldsymbol{\psi}_{\mathrm{e}}(k)\in C^{N_t\times 1}$由等效高斯噪声协方差矩阵得到

$$R_e(k) = E\{\psi_e(k)\boldsymbol{\psi}_e^{H}(k)\} = \boldsymbol{W}^{H}(k)\boldsymbol{R}_{cov}\boldsymbol{W}(k) - \boldsymbol{H}_e(k)\boldsymbol{H}_e^{H}(k) \quad (9-28)$$

然后对式(9－26)的向量 $\boldsymbol{z}(k)$ 进行最大似然检测过程,就可以得到符号的软信息,再通过反射就可以得到对应的多元码元的软信息。

JAD MMSE 方案带来的问题在于对式(9－26)进行 ML 检测带来的复杂度与发送天线数呈指数的对应关系。这种复杂度在实际中一般是无法被接受的。考虑到对于式(9－26)的等价系统来说已经是平坦信道情形,故 VBLAST 检测是适用的,但是,由于 $\boldsymbol{z}(k)$ 对于初始发送序列来说,并非一个较为正确的对应的估计值,因此,VBLAST 难以取得较为准确的估计。一种接近 ML 的性能的又较为简单一些的方案是所期望的。

9.3 多元 RA 码与 MIMO 的联合检测

9.3.1 编码与调制之间映射

在发送端,在对码字的脉冲信号调制成为符号波形时,有多种调制方式。如果按照阶数的变化来看,可以分为编码域阶数 p 大于、等于和小于调制域阶数 d 3 种情形。

1. $p>d$ 时的情形

在这种情形下,显然需满足条件:p 能被 d 整除,具体到 MIMO 系统可以如图 9－6 所示。

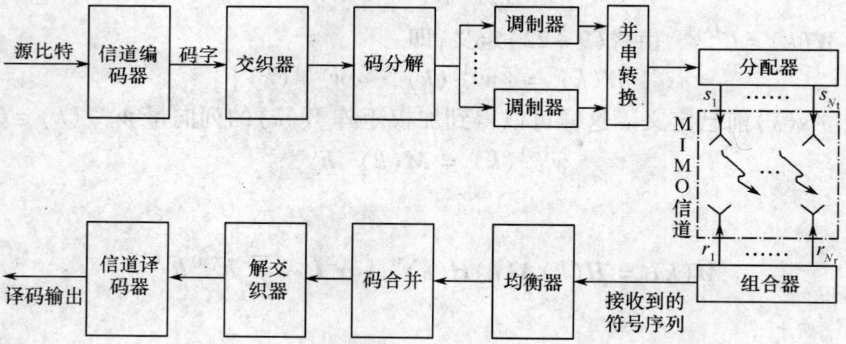

图 9－6　$p>d$ 时的 MIMO 系统

假设发送码字定义于 GF(q)上,这里 $q=p$,且以发送天线数 $N_t=2$ 为例。在这样的系统中,可以假设使用一个符号集长度为 d 的高阶调制模式。在编码器的输出端,每个编码后的多元码元 $\beta\in\mathrm{GF}(q)$ 通过分解器被映射到一组两个部分,然后经调制器调制成符号 s_1 和 s_2。这里假设 $p=4d$,符号序列经分配器分配到两个发射天线通过信道发送。相应地,在接收端,接收到的符号经过序列 MMSE 检测得到对符号的估计序列,并将其等效为经高斯信道输出的表达形式。然后执行基于符号的序列最大似然检测,以计算每组两个符号集符号的先验概率。这些先验概率经过合并器后被送到 LDPC 译码器用于译码。

当采用软信息迭代检测方式时,关于码元 β 的软信息的求解方式为:对于 β 的某个可能取值 $c\in\{0,1,\cdots,q-1\}$,对应的 s_1 和 s_2 的取值 s_1^c 和 s_2^c 就固定了,这样,β 的后验概率 p_β

的求解为

$$p_{\beta=c}=\frac{p_{s_1^c}\cdot p_{s_2^c}}{\sum_{c=0}^{q-1}p_{s_1^c}\cdot p_{s_2^c}} \tag{9-29}$$

式中：$p_{s_1^c}$和$p_{s_2^c}$分别为s_1和s_2的取值为s_1^c和s_2^c时的概率。

2. $p=d$ 时的情形

这种情形下的MIMO模型描述如图9-1所示。在这种情形下不存在码分解和码合并的步骤。

3. $p<d$ 时的情形

这种情形和第一种情况是相反的过程。具体到MIMO系统可以如图9-7所示。

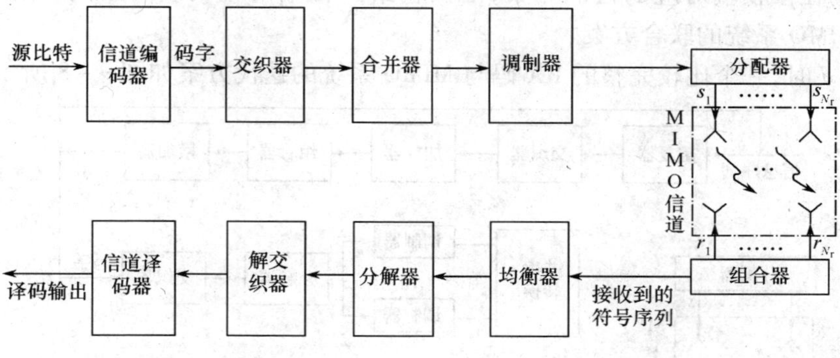

图9-7　$p<d$ 时对应的MIMO模型

在发送端，交织后的 m 个 p 阶码符号 $\beta_1,\cdots,\beta_m$ 经过合并器合并成一个 d 阶调制符号 s，经过分配器指定到发送天线发送。可知，s 有 $M=2^d$ 种取值可能。在接收端均衡器输出的解调后的 d 阶调制符号再经过分解器分解成为 m 个 p 阶码符号。这里，要求 d 能够被 p 整除。

当采用软信息迭代检测方式时，对应的 $\beta_i(i=1,\cdots,m)$ 的后验概率的求解为

$$p_{\beta_i}=\frac{\sum_{s\in s^{\beta_i}}p_s}{\sum_{i=1}^{m}\sum_{s\in s^{\beta_i}}p_s} \tag{9-30}$$

式中：s^{β_i}为分解后第 i 个比特的值是 β_i的所有可能发送符号取值的集合。

下面给出以上3种情形的性能比较。首先，对于第3种情形和第2种情形相比，在 p 相等时，显然后者要优于前者，因为随着 d 的增加，错误率是呈上升趋势的。不失一般性，假定MIMO系统是在 $N_t=2$ 的情形，固定 $d=4$，分别选取 p 的值为16、4、2，并假定在某个时刻天线1上的符号的信道差错率为 p_1，天线2上的符号的信道差错率为 p_2。在接收端使用硬判决情形下，分别计算3种情况下的某发送比特的错误概率为

$$P_1=p_1+p_2-p_1p_2 \tag{9-31}$$

$$P_2=p_1\text{ 或 }p_2 \tag{9-32}$$

$$P_3=\frac{2}{3}p_1\text{ 或 }\frac{2}{3}p_2 \tag{9-33}$$

显然，$P_1 > P_2 > P_3$。由此可知，将码元分解后，不但降低了发送速度，还增加了错误的概率。但是，这仅仅是在硬判决下的情形。同时，考虑在软判决时，更加充分的外信息的求解对于判决结果更为有利，这种基于调制域分集的方案能够得到相对更为合理的外信息值，因此，在采用软判决时，性能的比较要联系到具体的实际情况。

9.3.2 多元 RA 码与 MIMO 的联合检测系统

多元 RA 码是一种基于重复累加器实现编码的多元 LDPC 码，编码复杂度低。这里给出一种多元 RA 码与高阶调制和 MIMO 的联合天线检测的联合在一起，在接收端形成一个迭代系统。

在 RA 码与 MIMO 的级联中，这里会考虑在发送端不同的编码域与调制域的映射方式及对应的在接收端对应的检测方案，下面将给出在编码域调制的不同映射关系下的 RA 码与 MIMO 系统的联合方案。

在 $p > d$ 时，一个比较完整的 RA 码与 MIMO 系统的迭代方案如图 9－8 所示。

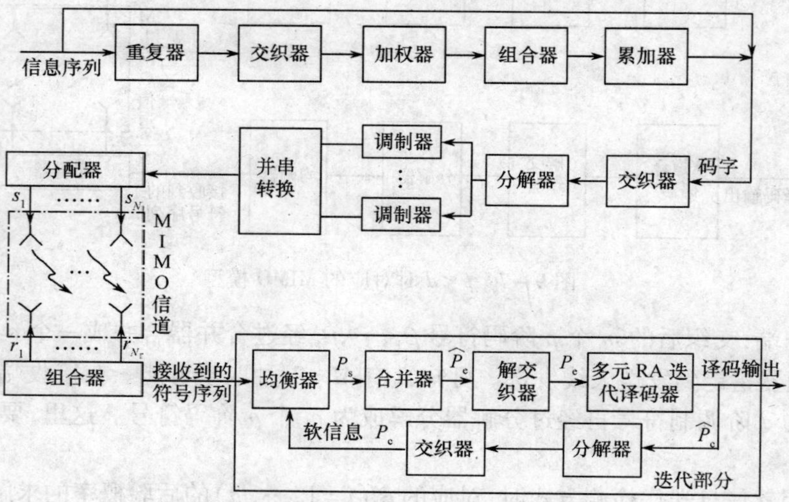

图 9－8　MIMO 的联合检测模型

由图 9－8 可以看到，发送端的信道编码器为多元 RA 码编码器，并且发送端编码域大于调制域，采用了分解器和合并器。发送端的多元 RA 码经分解器分解成低阶的比特流，经调制器调制成符号，再经分配器到达发送天线。接收端均衡器输出的外信息经合并器合并成原高阶码元对应的外信息，再经解交织到译码器。译码器输出译码外信息经分解器分解成低阶比特的外信息，再经交织到均衡器作为下一次迭代的先验输入。其中，关于均衡器的结构如图 9－5 所示。如果从复杂度和性能来综合考虑的话，这种方案并不一定是个比较好的考虑。后面会给出其他几种方案下的性能比较。

当 $p < d$ 时的联合模型如图 9－9 所示。可以看到，合并器与分解器的位置进行了互换，并且调制器的个数也只有 1 个。在发送端，几个码元映射成一个高阶调制符号，然后将这些符号经分配器分配到各个天线发送。在接收端，均衡器输出的外信息是合并后的比特对应的，需要经过分解器才能分解成为原始发送码元的先验信息。而译码

器输出的外信息是原始发送码元的，所以，在作为先验信息传输给均衡器之前，这些外信息需要经过合并器重新合并，才能得到对应的高阶数比特的译码外信息，即符号的先验信息。

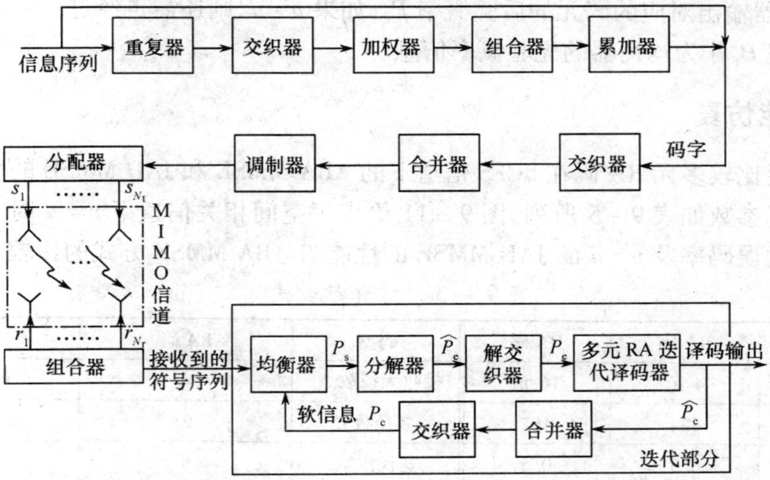

图 9-9　$p<d$ 时 RA 与 MIMO 的联合检测模型

$p=d$ 时的系统如图 9-10 所示。发送端的码元直接经过调制器成为符号，然后经分配器分配到天线发送。接收端的外信息经过均衡器输出后，直接经解交织后作为译码器的先验信息。译码器输出的外信息直接作为均衡器的先验信息。

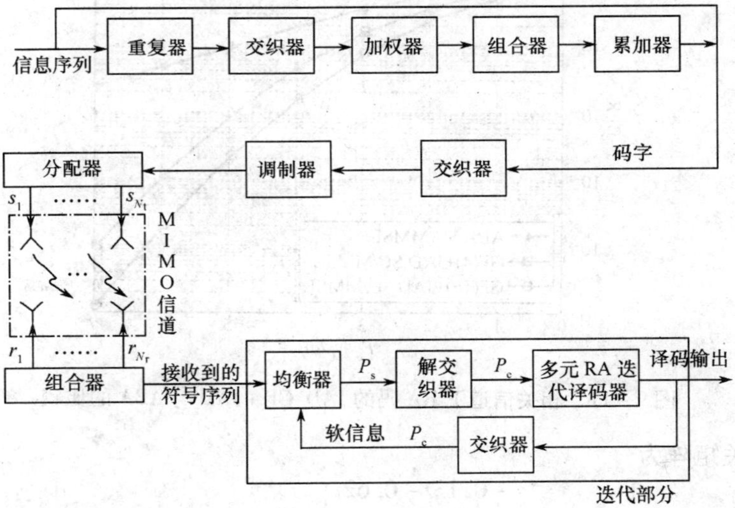

图 9-10　$p=d$ 时 RA 与 MIMO 的联合检测模型

当接收端的均衡器采用 JAD MMSE 方案时，对应符号的后验概率的计算为

$$P_s = P(\boldsymbol{s}(k) \mid \boldsymbol{z}(k)) = \frac{1}{\sigma^2(k)\pi}\exp\left[-\frac{\|\boldsymbol{z}(k) - \mu(k)\boldsymbol{s}(k)\|^2}{\sigma^2(k)}\right] \quad (9-34)$$

再根据表 9-2 可以求得发送序列中具体的某个发送符号的后验概率 $P(s_i(k) \mid z$

$(k)),i=1,\cdots,N_t$。再通过映射将 $P(s_i(k)|z(k))$ 转化为发送比特的后验概率 P_e，此后验概率可以直接作为译码器的先验信息。

在译码器中，将根据输入的码元概率信息进行迭代译码过程，最终经过一定次数的迭代之后，译码器输出对应的码元的后验概率 P_c，如果 $p\neq d$，则还需再经过反射得到对应符号的后验概率 $P_{\bar{c}}$ 作为均衡器的先验概率信息。

9.3.3 性能仿真

下面主要比较多元 RA 码在 SCFS 信道下的 ABA MMSE 和 JAD MMSE 的应用时的性能仿真。仿真参数如表 9－5 所列，图 9－11 给出了空间相关信道下 $p=d$ 时 JAD MMSE 在 5 次迭代的误码率及 $p>d$ 的 JAD MMSE 的性能与 ABA MMSE 方式的比较。

表 9－5 仿真参数表

码型	RA 码	RA 码	码型	RA 码	RA 码
码元阶数	4 元	16 元	接收天线数 N_r	4	4
码长	324	162	多径数 L	2	2
码率	0.5	0.5	迭代次数	5	5
调制方式	QPSK	QPSK	结束条件	在各信噪比下对应的错误帧数至少大于 15	在各信噪比下对应的错误帧数至少大于 15
发射天线数 N_t	2	2			

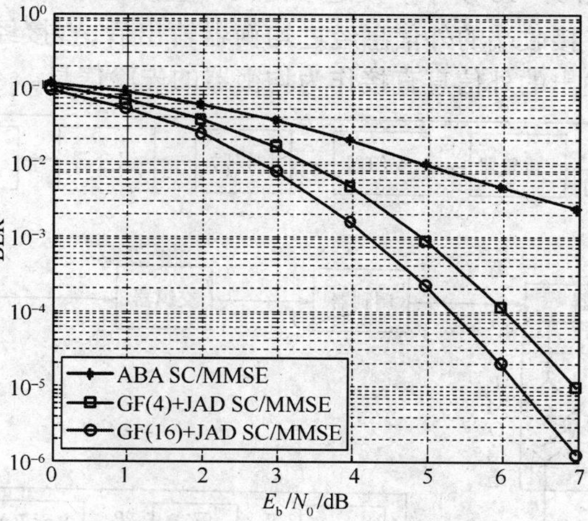

图 9－11 相关信道下 RA 码的 JAD、GF＋JAD 与 ABA 的比较

其中相关矩阵为

$$\boldsymbol{R}^t=\begin{bmatrix}1 & -0.13-0.62i\\ -0.13+0.62i & 1\end{bmatrix}$$

$$\boldsymbol{R}^r=\begin{bmatrix}1 & -0.45+0.53i & 0.37-0.22i & 0.19+0.21i\\ -0.45-0.53i & 1 & -0.35-0.02i & 0.02-0.27i\\ 0.37+0.22i & -0.35+0.02i & 1 & -0.1+0.54i\\ 0.19-0.21i & 0.02+0.27i & -0.1-0.54i & 1\end{bmatrix}$$

可以看出，ABA MMSE 方式的性能很差。这是由于 ABA MMSE 是基于逐天线 MMSE 检测的，难以抵抗空间相关系数的影响，从而不能实现较为有效的迭代软干扰消除，而

JAD MMSE 方式在序列 MMSE 的基础上进而用序列 ML 检测,大大提高了检测的性能,使迭代软干扰消除有效。具体来讲,ABA MMSE 方式的检测方式是基于 MMSE 的,它在迭代的过程中,主要是依赖于软干扰消除的方式,即尽量消除掉与当前所要检测的目的信息无关信息的影响。但是如果这种尽量的消除产生不了多么大的作用,则 ABA MMSE 就会遇到性能的瓶颈。而在相关信道下,一方面,由于信道衰减系数的相关性,导致纵然在一定程度上消除了干扰,仍然会由于衰减系数的均匀化,影响检测结果的准确性,另一方面,由于衰减系数的相关性导致迭代初始检测的数据准确性低,那样,在以后的干扰消除就效果不好。可以看到,GF(16) + JAD MMSE 好于 GF(4) + JAD MMSE,可见,分解后的码元在外信息的求解上具有优势。这说明 JAD MMSE 方式能比较有效地抵抗相关信道下相关性的影响。当达到较高信噪比时,调制域的发送分集已经不再起作用了,这是空间相关信道的空间相关性导致的,因为在高信噪比下,噪声的因素偏弱,主要是空间相关的影响比较大。在低信噪比下,图 9-11 中的曲线并没有出现交叉,所以,这能够说明 $p>d$ 时发送端的基于码分解的编码域大于调制域的分集方式有一定的对抗空间相关性的能力,但是从曲线的趋势来看,这种抵抗能力在较高信噪比下变得不明显,因为 GF(16) 与 GF(4) 的曲线差距变大的趋势较慢。

9.4 基于 EXIT 图的多元 LDPC 编码的 MIMO 系统

在早先的工作中,EXIT 用于设计 AWGN 信道和离散无记忆信道下的多元 LDPC 码。在这里,扩展 EXIT 方法到 MIMO 信道并考虑一个采用联合 MIMO 检测和信道译码的多元系统。提供两种基于开环仿真的通用方法来计算 EXIT 曲线。由于假设对数似然比的概率密度函数服从高斯分布,获得的收敛门限不够准确,所以这里放宽这一假设要求,获得多元 LDPC 码的更准确的设计和更好的关于收敛门限的预测。引入 MIMO 陪集监测器的概念,它使计算 EXIT 曲线变得可行。仿真结果证明,该方法设计的多元 LDPC 码在性能和复杂度上都比最佳的二元 LDPC 码优越。

考虑一个具有 N_t 传送天线和 N_r 接收天线的 MIMO 信道,信道模型可以写为

$$\boldsymbol{y}=\boldsymbol{H}\boldsymbol{s}+\boldsymbol{n} \tag{9-35}$$

式中:$\boldsymbol{s}\in C^{N_t}$、$\boldsymbol{y}\in C^{N_r}$ 及 $\boldsymbol{n}\in C^{N_r}$ 分别为传送信号、接收信号和信道噪声的复数列向量;$\boldsymbol{H}$ 为 N_r 乘以 N_t 的信道系数矩阵,它的元素具有独立和均一化的瑞利衰减分布;噪声向量 $\boldsymbol{n}$ 是复高斯的,均值 0、方差 d^2。在下面的叙述中,假定衰减矩阵 $\boldsymbol{H}$ 在接收机处是已知的,在发送机处未知。假定传送向量 $\boldsymbol{s}$ 是相互独立的,它们出自一个有限符号集,比如正交脉冲幅度调制(QAM)。

9.4.1 联合检测和信道译码的迭代系统

图 9-12 给出了使用多元 LDPC 码的迭代系统的结构框图。

在发送端,一个信息比特序列 $\{b_j\}$ 通过一个比特到符号的映射器 g 被映射到一系列的 GF(q)上的多元符号($q=2^p$,每 p 个比特被映射到一个符号),然后被送到多元 LDPC 编码器。对于这里的迭代系统,假定有限符号集序列长度和 GF 域 q 的长度一样。例如,如果多元 LDPC 码是 GF(16)上的,使用 16QAM 有限符号集序列。在 LDPC 编码器输出

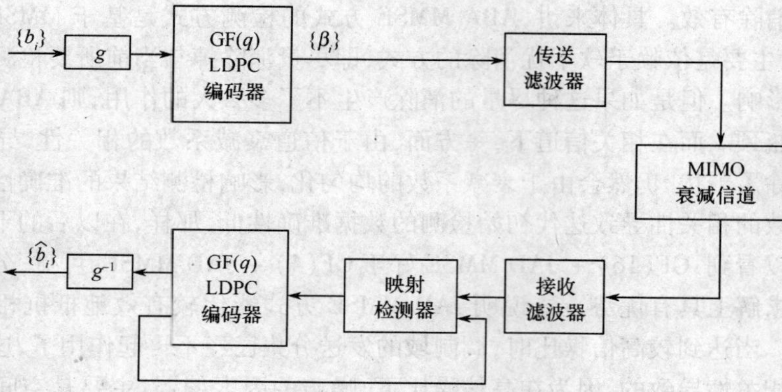

图 9-12　迭代系统框图

端，每个生成的多元符号 $\beta \in \mathrm{GF}(q)$ 被映射到一个有限符号集序列内的符号。映射后的符号再被传送到传送滤波器并通过 MIMO 衰减信道发送出去。

为了简化表达，以 $\{0,1,\cdots,q-1\}$ 表示 $\mathrm{GF}(q)$ 中的元素。给定 $\mathrm{GF}(q)$ 上的一个多元系统，可以给出对数似然比向量(LLRV)：

$$z = \{z_0, z_1, \cdots, z_{q-1}\} \tag{9-36}$$

式中

$$z_i = \ln \frac{P(\beta = 0)}{P(\beta = i)} \tag{9-37}$$

这里 $P(b=i)$ 表示传送的 $\mathrm{GF}(q)$ 符号 b 等于 i 的概率。在最大后验概率检测器的输出端，对应于第 j 个发射天线发送的符号的 LLRV 的第 i 个元素 $z_i(j)$ 为

$$z_i(j) = \log_2 \frac{\sum\limits_{s:s_j=0} \exp\{-(\boldsymbol{y}-\boldsymbol{Hs})^2/2\delta^2\} \prod\limits_{\substack{k=1\\k\neq j}}^{N_i} p(s_k)}{\sum\limits_{s:s_j=0} \exp\{-(\boldsymbol{y}-\boldsymbol{Hs})^2/2\delta^2\} \prod\limits_{\substack{k=1\\k\neq j}}^{N_i} p(s_k)} \tag{9-38}$$

此处表示第 k 个天线发送的符号 s_k 的先验概率。

9.4.2　基于 EXIT 图的多元 LDPC 码的设计

本部分给出使用 EXIT 图来设计用于以上迭代系统的多元 LDPC 码。

对于一个二元 LDPC 码系统，密度进化和 EXIT 图是两种最成功的码设计方法。直接扩展这些方法到多元系统是有益的。在一个多元系统中，由于概率信息是 $q-1$ 维的向量，为了实现密度进化，有必要追踪 $q-1$ 个信息密度。对于高阶多元码，这在计算上是不可行的。基于高斯近似，已经证明信息向量的分布能由 $q-1$ 个参量表征，此分布情况可以由一个单独的参量表征，这就极大地简化了分析。

使用对称假设，置换不变性质及全零码字传输，多元 LDPC 译码器中 LLRV 信息的分布能通过一个联合 $(q-1)\times 1$ 高斯向量近似，其均值 m，方差矩阵 $\boldsymbol{S}$，其中

$$\boldsymbol{m} = \begin{bmatrix} \delta^2/2 \\ \delta^2/2 \\ \vdots \\ \delta^2/2 \end{bmatrix}, \quad \boldsymbol{\Sigma} = \begin{bmatrix} \delta^2 & & \delta^2/2 \\ & \delta^2 & \\ & & \ddots \\ \delta^2/2 & & \delta^2 \end{bmatrix} \tag{9-39}$$

基于这些假设,由 AWGN 信道推广到 MIMO 信道并引入 MIMO 陪集检测,提供两种基于开环系统的方法来产生精确的 EXIT 曲线并为 MIMO 信道找到最佳的多元 LDPC 码。

这里使用陪集 LDPC 码集合解决信道的不对称,一个陪集码通过加一个被称为陪集向量的固定向量到每个码字来获得。使用随机陪集 LDPC 码设置,陪集向量是随机产生的,但是在接收机处是已知的,如图 9-13 所示。使用陪集 LDPC 码,等价的信道输出被证明是均衡的。在整个信道实现上译码错误概率分布是均匀的且在传送的码字间是独立的。在相同的度分布的情况下,陪集 LDPC 码与标准 LDPC 码的性能相似,因此可以用全零码字的随机陪集 LDPC 码为标准 LDPC 码寻找最佳的度序列。

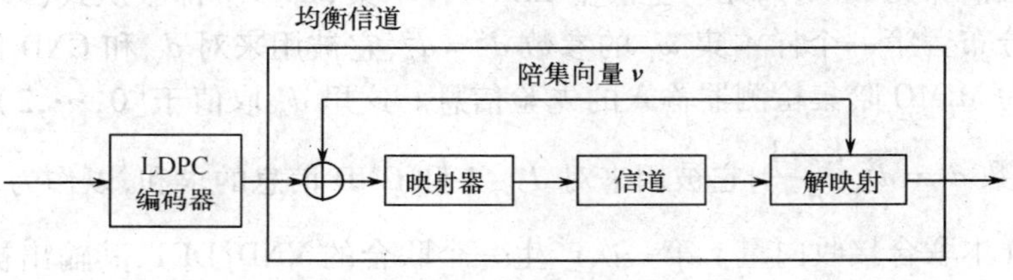

图 9-13　陪集 LDPC 码

MIMO 陪集检测:对于陪集 LDPC 码,引入一个 MIMO 陪集检测来求解陪集向量 $\boldsymbol{v}$,以便图 9-14 中两条虚线之间的操作对于 LDPC 译码器是透明的。尽管 LDPC 译码器中的 LLRV 信息代表 $\boldsymbol{s}$ 的概率,但是标准 MIMO 检测器不知道陪集向量存在与否,MIMO 检测器中的 LLRV 信息给出的是 $s' = s + v$ 概率。如果 $R^{(0)}$ 表示 MIMO 检测器输出的外信息,$R^{(0)}$ 表示送到 LDPC 译码器的外信息,则 $R^{(0)}$ 是 $R^{(0)}$ 的一个简单转换,$R^{(0)}$ 的第 j 个元素表示为

$$R_j^{(0)} = R_{j+v_i}^{(0)} - R'^{(0)}_{v_i} \tag{9-40}$$

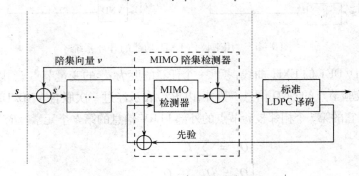

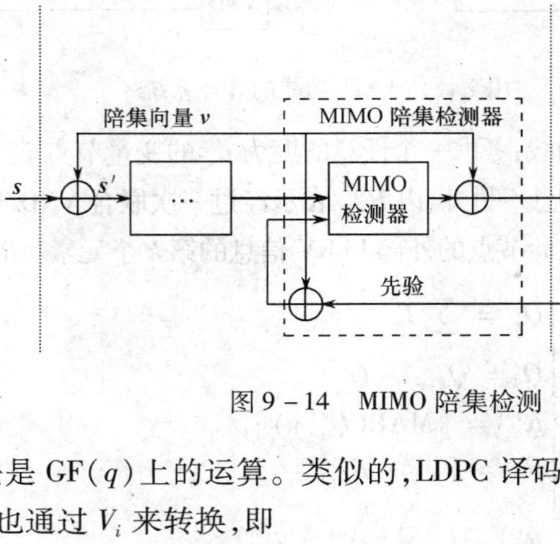

图 9-14　MIMO 陪集检测

这里的加法是 GF(q)上的运算。类似的,LDPC 译码器反馈的先验信息,在送到 MIMO 检测器之前也通过 V_i 来转换,即

$$Q'_j = Q_{j+v_i} - Q_{v_i} \tag{9-41}$$

式中：Q_j 为 LDPC 译码器反馈出的 LLRV 信息的第 j 个元素；Q' 为 MIMO 检测器输入的先验信息。

以 I_A 表示传送的符号和它对应的与检测器或者译码器处输入的先验 LLRV 之间的平均互信息。类似的，以 I_E 表示传送的符号和它对应的与检测器或者译码器处输出的外部 LLRV 之间的平均互信息。一条 EXIT 曲线 $I_E(I_A)$ 表征 I_E 如何作为 I_A 的一个函数的变化。下面给出变量节点译码器/检测器的 EXIT 曲线以及校验节点的 EXIT 曲线的实现过程。

对于二元 LDPC 码，高斯假设在近似 LLR 信息的密度时是非常准确的。这种近似，对于在 AWGN 信道下的多元 LDPC 码却是不准确的。CND 信息假定为高斯分布，VND 信息模型为两个随机向量的求和。一个向量是 CND 信息的求和，另一个是从 AWGN 信道经验上的分布而计算出的初始信道信息，不一定是高斯分布。

图 9-15 给出了一种开环系统结构产生随机样本，从经验上评估 EXIT 功能，开环系统工作如下：使用一个特殊的 (d_v, d_o) 对，这里，d_v 表示变量节点的度，d_c 表示校验节点的度及使用信道信噪比(SNR)，先产生两个 LLRV 样本集，每一个都服从式(9-39)中给出的联合高斯分布。第一个样本集 w_1 的参数 $d^2 = d_n^2$，它被用来对 d_v 和 CND 信息的求和，这个求和作为 MIMO 陪集检测器输入的先验信息。这里 d_n 取值于[0,…,2)。第二个样本集 w_2 的参数 $d^2 = d_n^2 \dfrac{d_v - 1}{d_v}$，它被用来对 $d_v - 1$ 和 CND 信息的求和，以作为 VND 的输入信息。这些样本联合接收向量 $\boldsymbol{y}$ 第一次产生一个联合的 VND/DET，其输出被送到 CND。于是，使用 CND 输出的样本作为输入，另一个联合的 VND/DET 被执行。既然假定全零码字在传输，点 0 和点 5 间输出的样本可以被用于产生 EXIT 曲线。多元 LDPC 码的 EXIT 曲线的计算如下。

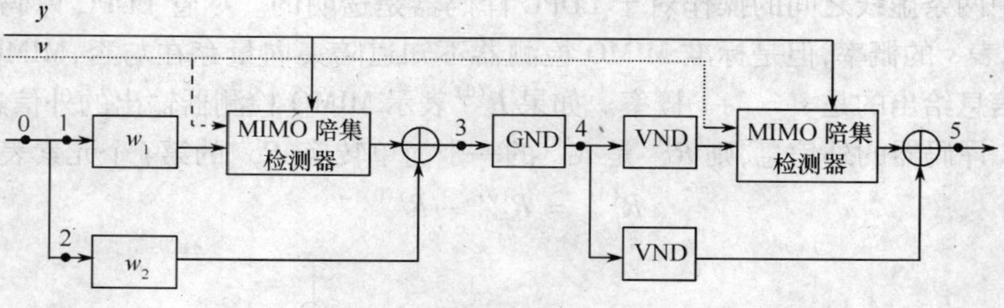

图 9-15　用来评估 EXIT 功能的开环系统

联合的 VND/DET 的 EXIT 曲线：考虑一个任意的度为 d_v 的变量节点 i。以 $l^{(m)}$ 表示它的相邻的第 n 个校验节点的 CND 信息。另外，以 $R_k^{(j)}$ 表示经过一次联合 VND/DET 迭代之后的从变量节点 i 到它的第 j 个相邻校验节点的外部 LLRV 信息的第 k 个元素。$R_k^{(j)}$ 的计算如下：

$$\begin{cases} Q_k = \sum_{n=1}^{d_v} \boldsymbol{I}_k^{(n)} \\ Q'_k = Q_{k+v_i} - Q_{v_i} \\ R'^{(0)}_k = [\,\mathrm{MAP}(Q', y)\,]_k \\ R^{(0)}_k = R'^{(0)}_{k+v_i} - R'^{(0)}_{v_i} \\ R_k^{(j)} = \sum_{n=1, n\neq j}^{d_v} \boldsymbol{I}_k^{(n)} + R_k^{(0)} \end{cases} \tag{9-42}$$

式中：$[\mathrm{MAP}(Q',\boldsymbol{y})]_x$ 为有输入先验信息 Q' 和接收向量 $\boldsymbol{y}$ 的 MIMO MAP 检测器的外部输出的第 k 个元素。

联合 VND/DET 曲线由变量节点的度 d_v 和信道 SNR 决定。对于每一个，通过 $I_{E,VND/DET}(I_{A,VND/DET};d_v,\mathrm{SNR})$ 来表示联合 VND/DET 曲线，这里 $I_{A,VND/DET}$ 表示输入的 CND 信息的互信息量。

基于图 9－14 所示的开环系统，下面提供两种方法计算 VND/DET EXIT 曲线。在第一种方法中，通过用分别在点 0 和点 3 采集到的随机样本点测量到的互信息来获得 $I_{A,VND/DET}$ 和 $I_{E,VND/DET}$。这种方法由于在 MIMO 陪集检测器的输入端的高斯假设而不够精确。因此，在第二种方法中，放宽在 MIMO 陪集检测器输入端的高斯假设，而使用 CND 实际的输出来驱动 MIMO 检测器。在这种方法中，通过用分别在点 4 和点 5 采集到的随机样本点测量到的互信息来获得 $I_{A,VND/DET}$ 和 $I_{E,VND/DET}$。

图 9－16 中是用以上两种方法绘出的联合 VND/DET EXIT 曲线。尽管两个 EXIT 曲线集相当接近，仍可以看出基于高斯假设的第一种方法获得的 EXIT 曲线总是比第二种方法的高。这也说明，基于高斯假设的 EXIT 曲线带来了比实际的门限要低的预测收敛门限。

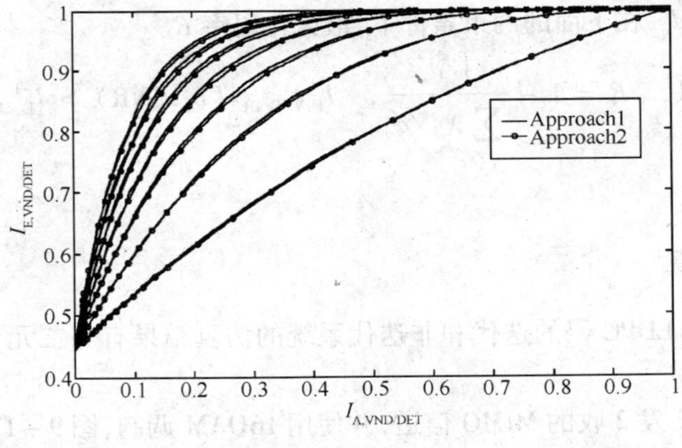

图 9－16　当变量节点度为 2，…，8 时使用两种方法下联合 VND/DET 曲线的比较

CND EXIT 曲线：考虑任意一个度为 d_c 的校验节点 j。以 $R^{(n)}$ 表示它的第 n 个相邻变量节点的 VND 信息，且以 h_n 表示连接此两节点的边的标号。这样计算从校验节点 j 到它的第 i 个相邻变量节点的 CND 的输出外部 LLRV 信息 $l_k^{(i)}$ 的第 k 个元素为

$$\begin{cases} \boldsymbol{I'}_k^{(n)} = \{F[P_n(R^{(n)})]\}_k \\ \boldsymbol{I'}_k^{(i)}(s) = \prod\limits_{n=1,n\neq i}^{d_c} \boldsymbol{I'}_k^{(n)}(s) \\ \boldsymbol{I'}_k^{(i)}(m) = \sum\limits_{n=1,n\neq i}^{d_c} \boldsymbol{I'}_k^{(n)}(m) \\ \boldsymbol{I}_k^{(n)} = \{P_i^{-1}[F^{-1}(\boldsymbol{I}^{(i)})]\}_k \end{cases} \tag{9-43}$$

式中：F 为在 $\mathrm{GF}(q)$ 上对数域的傅里叶变换；$P_n(R^{(n)})$ 为用 h_n 对 $R^{(n)}$ 的置换；$l(s)$ 和 $l(m)$ 分别为信息 l 的符号和幅度。

通过仿真观察到 CND EXIT 曲线与信道 SNR 和与 CND 相联系的 VND 的度之间相互独立。因此，以 $I_{E,CND}(I_{A,CND};d_c)$ 表示 CND EXIT 曲线，这里 $I_{A,CND}$ 表示输入到 CND 的消息的互信息，然后分别用在点 3 和点 4 采集到的随机样本点测量到的 $I_{A,CND}$ 和 $I_{E,CND}$ 来获得 EXIT 曲线。

互信息的计算：在不同的点做测量并使用收集到的随机 LLRV 采样点来计算互信息。通常，向量样本点的互信息的计算需要使用联合维度。对于 GF(q)上的多元码，需要 $q-1$ 维，当 q 值较大时计算复杂度增加。假定陪集 LDPC 码，每比特互信息量的计算可以简化为

$$I_b(C,W) = 1 - E\left[\log_q\left(1 + \sum_{i=0}^{q-1} e^{-W_i}\right) \mid C = 0\right] \tag{9-44}$$

式中：C 为传输的符号；W 为 LLRV 信息。

一旦获得了 VND/DET 和 CND 的 EXIT 曲线，就可以通过线性规划来进行码的最佳化。对于一个给定的变量节点的度分布 λ，联合 VND/DET 曲线是 $I_{E,VND/DET}(I_{A,VND/DET},SNR) = \sum_{d_v} \lambda_{d_v} l_{d_v} I_{E,VND/DET}(I_{A,VND/DET}, d_v, SNR)$。因此，码的最佳化问题可以通过线性规划来解决，即固定 d_c，在下面的约束条件下，最大化码率 R。

$$\sum_{d_v} \lambda_{d_v} = 1, \quad R = 1 - \frac{1/d_c}{\sum_{d_v} \lambda_{d_v}/d_v}; \quad I_{E,VND/DET}(I_A, SNR) > I_{E,CND}^{-1}(I_A, d_c) \tag{9-45}$$

9.4.3 性能仿真

下面给出多元 LDPC 码的迭代和非迭代系统的仿真结果有与二元 LDPC 码系统的性能比较。

仿真中，采用 2 发 2 收的 MIMO 信道，并使用 16QAM 调制，图 9-17 给出了 MIMO 检测器在不同 GF 域上的 EXIT 曲线。图中的每条曲线描述了 MIMO 检测器中输入先验信息（反馈的 CND 信息的求和）的互信息和输出的外部消息的互信息之间的关系。每条曲

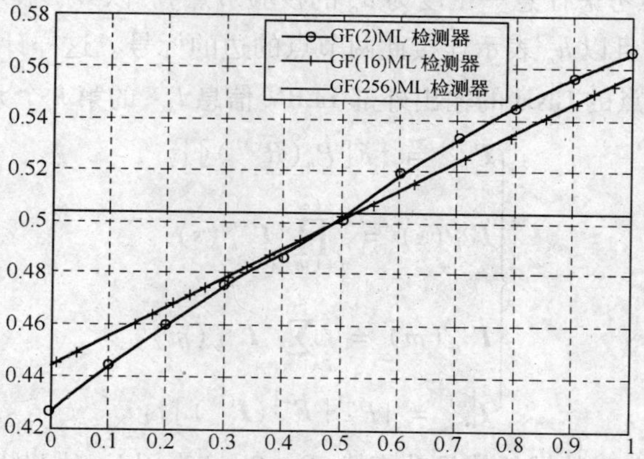

图 9-17　4.1dB 和 $R=0.5$ 时的 MIMO 检测器的 EXIT 曲线

线的左边端点(在 $I_{A,DET}=0$ 处)随着域长度 q 的增大而增加。这是因为符号上的 ML 检测(当没有先验信息可用时)对于最小化符号错误率是最佳的,同样比特上的 ML 检测对于最小化比特错误率也是最佳的。相比,在 $I_{A,DET}=1$ 处,每条曲线的右边端点随域长度的增大而减小。这是因为 MIMO 检测器的域长度越小,反馈回的有用先验信息越多。

二元迭代系统和多元迭代系统的最佳度分布由表 9-6 给出,两个多元 LDPC 码(码 1 和码 2)分别由计算联合 VND/DET EXIT 曲线的第一种和第二种方法获得)。对于非迭代系统,使用 GF(256)上的规则的 LDPC 码($d_v=2, d_c=4$),这个码在 AWGN 信道下性能优异。

表 9-6 给出了最佳的码字的度分布

二元	$d_v=[2,3,7,8,23,24]$, $d_c=[7]$ $u_v=[0.5682, 0.298, 0.029, 0.0761, 0.0117, 0.017]$ 曲线适合在 4.1dB
GF(16)码 1	$d_v=[2,8,10]$, $d_c=[5]$ $u_v=[0.9244, 0.0402, 0.0354]$ 曲线适合在 4.1dB
GF(16)码 2	$d_v=[2,8,9]$, $d_c=[5]$ $u_v=[0.9299, 0.0378, 0.0323]$ 曲线适合在 4.16dB

图 9-18 中,比较了不同系统的性能。对于迭代系统(采用二元 LDPC 码或者 GF(16)上的多元 LDPC 码),经过在每次检测器/译码器迭代中的 5 次内部译码器迭代和 40 次外部检测器/译码器迭代来完成迭代过程。对于非迭代系统,执行 100 次内部译码器迭代。所有的码字码长为 2304bit。从图 9-18 上可以看出,使用 GF(256)上的规则 LDPC 码的非迭代系统,增加了译码复杂度,但是获得了最佳的性能,比二元迭代系统获得了 0.46dB 增益。最佳的多元迭代系统是使用 GF(16)上的最佳 LDPC 码字 2,比使用码字 1

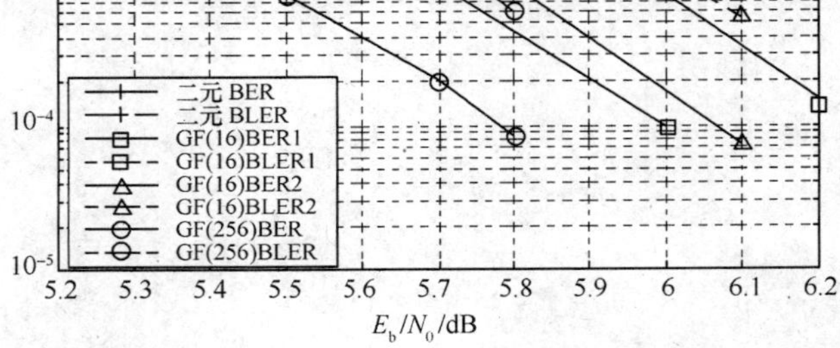

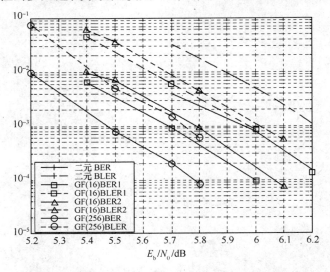

图 9-18 不同系统的比特错误率和块错误率比较

获得了 0.06dB 增益，比二元迭代系统获得 0.25 dB 增益。

图 9－19 给出了使用两种 GF(16) 的最佳码的迭代系统的性能曲线，码长是 10000 个符号。从图 9－19 可以看出，码字 2 的系统比码字 1 的系统高 0.05dB 增益。码字 2 的收敛阈值为 4.16dB，码字 1 的收敛阈值为 4.1dB。码字 2 的性能说明第二种方法产生的 EXIT 曲线更精确，设计的码字更好，收敛阀值的预测更准确。

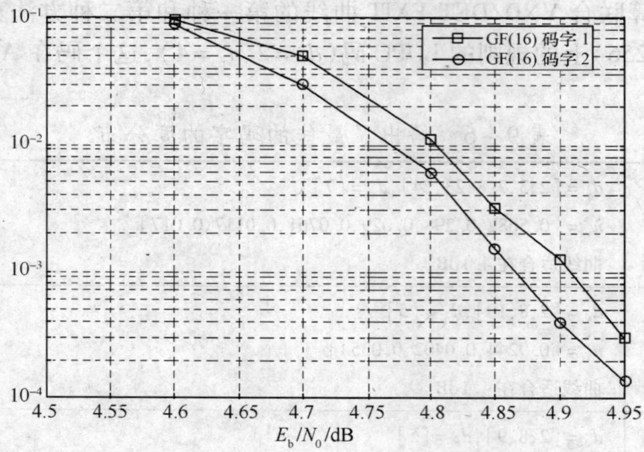

图 9－19　两个 GF(16) 码在码长 10000 时的比较

9.5　本章小结

本章研究了 MIMO 衰减信道下的多元 LDPC 码的应用。介绍了 MIMO 信道和检测算法；讨论了 MIMO 与多元 RA 码的联合设计；讨论了基于 EXIT 图的多元 LDPC 码在 MIMO 信道中的应用。

参考文献

[1] Shannon C E. A mathematical theory of communication. Bell syst. Tech. J, July – Oct. 1948, vol. 27, pp. 379 – 423, 623 – 656; Reprinted in C. E. Shannon and W. Weaver, The Mathematical Theory of Communication. Urbana, IL: Univ. Illinois Press, 1949.

[2] Robert G. Gallager, Low Density Parity Check Codes, IRE Transactions on Information Theory, IT 8, pp. 21 – 28, January 1962.

[3] Zyablov V V, Pinsker M S. Estimation of the error – correction complexity for Gallager low – density codes, Problemy Predaehi Informatsii, 11 (1): 23 – 36, 1975.

[4] Tanner R M. A recursive approach to low complexity codes, IEEE Trans. Information Theory, vo1. 27, No. S, pp. 533 – 547, 1981.

[5] Demijan K, Jeongseok H, Steven W M. On Rate – adaptability of Nonbinary LDPC Codes. 2008 5th International Symposium on Turbo Codes and Related Topics. pp. 231 – 236.

[6] Ganepola V S, Carrasco R A. Performance study of Non – binary LDPC Codes over GF(q). CSNDSP08. pp. 585 – 589.

[7] Lan L, Tai Y, Lin S. New Construction of Quasi – Cyclic LDPC Codes Based on Special Classes of BIBD's for the AWGN and Binary Erasure Channels. IEEE Transactions on Communications, vol. 56, no. 1, pp. 39 – 48. 2008.

[8] Christian Schlegel, Shannon's Channel Capacity. http://www.ee.ualberta.ca/~schlegel/lecturenotes/ChannelCapacity.pdf

[9] 王新梅,肖国镇. 纠错码——原理与方法. 西安:西安电子科技大学出版社,2004.

[10] 靳蕃. 信息论与编码方法. 北京:中国铁道出版社,1990.

[11] Berrou C, Glavieux A, Thitimajshima P. Near Shannon limit error – correcting coding and decoding: turbo – codes. IEEE Int. Conf. On Commun., Geneva, May 1993: 1064 – 1070.

[12] Rorbertson P. Illuminating the structure of code and decoder of parallel concatenated recursive systematic (turbo) codes. In Proc. IEEE GLOBECOM Conf., Dec. 1994, pp. 1298 – 1303.

[13] Chuang S Y, Forney D, Richardson T, Urbanke R. On the design of low – density parity – check codes within 0.0045 dB of the Shannon limit, IEEE Commu. Letters, 2001.

[14] MacKay D J C, Neal R M. Near Shannon limit performance of low density parity check codes. Electronics Letters 29th August 1996 Vol. 32 No. 18 1645 – 1646.

[15] Hall E K, Wilson S G. Design and analysis of turbo codes on Rayleigh fading channels. IEEE J. Select Areas Commun., vol. 16, no. 2, Feb. 1998, pp. 160 – 174.

[16] Forney G D. Concatenated codes. Cambridge, MA: MIT Press, 1996.

[17] Bahl L R, Coke J, Jelinek E, Raviv J. Optimum decoding of linear codes for minimizing symbol error rate. IEEE Trans. Inform. Theory, vol. IT – 20, Mar. 1974, pp. 284 – 287.

[18] Hagenauer J, Offer E, Papke L. Iterative decoding of binary block and convolutional codes. IEEE Trans. Inform. Theory, vol. 42, Mar. 1996, pp. 429 – 445.

[19] Hagenauer J, Hoeher P. A viterbi algorithm with soft – decision outputs and its applications. In Proc. Globecom'89, Nov. 1989, pp. 1680 – 1686.

[20] Richardson T, Urbanke R. The Capacity of Low – Density Parity – Check Codes UnderMessage – Passing Decoding, IEEE Transactions on Information Theory, Vo1. 47, pp. 599 – 618, February 2001.

[21] Luby M G, Mitzenmacher M, Shokrollahi M A, Spielman D A. Improved Low – Density Parity – Check Codes Using Irregular Graphs and Belief Propagation, Proceedings of 1998 IEEE International Symposium on Information Theory, pp. 171, Cambridge, Mass., August 16 – 21, 1998.

[22] Matthew Davey C, MacKay D J C. Low Density Parity Check Codes Over GF(q). IEEE Communications Letters, 2(6): 165 – 167, June 1998.

[23] Luby M, Mitzenmacher M, Shokrollahi A, Spielman D, Stemann V. Practical loss – resilient codes, In Proceedings of the 29th annual ACM Symposium on Theory of Computing, pages 150 – 159, 1997.

[24] Luby M, Mitzenmacher M, Shokrollahi A. Analysis of random processes via and – ortree evaluation, In Proceedings of the 9th Annual ACM – SIAM Symposium on Discrete Algorithms, pages 364 – 373, 1998.

[25] Zyablov V V, Pinsker M S. Estimation of the error – correction complexity for Gallager low – density codes, Problemy Predaehi Informatsii, 11 (1): 23 – 36, 1975.

[26] Tanner R M. A recursive approach to low complexity codes, IEEE Trans. Information Theory, vol. 27, No. S, pp. 533 – 547, 1981.

[27] Wiberg N. Codes and Decoding on General Graphs, PhD thesis, Dept. of Electrical Engineering, Linkoping, Sweden, 1996. Linkoping studies in Science and Technology. Dissertation No. 440.

[28] Kou Y, Lin S, Fossorier M. Low density parity check codes based on finite geometries: A rediscovery and more, IEEE Trans. Information Theory, Oct. 1999.

[29] Kou Y. Finite geometry low density parity check codes, Ph. D., Department of Electrical and Computer Engineering, University of California, Davis, September, 2001.

[30] Matthew C. Davey and MacKay D J C. Low Density Parity Check Codes over GF (q), ITW: Killarney, Ireland, June. 1998:70 – 71.

[31] MacKay D J C, Davey M. Evaluation of Gallager Codes for Short Block Length and High Rate Applications, in the proc. of IMA Workshop on Codes, Systems and Graphical Models, 1999.

[32] Hu X Y, Eleftheriou E. Binary Representation of Cycle Tanner – Graph GF(2q) Codes, The Proc. IEEE Intem. Conf. on Commun., Paris, France, June 2004:528 – 532.

[33] Ungerboeck G. Channel Coding with Multilevel/Phase Signaling. IEEE Transaction On Information Theory, vol. 25, no. 1, pp. 55 – 67, 1982.

[34] Richardson T, Urbanke R. The capacity of low – density Parity – check codes under message – Passing decoding, IEEE Trans. Inform. Theory, vol. 47, Feb. 2001:599 – 618.

[35] Lin S, Daniel J, Costello J. Erroe Control Coding, Pearson Education, Inc, 2004.

[36] Hu X Y, Eleftheriou E. Regular and Irregular Progressive Edge – Growth Tanner Graphs. IEEE Transactions on Information Theory, vol. 51, no. 1, pp. 386 – 398, 2005.

[37] Gallager R C. Information Theory and Reliable Communication[Z], New York: Wiley, 1968.

[38] Richardson T J, Rudiger Urbanke L. Effcient Encoding of Low – Density Parity Check Codes. IEEE Trans. Inf. Theory, 47(2), pp. 638 – 656, Feb. 2001.

[39] Lei C, Ivana D, Jun X, Shu L. Construction of Quasi – Cyclic LDPC Codes Based on the Minimum Weight Codewords of Reed – Solomon Codes. ISIT 2004, Chicago, USA.

[40] Zeng L, Lan L, Tai Y, Zhou B. Construction on Nonbinary Cyclic, Quasi – Cyclic and Regular LDPC Codes: A Finite Geometry Approach. IEEE Transactions on Communications, vol. 56, no. 3, pp. 378 – 387, 2008.

[41] Zeng L, Lan L, Tai Y, Song S. Constructions on Nonbinary Quasi – Cyclic LDPC Codes: A Finite Geometry Approach. IEEE Transactions on Communications, vol. 56, no. 4, pp. 545 – 554, 2008.

[42] Tanner R M. A recursive approach to low complexity codes, IEEE Trans. Information. Theory, vol. 27, no. 5, pp. 533 – 547, 1981.

[43] Vana Djurdjevic, Xu J, Khaled A G, Lin S. A Class of low density Parity – check codes Constructed Based on Reed – Solomon Codes With Two Information Symbols. IEEE Comm. Letters, vol. 7, no. 7, July 2003:317 – 318.

[44] 7 Matthew C. Davey, David Mackay J C. Low Density Parity Check Codes over GF (q), ITW: Killarney, Ireland, June. 1998:70 · 7 1.

[45] MacKay D J C, Davey M. Evaluation of Gallager Codes for Short Block Length and High Rate Applications, in the proc. of IMA Workshop on Codes, Systems and Graphical Models, 1 999.

[46] Hu X Y, Eleftheriou E. Binary Representation of Cycle Tanner – Graph GF(2q) Codes, 111e Proc. IEEE Intem. Conf. on Commun. , Paris, France, June 2004: 528. 532.

[47] Bennatan A. David Burshtein. Design and Analysis of Non binary LDPC Codes for Arbitrary Discrete – Memoryless Channels, IEEE Trans. on Inform. Theory, V01. 52, No. 2, Feb. 2006: 549 – 583.

[48] Bennatan A, Burshtein D. On the application of LDPC Codes to arbitrary discrete – memoryless channels, IEEE Trans. Inform. Theory, Vol 50, Mar. 2004: 41 7 – 438.

[49] Ge L, Ivan . Fair J, Witold Krzymien A. Low – density Parity – Check Codes for Space – Time Wireless Transmission, IEEE Transactions on Wireless Communications, V01. 5, No. 2, February 2006: 3 1 2 – 322.

[50] EHanzo G. Low Complexity Non – binary LDPC and Modulation Schemes Communicating over MIMO channel, IEEE Vehicular Technology Conference, v01. 2Mar. 2005: 1294. 1298.

[51] MacKay D J C, Neal R M. Near Shannon limit performance of low density parity check codes. Electronic Letters, Vol. 32, no. 18, pp. 1645 – 1646, 1996.

[52] Myung S, Yang K, Kim J. Quasi – cyclic LDPC codes for fast encoding, IEEE Transactions on Information Theory, vol. 51, no. 8, pp. 2894 – 2901. 2005.

[53] Savin V. Min – Max decoding for non binary LDPC codes. ISIT2008, Toronto, Canada, July, 2008. pp. 9600 – 964.

[54] Demijan K, Jeongseok H, Steven W M. On Rate – adaptability of Nonbinary LDPC Codes. 2008 5th International Symposium on Turbo Codes and Related Topics. pp. 231 – 236.

[55] Ganepola V S, Carrasco R A. Performance study of Non – binary LDPC Codes over GF (q). CSNDSP08. pp. 585 – 589.

[56] Lan L, Tai Y, Lin S. New Construction of Quasi – Cyclic LDPC Codes Based on Special Classes of BIBD ' s for the AWGN and Binary Erasure Channels. IEEE Transactions on Communications, vol. 56, no. 1, pp. 39 – 48. 2008.

[57] Zeng L, Lan L, Tai Y Y, Zhou B. Construction on Nonbinary Cyclic, Quasi – Cyclic and Regular LDPC Codes: A Finite Geometry Approach. IEEE Transactions on Communications, vol. 56, no. 3, pp. 378 – 387, 2008.

[58] Hu X Y, Eleftheriou E. Regular and Irregular Progressive Edge – Growth Tanner Graphs. IEEE Transactions on Information Theory, vol. 51, no. 1, pp. 386 – 398, 2005.

[59] Zeng L, Lan L, Tai Y, Song S. Constructions on Nonbinary Quasi – Cyclic LDPC Codes: A Finite Geometry Approach. IEEE Transactions on Communications, vol. 56, no. 4, pp. 545 – 554, 2008.

[60] Yang K. A Nonbinary Extension of RA Codes: Weighted Nonbinary Repeat Accumulate Codes. The 14th IEEE 2003 International Symposium on Personal, lndmr and Mobile Radio Communication Proceedings, pp. 2882 – 2885, 2003.

[61] Zeng L, Lan L, Tai Y, Lin S. Constructions of LDPC Codes for AWGN and Binary Erasure Channels Based on Finite Fields. In the Proc. of IEEE ISOC ITW2005 on Coding and Complexity; editor M. J. Dinneen; co – chairs U. Speidel and D. Taylor; pp. 273 – 276.

[62] Matthew C Davey, David J C MacKay. Low – Density Parity Check Codes over GF(q)[J]. IEEE Communications Letters, 1998, 2(6): 165 – 167.

[63] Song Hongxin, J R Cruz. Reduced – Complexity Deoding of Q – ary LDPC Codes for Magnetic Recording[J]. IEEE Transactions on Magnetics, 2003, 39(2): 1081 – 1087.

[64] Barnault L, Declercq D, Fast Decoding Algorithm for LDPC over GF(2^q) [J], The Pro. 2003 Inform. Theory Workshop, Paris, France : 70 – 73, March 31 – April 4, 2003.

[65] Hongxin Song H X, Cruz J R. Reduced – Complexity Decoding of Q – ary LDPC Codes for Magnetic Recording[J], IEEE trans. On Magnetics, 2003, 39(2): 1081 – 1087.

[66] Barnault L, Declercq D. Fast decoding algorithm for LDPC over (2^q). In Proc. Inf. Theory Wordshop, Paris, France, Mar. 2003: 70 – 73.

[67] Declercq D, Fossorier M. Decoding Algorithms for Nonbinary LDPC Codes over GF(q). IEEE Trans. on Commun. 2007, 55(4): 633 – 642.

[68] Wyeeersch H, Steendam H, Moeneclaey M. Log – domain decoding of LDPC codes over GF(q). In Proc. IEEE Int. Conf. Commun, Paris, France, Jun. 2004, 772 – 776.

[69] Chen J, Dholakia A, Eleftheriou E, Fossorier M, Hu X Y. Reduced - complexity decoding of LDPC codes. IEEE Trans. Commun. ,to be published.

[70] 吴晓丽. 多进制 LDPC 码的编译码算法及结构研究[D],西安:西安电子科技大学,2009.

[71] Richardson T J, Shokrollahi M A, Urbanke R. Design of capacity-approaching irregular low-density parity check Codes. IEEE Trans. Inform. Theory, vol. 47, no. 2, pp. 2001,44(2)619 - 637.

[72] Chung S, Richardson T J, Urbanke R L. Analysis of sum-product decoding of low-density parity-check codes using a Gaussian approximation. IEEE Trans. Inform. Theory, 2001,47:657 - 670.

[73] Ten Brink S, Kramer G, Ashikhmin A. Design of low-density parity-check codes for modulation and detection. IEEE Trans. Commun. ,vol. 52, pp. 670 - 678, April 2004.

[74] Davey M C. Error-correction using low-density parity-check codes, Ph. D. dissertaton, Univ. of Cambridge, Cambridge, U. K. , Dec,1999.

[75] Benedetto S, Divsalar D, Montorsi G, Pollara F. Serial concatenation of interleaved codes: Performance analysis, design and iterative decoding. IEEE Trans. Inform. Theory, May 1998,44:909 - 926.

[76] Benedetto S, Divsalar K, Montorsi G, Pollara F. Serial concatenation of interleaved codes: Performance analysis, design and iterative decoding. IEEE Trans. Inform. Theory. May 1998,44:909 - 926.

[77] Ten Brink S. Convergence behaviour of iteratively decoded parallel concatenated codes. IEEE Trans. Commun. , Oct. 2001,49:1727 - 1737.

[78] Tuchler M, Hagenauer J. EXIT charts of irregular codes. In Proc. 2002 Conf. Inform. Sciences and Systems, Princeton, NJ, Mar. 2002:748 - 753.

[79] Peng R H, Chen R R. Design of nonbinary LDPC codes over GF(q) for multiple-antenna transmission. In Proc. Military Commun. Conf. , (Institute of Electrical and Electronics Engineers, Washington, DC, 2006), pp. 1 - 7.

[80] Peng R H. Chen R R. Application of nonbinary LDPC cycle codes to MIMO channels. IEEE Trans. Wireless Commun. 2008,7 - 6:2020 - 2026.

[81] Guo F, Hanzo L. Low complexity non-binary LDPC and modulation schemes communicating over MIMO channels. In Proc. Vehicular Technology conference 2004,2(26 - 29):1294 - 1298.

[82] Alamri O, Ng S X, Guo F, Zummo S, Hanzo L. Nonbinary LDPC-Coded Sphere-Packed Transmit Diversity. IEEE TRANS. on Vehicular Technology, 2008,57(5):3200 - 3205.

[83] Shen J, Miao D S, Li D B. Construction algebraic geometric LDPC codes on frequency-selective fading channels. Global Mobile Congress,2009,(12 - 14):1 - 6.

[84] Li X, Soleymani M R, Lodge J, Guinand P S. Good LDPC codes over GF(q) for bandwidth efficient transmission. Proc. 4th IEEE Workshop on Signal Processing Advances in Wireless Communications (SPAWC). 2003,95 - 99.

[85] 雷维嘉,李祥明,李广军. 带宽有效传输的 GF(q)上 LDPC 编码设计[J]. 电子与信息学报,2007,29(4):884 - 887.

[86] Kiyani N F, Rizvi U H, Weber J H, Janssen G J M. Optimized rotations for LDPC-coded MPSK constellations with signal space diversity. Proc. IEEE Wireless Comm. and Networking Conf. , 2007:677 - 681.

[87] Boutros J Viterbo E. Signal space diversity: A power and bandwidth efficient diversity technique for the Rayleigh fading channel. IEEE Trans. Inform. Theory, 1998, 44:1453 - 1467.

[88] Peng R H, Chen R R. WLC45-2: Application of Nonbinary LDPC Codes for Communication over Fading Channels Using Higher Order Modulations. Global Telecommunications Conference, 2006. GLOBECOM'0. IEEE, 2006(27):1 - 5.

[89] Chindapol A, Ritcey J A. Design, Analysis, and Performance Evaluation for BICM-ID with Square QAM Constellations in Rayleigh fading channels, Selected Areas in Communications, IEEE Journal on. 2001,19(5):944 - 957.

[90] Kiyani N F, Rizvi U H, Weber J H, Janssen G J M. Optimized Rotations for LDPC-Coded MPSK Constellations with Signal Space Diversity. Wireless Communications and Networking Conference, 2007. WCNC 2007. IEEE. 2007(11 - 15): 677 - 681.

[91] Tran N H, Nguyen H H, Ngoc T L. Performance of BICM-ID with Signal Space Diversity. Wireless Communications, IEEE Transactions on,2007,16(5):1732 - 1742.

[92] Li Y B, Xiang-Gen Xia X G, Wang G Y. Simple iterative methods to exploit the signal-space diversity. Communications, IEEE Transactions on , vol. 53, no. 1, Jan. , pp. 32 – 38.
[93] Giraud X, Boutillon E, Belfiore J C. Algebraic tools to build modulation schemes for fading channels. Information Theory, IEEE Transactions on, 1997,43(3):938 – 952.
[94] Oggier F, Viterbo E. Algebraic number theory and code design for Rayleigh fading channels. Foundations and Trends in Communications and Information Theory, 2004,1.
[95] 周林,白宝明,邵军虎,林伟. 多元 LDPC 码的速率兼容技术研究. 西安电子科技大学学报,2011,38(1).
[96] Linc K D. H J, McLaugh lin SW. On Rate-adaptab ility of Nonb inary LDPC Codes [C]//5 th Internationa l Sym posium on Turbo Codes and Related Top ics. Lausanne: IEEE, 2008: 231 – 236.
[97] Zhou Lin, Bai Baom ing, Xu Ming. Design of Nonlinary Rate-com pa tible LDPC Codes Utilizing Bit-w ise ShorteningM ethod [J]. IEEE Communication Letters, 2010, 14(10): 963 – 965.
[98]李丹. 基于多元 LDPC 码的 CPM 编码调制系统性能研究[D]. 西安:西安电子科技大学硕士论文,2007.
[99] Peng R H, Chen R R. Design of nonbinary LDPC codes over GF(q) for multiple – antenna transmission. In Proc. Military Commun. Conf. , (Institute of Electrical and Electronics Engineers, Washington, DC, 2006):1 – 7.
[100] Peng R H, Chen R R. Application of nonbinary LDPC cycle codes to MIMO channels. IEEE Trans. Wireless Commun. 7 – 6, 2020 – 2026 (2008).
[101] Guo F, Hanzo L. Low complexity non – binary LDPC and modulation schemes communicating over MIMO channels. In Proc. Vehicular Technology conference 2004,2(26 – 29):1294 – 1298.
[102] Alamri O, Ng S X, Guo F, Zummo S, Hanzo L. Nonbinary LDPC – Coded Sphere – Packed Transmit Diversity. IEEE TRANS. on Vehicular Technology,2008,5:3200 – 3205.
[103] Shen J ,Miao D S, Li D B. Construction algebraic geometric LDPC codes on frequency – selective fading channels. Global Mobile Congress 2009(12 – 14):1 – 6.
[104] Li X, Soleymani M R, Lodge J, Guinand P S. Good LDPC codes over GF(q) for bandwidth efficient transmission. Proc. 4th IEEE Workshop on Signal Processing Advances in Wireless Communications (SPAWC), 2003:95 – 99.
[105] 袁东风,张海霞等,宽带移动通信中的先进信道编码技术,北京邮电大学出版社,2004. 3.
[106] Kiyani N F, Rizvi U H, Weber J H,Janssen G J M. Optimized rotations for LDPC – coded MPSK constellations with signal space diversity. Proc. IEEE Wireless Comm. and Networking Conf. , Mar. 2007:677 – 681.
[107] Boutros J, Viterbo E. Signal space diversity: A power and bandwidth efficient diversity technique for the Rayleigh fading channel. IEEE Trans. Inform. Theory,1998,44:1453 – 1467.
[108] Peng R H, Chen R R. WLC45 – 2: Application of Nonbinary LDPC Codes for Communication over Fading Channels Using Higher Order Modulations. Global Telecommunications Conference, 2006. GLOBECOM'06. IEEE ,2006:1 – 5.
[109] Chindapol A, Ritcey J A. Design, analysis, and performance evaluation for BICM – ID with square QAM constellations in Rayleigh fading channels. Selected Areas in Communications, IEEE Journal on , 2001, 19(5):944 – 957.
[110] Kiyani N F, Rizvi U H, Weber J H, Janssen G J M. Optimized Rotations for LDPC – Coded MPSK Constellations with Signal Space Diversity. Wireless Communications and Networking Conference, 2007. WCNC 2007. IEEE , 2007(11 – 15):677 – 681.
[111] Tran N H, Nguyen H H, Tho L N. Performance of BICM – ID with Signal Space Diversity. Wireless Communications, IEEE Transactions on, 2007,6(5):1732 – 1742.
[112] Yabo Li Y B, Xiang – Gen Xia X G, Genyuan Wang G Y. Simple iterative methods to exploit the signal – space diversity. Communications, IEEE Transactions on , 53(1):32 – 38 .
[113] Giraud X, Boutillon E, Belfiore J C. Algebraic tools to build modulation schemes for fading channels. Information Theory, IEEE Transactions on , 1997,43(3):938 – 952.
[114] Oggier F, Viterbo E. Algebraic number theory and code design for Rayleigh fading channels. Foundations and Trends in Communications and Information Theory,2004,1.
[115] Shi Z P, (Tiffany) Li J, Zhongpei Zhang I P. Joint nonbinary LDPC code and Modulation Diversity over Fading Channels, Journal of Applied Remote Sensing,2010:1 – 13.

[116] Shi Z P, Li J, Zhang Z P. New Strategies for Coded Signal Space Diversity over Rayleigh Fading Channels, WCNC 2010, April 2010, Australia.

[117] Brink S T, Kramer G, Ashikhmin A. Design of low – density parity – check codes for modulation and detection. IEEE Trans. Commun., 2004, 52: 670 – 678.

[118] Hou J, Siegel P H, Milstein L B, Pfister H D. Capacity approaching bandwidth – efficient coded modulation schemes based on low – density parity – check codes. IEEE Trans. Inform. Theory, 2003, 49; 2141 – 2155.

[119] Bennatan A, Burshtein D. Design and analysis of nonbinary LDPC codes for arbitrary discrete – memoryless channels. IEEE Trans. Inform. Theory, 2006, 52: 549 – 583.

[120] Guo F, Hanzo L. Low complexity non – binary LDPC and modulation schemes communi cating over MIMO channels. In VTC2004 – Fall., 2004, 2: 1294 – 1298.

[121] Li G, Fair I J, Krzymieri W A. Analysis of nonbinary ldpc codes using gaussian approximation. In Proc. 2003 IEEE Int. Symp. Information Theory, (Yokohama, Japan), p. 2003, 234.

[122] Kavcic A, Ma X, Mitzenmacher M. Binary intersymbol interference channels: Gallager codes, density evolution and code performance bounds. IEEE Trans. Inform. Theory, 2003, 49: 1636 – 1653.

[123] Wang C C, Kulkarni S R, Poor H V. On the typicality of the linear code among the LDPC coset code ensemble. In Proc. the 39th Conference on Information Sciences and Systems, (Baltimore, USA), March 2005.

[124] Kollu S R, Jafarkhani H. On the EXIT chart analysis of lowdensity parity – check codes. In Proc. IEEE Globecom'05, Dec. 2005.

[125] Song H, Cruz J. Reduced – complexity decoding of Q – ary LDPC codes for magnetic recoding. IEEE Trans. Magnetics, 2003, 39: 1081 – 1087.

[126] Hu X Y, Eleftheriou E. Binary representation of cycle Tanner graph GF(2b) codes. In Proc. ICC'04, June. 2004.

[127] Peng R H, Chen R R. Design of Nonbinary LDPC Codes over GF(q) for Multiple – Antenna Transmission, Military Communications Conference, 2006. MILCOM 2006. IEEE, 2006: 1 – 7.

[128] 燕兵. 空间相关信道下 MIMO 与 RA 码的联合设计[D]. 成都:电子科技大学,2010.

[129] Yavuz Yapici. V – BLAST/MAP: A New Symbol Detection Algorithm for MIMO Channels. Jan, 2005.